智能社会治理丛书

丛书主编：刘淑妍　施骞　陈吉栋

本丛书由国家智能社会治理综合实验基地（上海市杨浦区）组织策划和资助出版

智能革命与骑手未来

The Intelligent Revolution and the Future of Delivery Riders – A Social Survey of Digital Labor in Shanghai

——对上海外卖快递员群体的社会调查

葛天任　邓佳怡　｜　著

上海人民出版社

—— 智能社会治理丛书 ——

总序

随着大数据、云计算、人工智能的研发迭代与应用的不断深入，社会治理迎来了智能时代范式转变。智能社会治理构成了中国式现代化的核心内容与重要保障。然而，智能社会治理的内涵为何？方法为何？如何规范？在世界范围内尚缺乏有效的理论支撑与实践经验，亟待理论、政策、实践的不断探索。习近平总书记高度重视人工智能的社会适用性问题，2018 年 10 月 31 日，在十九届中共中央政治局第九次集体学习上指出，“要加强人工智能发展的潜在风险研判和防范，维护人民利益和国家安全，确保人工智能安全、可靠、可控。要整合多学科力量，加强人工智能相关法律、伦理、社会问题研究，建立健全保障人工智能健康发展的法律法规、制度体系、伦理道德”。遵循习近平总书记的重要指示，我国在智能社会治理领域进行了积极的探索，政府机关、高等院校、组织单位等均投身这一伟大实践。推动智能社会治理基础理论、方法路径与实践案例的研究，正当其时。这套智能社会治理丛书是同济大学与上海市杨浦区共建国家智能社会治理实验综合基地的研究成果，是基地全体成员共同致力于智能社会治理伟大实践、探寻智能社会治理基本规律的努力之一。

一、智能社会治理的实验探索与目标

与以往任何一种技术都不相同，人工智能既具有技术属性，也具备强烈的社会属性。人工智能天然包含着“辅助人类、增利人类、关怀人类”的技术理想，然而其治理情境却包含着复杂的伦理、道德和价值边界的判断。随着人工智能技术的持续迭代，人工智能的研发环境和应用场景的隐秘性和不透明性，给社会感知带来更多不确定性。建立在这一技术基础上的人工智能时代是一个高度技术化的社会形态，催生着更为系统且具有延续性的技术风险，也蕴含了治理智能社会风险的基因。发现、认知并有效防范智能技术被广泛应用所带来的可能风险，构成了当前人类共同面对的治理议题。

为了有效推进人工智能社会治理创新实践，探索可以复制推广的共同经验，2021 年 9 月，中央网信办联合国家发改委、教育部、民政部、生态环境部、国家卫建委、市场监管总局、国家体育总局等八部门正式发文，在全国布局建设十个国家智能社会治理实验综合基地和八十二家特色基地，表明了中国率先探索搭建一批智能社会治理典型应用场景，总结形成智能社会治理的经验规律、理论、标准规范等，为世界迈入智能社会贡献中国方案的决心。杨浦区联合同济大学成功入选国家智能社会治理实验综合基地建设名单。

二、基地的建设进展与特色

自入选至今，区校通过聚合多主体参与，整合多学科力量，共同致力于智能社会治理的探索与实践。以基地建设为牵引，推动城区智能场景建设及数字化转型不断发展。大创智数字创新实践区获评市级首批数字化转型示范区，打造了首个政企互动、企业共创的元宇宙园区平台“云上之城”，实现基于数字城市的数据资产汇聚与增值。央视东方时空“中国式现代化——高质量发展”特别策划栏目推出专题报道，聚焦关键词“更精细”，通过五角场街道“温暖云”、长白新村街道“智能水表”、控江路街道“智慧停车”、殷行街道“智慧车棚”四个典型案例，深度报道了杨浦区通过数字赋能基层治理，助力社区更精准地提供服务，更好地满足群众需求的成果。在中央网信办、国家发改委、教育部等八部门联合印发关于国家智能社会治理实验基地评估情况的通报中，杨浦基地入选工作进展明显、成效突出的综合基地名单，在全国十个综合基地评估中名列前茅！

智能社会治理在注重法治、德治、自治等社会治理模式之外，更聚焦于数治与数智对社会治理的影响及未来发展。智能社会治理是一种现代科技治理，强调技术规则的作用。为了探索智能社会风险的发现—识别—管理的根本规律，需要在更为开放的社会空间中，进行长时期、多场景、重开源的社会实验。为此，基地充分发挥同济大学综合性大学的学科优势与杨浦区丰富的场景优势，借助网络信息技术、大数据技术、人工智能识别技术等新兴科技手段，强调多元主体合作，宣传积极治理、敏捷治理的基本理念，探索通过技术规则来调整人的行为，推动治理对象与治理主体的不断对话与融合，最终达至伦理、法律与技术之间的新的动态平衡。

基地的建设离不开区校的密切协作，更源于科学的顶层规划。首先，重视场景建设。结合杨浦数字经济发展及基层治理创新实际，有序推进相关社会实验项目开展，形成《生成式人工智能风险评估框架（1.0）》《“社区云”治理平台运行效果评估》等专题研究成果，依托基地建设的人工智能合规服务中心落地成立，展现了融合式人工智能法律治理新场景。其次，强化多元参与。区校已联合举办了两届世界人工智能大会智能社会论坛，2024年7月将迎来第三次合作论坛，来自人工智能、公共管理、社会治理等各领域的国内外权威专家齐聚上海，共同研讨推动负责任的人工智能发展。最后，加强组织领导。区校联合成立基地建设领导小组，组长由双方党政主要领导担任。同时深化区校联动工作机制，组建基地专家委员会，由区校相关部门双牵头成立工作部（组），推动各项工作落实落细。这些努力体现了区校始终坚持为国家智能社会治理探索前沿议题、积累实践经验、形成规范导则的初心使命，诠释了区校一直在杨浦这一人民城市重要理念的首提地，不断探求“人民城市人民建、人民城市为人民”的责任担当。

三、丛书的定位与特点

相对于智能社会的复杂巨系统，实验探索总是很有限的。我们需要在现有基础上，时刻保持警醒、不忘初心，密切关注国际前沿课题，立足中国发展实践，以人民需求为本，持续推进社会实验内容，及时总结智能社会治理的基本经验，形成可供参考的有益经验。在2023年下半年，我们开始策划出版一套智能社会治理丛书，试图将理论探索成果与社会经验研究集中呈现，期待在我国智能社会治理的广阔实践中及时推送我们的成果，做好宣传，服务社会，帮助更多的人了解智能社会治理，理解这一任务的艰巨性、复杂性和可探索性，共同推动和完善中国社会治理现代化发展新格局的建设事业。

集结成册的丛书成果主要源于国家智能社会治理综合实验基地（上海市杨浦区）、上海市人工智能社会治理协同创新中心与中国（上海）数字城市研究院的研究与实践团队，旨在以实践给养理论研究，以理论研究支持实践工作并在实践工作中验证更新。我们计划围绕智能社会治理的国内外进展、国家智能社会治理的总体规划、数字中国建设方略等，结合国内外尤其是上海城市数字化转型的实践需求，长期持续组织出版。目前摆在读者面前的是丛书第一辑。细心的读者会发现，第一辑的三册图书聚焦自动驾驶、数字骑手与伦理案例等典型场景，研究方法体现了较强的跨学科特色，严格贯彻了丛书的设计初衷，具有较强的现实关怀与实践面向。丛书第一辑从选题到研究成果集中展示了同济大学新文科建设规划目标，也是学校大力倡导的人工智能社会治理研究的最新成果，具有鲜明的同济特色。

认识智能社会、阐释智能社会治理的理论体系与实践方案，是摆在全世界面前的根本问题。我们要为国家智能社会治理实践提供智识，我国要为世界提供智能社会治理的中国经验，均需要更多的智力与资源投入智能社会治理的研究中。我们也将在更大范围内联合人工智能科学技术、社会学、管理学、法学与伦理学学者，进一步完善实验方案、打造典型案例、探索理论研究，多方协同，多维发力，联合持续推出后续丛书。

最后，衷心感谢全国人工智能社会治理实验专家组尤其是组长苏竣教授对基地建设的长期关注与支持。本丛书的组织策划和资助出版得到国家智能社会治理综合实验基地（上海市杨浦区）的大力支持，从申请准备到通过中期评估，区校共建智能社会治理基地也在“实验”中度过了近三年的时光，在此对所有支持、帮助和参与共建工作的领导、同事、朋友，以及丛书的作者们一并致谢。

刘淑妍、陈吉栋、施骞

2024 年 6 月 16 日

目录

第三章

青年工人：上海数字递送工人的群体画像

第四章

数字骑士：上海数字递送工人的工作状况

第五章

劳动心声：上海数字递送工人的工作诉求

序

人类社会正加速步入以大数据、云计算、人工智能为核心的智能时代。智能技术革命加速数字平台经济的崛起，数字算法日益渗透普通人的日常生活。其中，人们感受最为明显的是即时配送行业的快速发展。在当今中国，即时配送行业已经成为人们日常消费购物必不可少的社区生活服务提供者。在此背景下，数千万劳动大军往返穿梭于城乡社区、大街小巷，成为中国快速成长的新兴职业群体的主力。据全国总工会第九次全国职工队伍状况调查结果显示，新职业劳动者规模已达8400万。由于该行业劳动者就业形态具有高流动性，实际上，劳动者规模可能远不止于此。

在劳动大军中，主要由快递业、外卖业的递送工人所组成的数字平台的线下递送工人（本书简称为“数字递送工人”，Digital Delivery Labor）是典型的为人们所熟悉的新职业群体。这一群体不仅在中国快速发展壮大，而且在世界范围内具有相当可观的规模。尤其是疫情期间，数字递送工人扮演了维持社会稳定和基本运行的重要角色，承担了大量物资的艰苦保供工作，构筑起城市生活保障的“生命线”。然而，这一人们日常生活中所最熟悉的工人群体，却往往是人们日常生活中最陌生的工人群体。他们是谁？来自何方？有着怎样的生活？他们的工作状况怎么样？他们的未来职业发展会怎么样？想要获得这些问题的答案就需要开展大规模的社会调查，并进行视野开阔的学术研究。

习近平同志称外卖员、快递员为辛勤的“小蜜蜂”，党中央、全社会都高度重视数字递送工人群体的生活、工作和发展状况。为此，在共青团上海市委、同济大学校团委、同济大学政治与国际关系学院的支持下，笔者从 2018 年开始，连续两年带领同济大学本科生、研究生团队开展了大规模的问卷调查和结构性访谈，截至 2019 年年底共获得 1559 份问卷。由于疫情期间，无法开展大规模问卷调查，笔者带领团队进行了长期的田野调查、深度访谈，截至 2023 年年底，我们共对 205 名外卖配送员、快递工人进行了深度访谈。通过问卷调查和深度访谈，我们得以更全面、更深入地理解上海数字递送工人群体的生活与工作状况，尤其是他们的情感诉求、社会心态、政治认同、职业发展状况。由于条件限制，本次社会调查未能采取严格的随机抽样，但笔者依然力图完整系统地呈现数字递送工人群体的整体风貌，并初步获得了对这一群体的系统性认知。这种系统性的认知是社会公众加强对这一群体理解和尊重的基础，更是政策制定者完善相关政策的前提。2023 年 3 月，中共中央办公厅印发《关于在全党大兴调查研究的工作方案》，指出“调查研究是我们党的传家宝”。数字递送工人是工人阶级的一部分，中国共产党是工人阶级的先锋队。在此意义上，针对数字递送工人群体开展社会调查具有十分重要的理论和实践价值。

根据我们的调查，上海数字递送工人群体以男性青年为主，数量占比为 89%，77% 的数字递送工人未接受高等教育，42% 的数字递送工人的月收入低于 5000 元，56% 的数字递送工人日均工作时长超过 10 个小时，78% 的数字递送工人的劳动年限不足 3 年，其户籍来源地主要是河南、安徽、山东和江苏，近 59% 的数字递送工人居住在自租房里，57% 的数字递送工人已经结婚，数字递送工人的政治面貌以群众和团员为主。整体上看，上海数字递送工人的社会学特征主要是受教育程度较低的外来务工男性已婚青年，且工作繁重、流动性高、居住分割性较强。调查团队还对上海数字递送工人的社会保障、社会心态与政治认同进行了研究分析，具体的调查结论可以直接阅读本书相关部分。由于劳动方式和就业形式较为特殊，这一群体缺乏基本社会保障；由于难以获得户籍融入城市，这一群体普遍持城市过客心态；由于难以全面嵌入党团组织，这一群体的政治认同处于空白状态。这些现状产生的根本原因在于这一群体的劳动工作性质与生活系统失衡。

根据调查，关于上海数字递送工人群体的职业发展与未来命运，至少还有如下三个观点值得突出强调：

第一，虽然数字递送工人群体是新职业群体，但他们并非凭空产生，他们主要来自中国社会城乡二元体制下独有的新生代农民工群体。因此，既有的关于所谓新生代农民工的社会学、政治学研究均可以作为理解这一群体来源的基础文献，并在本次社会调查中发挥着“承上启下”的重要作用。于是，本次社会调查增加了一般社会调查报告所不需具备的理论文献回顾内容，系统性地总结了六个相关研究视角，以此增强读者对这一群体“前世今生”的理论认知，获得一种认知上的纵深感。这有利于我们更全面、更完整地理解这一群体所面临的系统困境，也有利于我们分析和探索这一群体今后的职业发展趋势。当前，社会学者对这一群体的研究往往局限于分析劳动过程，而相对忽视其职业发展问题；政治学者、法学研究者讨论更多的是“制度之变”，即通过考察“工资协商制度”抑或“协商民主”过程来解决所谓“社会问题”，而他们往往忽视新职业群体本身，即忽视一个个鲜活个体的感受和命运，宏大的协商民主制度比较分析不能代替社会学的基础性分析，更不能为数字递送工人群体发声。为此，本次社会调查的最大特色之一就是采用了跨学科交叉研究视角，笔者因此也呼唤跨学科对话，以期突破社会学、政治学、法学的学科界限，真正做到“见人也见制度”。在这方面，本书尽最大努力引用了外卖快递员的“原话”，让数字骑士发声，让数字骑士讲话，让数字骑士表达。

第二，数字递送工人群体因智能革命而生，却并非陷入所谓智能系统的控制之中，而是陷入于一种更难以调整的生活系统的控制之中。他们不是被“困在数字算法”里，而是被“困在生活算法”之中。人工智能技术的底层逻辑是数据、算力、算法，数字平台经济正是基于人工智能技术的大数据精准供需匹配与最优路径计算从而实现其商业价值。社会学关于劳动过程和劳动控制的大量研究为全社会关心和理解数字递送工人群体生活工作状况的人士提供了有力的概念工具，并由此形成了全社会对“算法控制”的强大舆论压力，也由此开启了数字平台企业对自身算法系统的升级、迭代和优化，这在很大程度上缓解了冷漠的数字算法控制。然而，对于外卖快递员而言，真正难以优化和升级的是生活系统，他们的工作时长、居住条件、社会保障风险、受教育程度、职业技能提升路径、职业尊严、情感与社会尊重需求等所构成的整个个人生活世界更需要“系统升级”。简言之，他们不能永远成为被困在城乡二元体制下的新生代农民工！

第三，智能革命的快速迭代催生了数字递送工人群体，却也可能以另一种新经济形态对这一新职业群体的未来发展产生巨大的阻碍。智能革命的社会影响存在“创造性破坏”效应：一方面，智能革命促进平台经济崛起，改变了传统城市生活服务业形态，具有就业创造效应，增加了大量灵活就业岗位，确实具有就业吸纳的社会稳定器作用；另一方面，智能技术不断迭代创新且具有高度外溢效应，随着 ChatGPT 大模型技术迭代、智能平台本身加速迭代进化，自主无人技术应用推动“无人配送”“低空经济”等新经济业态不断发展，从而很可能对数字递送工人群体形成就业替代或改变乃至重塑平台经济与城市生活服务业态，这一点又几乎没有得到全社会更充分的重视。既有研究很少关注智能革命与技术不断迭代创新外溢背景下的数字递送工人的职业发展状况和前景，而这实际上是当前十分重要且迫切需要得到解决的智能社会治理议题，更是本次社会调查不同于其他关于数字平台劳动者调查的着眼点或特色之一。

展望未来，智能革命加速推进智能社会的来临。根据我们的调查，大量数字递送工人群体并不希望因为无人配送技术的快速发展而失业。尽管社会调查所能够提供的认知具有时间限制，但如果赋予长时段的理论思考，则可以得出超越当前社会发展阶段的某种预见。考察智能革命下的劳动与数字递送工人群体的职业发展，就需要面对这种未来技术迭代创新的挑战。在这方面，本次社会调查仅仅是开了个头，提出了问题，而没有解决问题。这也是一份社会调查报告所难以回答的问题，即无人配送技术迭代对这一群体的未来发展究竟会带来何种影响？我们究竟应该如何应对这种变化？当前，数字递送工人群体具有高度流动性，尽管其劳动状况在不断改善，但更重要的是全社会需要对这一群体的职业发展有新的认识，而这是构成这一群体未来职业发展转向的最重要的基础要件之一。至少，我们的调查发现，在日常生活里，他们对全生命周期的城市社区服务供给具有机器难以替代的社会功能，他们是老龄化、少子化社会背景下社区“微治理”的核心力量，他们提供的不只是商品还有社区公共品，他们不只是提供数字递送服务的数字骑手，他们更是社区生活与治理服务不可离开的数字骑士。

葛天任

同济大学政治学系副教授

于宝山走马塘

2024年5月26日

第一章

智能时代的数字递送工人

随着数字技术的快速发展，人工智能技术助推互联网平台经济兴起，数字递送工人等新职业群体规模不断扩大，成为人们日常生活中不可或缺的一股新生社会力量。在数字化、智慧化技术的加持下，传统物流行业利用大数据分析、移动互联网、云计算、人工智能等新技术提升系统运行效率，实现了供需信息的精准匹配，极大地提升了中国商品运输、交易、配送的全生命周期运行效率，不仅拓宽了自身发展道路，还解决了长期困扰中国消费物流业的时空区隔难题，更吸引着成千上万新就业群体涌入即时配送行业。人工智能时代加速来临，使得数字递送工人群体变成了智能时代最可触摸感知新技术，同时最受到新技术影响的新工人群体。

“互联网 +”行业正改变着城市生活的点点滴滴，也吸引着越来越多人才的涌入，为城市顺畅运行提供充足的动力来源。即时配送业务的崛起丰富了“互联网 + 物流”行业的内涵，推动着这一行业的进一步发展。与此同时，中国人的日常消费水平和消费模式悄然发生变化，越来越多人足不出户也可获得所需商品。由于互联网消费具有便利性，消费市场规模扩大，资本投入增加，系统迭代加速，进一步推动餐饮外卖行业、快递行业的快速发展。以互联网为平台，以新生代外来务工人员为主力，以人们的便捷需求为导向，即时配送行业迅速占领市场，送餐入户、送货上门变得司空见惯。在中国城市的大街小巷，我们总能看到身着各色制服、骑着电瓶车穿梭不停的“外卖快递小哥”。疫情暴发后，数字递送工人构成的“生命线”成为保障城市基本运行的最重要的社会力量，该群体发挥了不可替代的社会功能。

数字平台经济与城市生活服务的叠加形成了即时配送服务行业，它拓宽了劳动者的就业渠道，降低了劳动者就业的隐形门槛，为社会提供大量灵活就业岗位，产生了相当明显的就业创造效应。即时配送行业“低门槛”“易上手”，且工作自由度高、多劳多得，为许多新生代外来务工人员进入城市提供了“落脚之地”，同时吸引着许多在市场经济大潮中努力打拼的劳动者。从事这一新兴行业的劳动者，被我们称为数字递送工人，是我们长达五年社会调查中最主要关注的研究对象。数字递送工人在技术与社会共演过程中烙下了时代印记，转身成为人们日常生活中不可或缺的生活服务提供者，更在特殊时期作出巨大的社会贡献。他们是新工人，是社区生活服务的“小蜜蜂”，是人工智能时代最可爱的人！

然而，由于人们的刻板印象，他们并未得到应有的社会尊重，也并未得到更全面的认识与理解。为此，我们力图通过客观、深入的社会调查，剖析并展现数字递送工人的群体画像、工作状况、工作诉求、观念心态、生命历程、职业发展，提出政策制定与社会支持的可能方向，并进一步展望智能革命对这一群体的深刻影响，以及他们今后的职业身份转型与职业发展方向。智能革命创造了众多的就业机会，但也会带来新的职业风险。随着无人配送、“低空经济”等新技术、新业态的加速来临，即时配送行业的巨大转型或许就在眼前，对于数字递送工人群体而言，这到底意味着什么？社会要为此做好怎样的准备？这些问题同样将是本次研究所讨论的重要议题之一。与以往相关调查所不同的是，本书不只讨论数字递送工人的生活状况与劳动过程，还关注他们的社会心态与政治参与，并融合社会学、政治学与城市规划等学科视角，形成了覆盖上述学科的跨学科新视角，力图运用多种方法揭示和回答数字递送工人的时代风貌与未来命运。本书最主要的结论之一，即数字递送工人并不只是困在“数字系统”里，还困在生活系统里，他们的未来有一部分取决于社会对这一群体的认知转型：他们绝非普通骑手，而是“数字骑士”，是智能时代城乡数字生活服务供给的主力军。

下文将简要分析智能革命与数字经济崛起背景，对新业态、新职业、新工人群体，尤其是上海地区的数字递送工人群体进行总体概述，并交代研究方法和调查安排。

一、智能革命加速数字平台经济崛起

随着第四次工业革命脚步的降临，智能革命加速传统产业升级，数字化、智能化浪潮席卷城市生活服务业。互联网数字平台经济（以下简称“平台经济”）作为一种基于海量数据和智能算法的创新型商业模式迅速崛起，成为产业转型升级的重要引擎与新经济的动力来源。自 Rochet & Tirole（2003）、Armstrong（2006）等学者对双边市场作出奠基性研究以来，双边市场和平台经济逐渐成为学者研究的热点话题。[①]

何为平台经济？根据上海市商务委员会印发的《关于上海加快

① 参见 Jean-Charles Rochet, Jean Tirole, *Platform Competition in Two-sided Markets*, Journal of European Economic Association, Vol.01, pp.990-1029(2003); Mark Armstrong, *Competition in two-sided markets*, Rand Journal of Ecomonics, Vol.37, pp.668-691(2006)。

推动平台经济发展的指导意见》可知，所谓“平台经济”是一种基于大数据、互联网、“云计算”等现代信息技术，以多元化社会需求为核心，全面整合产业链、提高市场配置资源的一种新型经济形态。数据显示，全球十五大互联网公司均采用平台模式运行，总市值加在一起达2.6万亿美元。全球规模最大的100家企业中的60家的主要收入都来自平台模式。在2016年国内独角兽企业榜中，估值位于前15名的企业中就有11家采用平台模式运营。无疑，中国已经步入平台经济时代。

“平台”并非21世纪特有的产物，但数字平台是21世纪最独特且有力量的存在。从城市生活服务角度来看，在短短几年间，接受美团、饿了么、顺丰等企业通过平台系统提供的线上线下生活服务已经成为当下人们生活的一种主流方式。平台具有凝结供需的网络中介特性，能够掌握大量的数据和信息，进而通过数据和智能算法来提供供需双方的精准匹配，进而形成可以牵动各方利益的巨大关系网络。由此，互联网特有的外部经济效益也正在以空前的力量吸引越来越多社会行动者或相关利益主体加入其中。人与人、物与物、人与物、服务与服务、人与服务，就这样在“互联网+”的模式下被充分链接起来。

与传统的平台相比，互联网数字平台上交易双方的信息沟通渠道已然发生质变：数字平台作为信息提供者和交易中介，还承担了社会媒体和支付中转的功能。随着互联网数字平台功能（信息搜索——广告服务——在线销售——资源分享——组织生产要素）的不断扩展[①]，平台经济作为一种更具开放性、兼容性、产业融合性、

① 王全兴、王茜：《我国“网约工”的劳动关系认定及权益保护》，载《法学》2018年第4期，第57—72页。

市场灵活性的新经济形态[①]，已覆盖城市日常消费各领域，它犹如一个强大的磁场，将各类市场主体，如企业、从业人员、消费者，甚至政府，全部裹挟其中。[②]

不仅如此，平台经济发展还为产业结构的转型升级提供了充足的动力来源。在数字平台经济基础上，资源共享的范围越来越大、程度越来越深，产业之间的边界逐渐模糊，产业之间通过平台实现融合的现象愈发显著。例如，“互联网+”和“人工智能+”恰如其分地体现了互联网产业和传统产业的融合升级。互联网跨越了时间和空间的限制，使得生产行为能够在世界各地同时进行，非核心的产业生产也完全可以通过委托或代理的方式转移给其他企业。这些现象在传统的产业分工中是不可想象的，然而事实已经摆在眼前。产业链的争夺已经逐渐转化成价值链的争夺——谁掌握价值高的环节，谁就拥有更多的经济资源。

中国平台经济正爆发出日渐蓬勃的生命力，日益形成全球影响力。尤其是疫情暴发后，中国平台经济已经逐渐成为支撑和连接经济社会多领域融合发展的关键力量。根据中国国家信息中心发布的《中国共享经济发展报告（2022）》可知，中国的平台经济继续呈现巨大的发展韧性和潜力，全年共享经济市场交易规模达36881亿元，同比增长约9.2%。[③]最近几年的商业实践表明，越来越多具有“平台经济”特征的企业正不断创造着成功传奇，从门户网站、网络游戏、各种电子商务到网上社区、第三方支付的不断创新，平台

① 王文珍、李文静：《平台经济对我国劳动关系的影响》，载《中国劳动》2017年第1期，第4—12页。

② 王全兴、王茜：《我国“网约工”的劳动关系认定及权益保护》，载《法学》2018年第4期，第57—72页。

③《中国共享经济发展年度报告2022》，载国家信息中心网，http://www.sic.gov.cn/News/568/11277.htm，检索日期：2020年5月5日。

企业演化出平台产业，平台经济发展迅猛。平台经济显然正以其较高的黏性吸引着越来越多行业、越来越多人才加入其中，服务领域的覆盖范围快速扩大，吸纳就业的人口规模不断增加。

在政府的大力倡导下，中国平台经济的快速发展激发了大量新业态生成，从而进一步加速了数字经济新形态的形成和发展。以物流业为例，在平台经济加速发展进程中，中国物流业利用数据和智能算法不仅提升了运作效率，还进一步拓宽了自身的发展道路。中国物流行业的整体技术彻底突破了过去的时空局限，数字递送业务一跃成为中国老百姓口中最为便利的社区生活服务提供方式。可以说，即时配送行业的出现既可以解决电商发展的物流短板问题，又在更深层次上实现了互联网和传统物流的融合，从而提升了电商企业和物流行业的竞争力。[①] 自 2015 年起，即时配送行业摆脱了最初的野蛮生长，逐渐进入规范阶段，全行业的发展逐年向好。2016 年 4 月 21 日，国务院办公厅印发《关于深入实施“互联网 + 流通”行动计划的意见》，部署推进“互联网 + 流通”行动，促进流通创新发展和实体商业转型升级相关工作。[②]2017 年，大量快递企业集中上市，韵达快递、顺丰控股、百世物流、德邦股份分别上市，其他诸多物流企业相互整合不断分化，大型财团基金进驻物流行业，为物流行业的发展注入了更多资金和活力。2018 年，即时物流行业用户快速增长，季度的环比增长速度超过了 20%，导致传统快递企业、电商物流企业、城市配送企业纷纷加入，引起资本市场的高度关注，并进一步引发了城市生活服务配送模式的深度转型与数字化

---

① 詹斌、谷孜琪、李阳：《“互联网 +”背景下电商物流“最后一公里”配送模式优化研究》，载《物流技术》2016 年第 1 期，第 1—11 页。

②《国务院办公厅关于深入实施“互联网 + 流通”行动计划的意见》，国办发〔2016〕24 号，2016 年 4 月 21 日发布。

变革。[1]近年来，虽然世界经济下行趋势带来势不可挡的压力，使得“互联网＋物流”行业发展的势头有所放缓，但可以预见的是，这一行业仍然拥有很大的优化空间和发展前景。“互联网＋物流”行业正逐渐成为市场发展的大潮流之一，同时也在很大程度上支撑着实体经济转型和发展。随着国民的消费水平和消费习惯的变化，即时配送行业让越来越多人可以享受一键下单，轻松获得所需商品。仅仅十年前，人们还很难想象得到，足不出户竟然可以收到来自天南海北的心仪货物，以及精准高效便捷的上门送餐服务，还有各式各样的递送服务。如今，即时配送服务已经跨越代际和时空局限，深入县城和乡村乃至偏远地区，成为中国经济发展的巨大动力引擎，创造了巨大的日常生活消费的数字市场与线上商业空间。随着消费市场的逐渐扩大，即时配送行业规模更是不断壮大，就业人员的数量与日俱增。“互联网＋物流”作为依托平台经济的显著成就之一，正改变着城市生活的传统方式，为城市的顺畅运行提供着充足的动力。

二、平台经济下的新劳动与新工人

数字平台经济的管理方式重构了数字劳动新模式。数字平台在市场机制作用下，可以使两个或多个市场主体在线上实现供需对接并快速完成交易，由此形成市场交易的复杂网络。在这种模式下，平台追求的是开放度的不断提升及服务规模的不断扩大。因此，企

---

① 王继祥：《2019 年中国物流发展与变革的主要趋势》，载《中国邮政报》2019 年 2 月 26 日，第 4 版。

业在组织方式上发生了变化，以当当、京东、苏宁为代表的数字平台相继推出第三方开放平台业务，采用多种方式吸引商家入驻，并持续扩大平台的受众规模。随着服务类交易平台的快速发展，“团购”“外卖”等新生活服务功能、新生产服务功能不断嵌入平台系统之中，推动了平台交易的内容和方式的多元化。

这一更具开放性和兼容性的新经济形态在促进产业结构转型升级的同时，带动了劳动就业模式转型，即变得更加个体化、非正规化、碎片化。大量新型就业模式不断涌现，为广大劳工提供了过去从未想象过的职业机会。简言之，数字化、智能化技术推动平台经济发展，带来了明显的就业创造效应。波士顿咨询公司（BCG）推出的《互联网时代的就业重构》白皮书指出：受雇于特定企业，通过企业与市场交换价值的“传统就业”，正向通过互联网平台与市场连接、实现个人市场价值的“平台型就业”转变。① 在这一新经济形态下，“众包”模式、共享经济新业态等得以产生和发展，平台上的经营主体愈发“小微化”、非正规化，就业也变得更加个体化、非正规化。一方面，互联网和移动通讯端的广泛普及，为经营管理和数字劳动的新模式提供了技术和物质基础；另一方面，互联网一代人的成长及其观念、生活方式的转变，为新模式创造社会条件。对此，有研究指出，个性消费者的崛起是内生动力，激烈的外部竞争及企业创新的瓶颈约束是客观条件。②

在平台经济和劳动关系转型背景下，经营和劳动的“众包”模式快速发展，传统的经营模式受到一定程度的挤压，“新零售”异

① 波士顿咨询公司（BCG）:《互联网时代的就业重构：互联网对中国社会就业影响的三大趋势》，2015 年 8 月 12 日。

② 张利斌、钟复平、涂慧:《众包问题研究综述》，载《科技进步与对策》2012 年第 6 期。

军突起。与传统用工模式相区别，当平台上的经营者为企业时，活动主体呈现为平台企业、平台企业员工、平台经营企业、平台经营企业员工及服务接受者五个方面。其所涉主体虽多，但相互间关系基本清晰；而当平台上的经营者为个人时，活动主体表现为平台企业、平台企业员工、平台从业人员及服务接受者四个方面[①]，其相互之间的劳动关系反而变得难以清晰界定。

与传统的企业劳务合同签订形式不同，在数字平台经济下，越来越多的“众包”平台要求个人只要提供有效的身份信息即可加入劳动，一方面极大便利了劳动者加入平台经济就业大军，降低了劳务市场和职业准入门槛，另一方面使新经济业态下的非正规就业规模不断扩充。中国政府在2022年出台了有关“加强零工市场建设”“完善求职招聘服务意见”的文件，对灵活就业劳工提出了更标准化的保护。[②]尽管如此，我们要认识到，灵活就业形式确实对传统劳资关系造成了一定程度的冲击，使得劳资关系在一定程度上失去了平衡，从而导致劳动用工的分散化。由于大量灵活就业群体在新业态下从事着兼职和非全日制的工作，劳动者越发呈现原子化、碎片化状态。

尽管数字劳动新模式或新就业形式存在某些问题，但在很大程度上有效缓解了经济下行时政府所面临的巨大就业压力，而且为大量进入城市的外来务工人员提供了一个就业的中转站，成为新就业群体的“落脚之处”。由于即时配送行业所具有的特殊的计件工资

---

① 王文珍、李文静：《平台经济发展对我国劳动关系的影响》，载《中国劳动》2017年第1期，第4—12页。

②《人力资源社会保障部　民政部　财政部　住房和城乡建设部　国家市场监管总局关于加强零工市场建设　完善求职招聘服务的意见》，载中华人民共和国中央人民政府网，https://www.gov.cn/zhengce/zhengceku/2022-07/09/content_5700177.htm，检索日期：2020年5月5日。

方式——即时工资、多劳多得——与传统的中国劳动关系中各种隐形控制或成本损失相比更透明可观，因此成为吸引大量外来务工人员加入即时配送行业的重要原因。此外，弹性工作制也让劳动者享受到一定程度的劳动过程自主权，与传统工厂严格的重复性劳动控制相比，对年轻一代劳动者而言更具吸引力。

在新经济背景下，新生代劳动者的就业思维发生了变化，即更加注重劳动过程的自主程度，即能够更加自主地掌握时间的支配权。他们期望能够拥有灵活的工作时间、能够平衡工作和生活的关系，期望能够“自己做老板”、自我掌控时间。尤其面临传统全职从属劳动的职业安全感不断下降等现状，许多劳动者，尤其是新生代劳动者，更愿意摆脱传统工厂劳动的高强度控制和束缚，从而寻求更强的自治性。[①]他们的职业频繁变动，短工化现象已经成为一种明显的新趋势。当然，这种现象一方面源自劳动者的自主选择，另一方面受到数字平台经济新业态及新型劳务关系转变的巨大影响。对于他们而言，频繁地更换工作恰是某种个性化的彰显，也是审慎规划职业的理性选择。尽管太过频繁地跳槽很容易影响他们职业的长远发展和个人资本与社会资本的积累，不可否认的是，这些外来务工人员在一定程度上突破了传统雇佣方式下固定工作时间和场所的束缚，在形式上获得了一定的劳动自主权。

由于数字递送工人中很多都是新生代农民工，与第一代农民工相比，新生代外来务工人员具有更鲜明的个性、更高的受教育程度，以及更理性的职业选择和生活抉择。与老一代的农民工阶层相比，新一代农民工阶层不仅在职业机会、受教育程度、劳动环境和

① 王全兴、王茜:《我国“网约工”的劳动关系认定及权益保护》，载《法学》2018年第4期，第57—72页。

劳动体验选择上发生了较大变化，还在社会心态、社会融入和社会流动等方面，有了不同于以往的巨大改变。他们向往自由、追求梦想，希望向上流动。其中，20 世纪八九十年代出生的外来务工青年更是逐渐替代老一代农民工阶层，成为城市最重要的建设力量，他们对农村的依赖性更低，希望过上城市生活，更希望能够融入城市。与之前外来务工人员单纯的经济目的不同，这些 80 后、90 后群体外出打工时已不单考虑经济目的，而是希望在获得更高经济收益的同时能够开阔视野、增加个人阅历、满足情感需求。作为新生劳动力，他们渴望在城市有所发展。

然而，由于受教育程度有限，他们也难以从平台中获得更高水平的工作机会，只能从事技术含量较低的重复性劳动，其就业具有较强的可替代性，技术创新带来的就业替代风险同时存在，如影随形。由于劳动用工分散化，各自工作的人员难以组织力量与用工平台相谈判，使得平台在劳工关系中处于绝对的强势地位，这也一定程度上影响了分散人员的利益表达和凝聚。因此，在数字经济快速发展、智能革命加速演进的背景下，如何改善这一群体的劳动过程、优化劳资关系，不仅具有相当的政策和政治意义，还具有世界性的价值。

三、聚焦上海数字递送工人群体

随着数字技术的广泛应用、智能系统的迭代加速，中国数字平台经济发展迅猛，外卖和快递行业迅速崛起，不仅成为新时代新业态强有力的发展动力，还推动着数字递送工人群体规模不断扩大。根据第一财经商业数据中心（CBNData）联合苏宁易购发布的《2018 快递员群体洞察报告》显示：2016 年至今，中国快递员数量增加了 50%，总数量已经达到 300 万；快递员大多来自江苏、广东、安徽、河北、山东、河南等人口大省；80 后群体是快递员大军的主力，90 后群体数量紧随其后且占比提升显著，快递员行列呈现年轻化趋势；80% 的快递员的工作时长会超过 8 小时，他们通过更多地送件来提高工资收入；以当日达、次日达为标准时效的产品已经覆盖全国大部分城市和地区，快递员工作效率成为包裹最后一公里投递时效的关键；在智慧零售方面，快递员上门的比例达到 94.2%，较去年同期上升了 3.7%，快递员逐渐成为社区生活服务产业生态的基础力量。① 可以看到，在快递行业实现跨越式增长的同时，逐渐壮大的快递配送员群体对保障城市顺畅运行起着愈来愈重要的作用。百万级规模的快递员大军，不仅有力支撑了网络零售市场的发展，还保障了消费者拥有便捷的购物体验。

据“艾媒咨询”的数据显示，在即时配送行业，2017 年外卖市场规模突破 2000 亿元大关，截至 2017 年，我国外卖从业人员数量达到 700 万。② 随着“跑腿”“代买”等业务的出现，在线配送品类不再局限于餐食，而是越来越多样化。“艾媒咨询”的分析师认为，在线配送或将成为解决物流配送最后一公里难题的有效途径之一。③ 对于奔波忙碌的城市人员来说，数字递送带来的便利使其能够足不出户地选择美食，从而节省了相当多的时间和精力。这份看似简单的职业，对城市居民来说却是满足基本生活需要的重要保障。

---

① 第一财经商业数据中心（CBNData）联合苏宁易购：《2018 快递员群体洞察报告》，2018 年 8 月 9 日。

②《外卖经济如何影响你我生活？》，载经济日报网，http://baijiahao.baidu.com/s?id=1586772320476128167&wfr=spider&for=pc，检索日期：2017 年 12 月 14 日。

③ 艾媒咨询：《2017—2018 年中国在线餐饮外卖市场研究报告》，2018 年 1 月 17 日。

随着技术与社会不断相互适应，数字递送工人群体正逐渐发挥更大的作用，也逐渐进入大众的视野。2018 年以来，有关在线餐饮配送行业、智慧物流行业及外卖、快递配送群体的调查如雨后春笋般出现，关于外卖、快递配送人员的激烈讨论也曾占领社交网站的首页。2019 年新年前夕，国家主席习近平同志通过中央广播电视总台和互联网，发表了二〇一九年新年贺词，习近平同志在贺词中肯定了新年中仍坚守岗位的快递小哥等社会主义的劳动者是美好生活的创造者、守护者。[①]2020 年 2 月，“网约配送员”被正式纳入国家职业分类目录[②]，数百万骑手有了一个共同的正式名称，他们已然成为城市发展中不可或缺的角色。近年来，数字递送工人的重要性进一步凸显，他们的作用从送餐升级为送服务，定位从商业服务扩充为城市生活服务，技术的升级带动着社会和政治系统的不断完善。随着外卖与快递市场急剧扩张，巨大规模的外卖和快递从业人员发挥了不可替代的社会功能，也因此受到社会各界的关注和肯定。

作为中国消费市场最发达的城市之一，上海吸引了大量年轻的外来务工群体。据《上海市来沪人员就业状况报告（2018）》的数据显示，截至 2018 年 3 月底，在上海各类用人单位办理就业登记的全国各省市来沪人员共 463.3 万人，与上一年同期相比增加 15.8 万人，同比增幅为 3.5%。从来沪人员产业分布情况来看，在沪办理就业登记的来沪人员中，从事第三产业的有 338.3 万人，约占

---

①《国家主席习近平发表二〇一九年新年贺词》，载新华网，http://www.xinhuanet.com/politics/2018-12/31/c_1123931806.htm，检索日期：2019 年 3 月 17 日。

②《人力资源社会保障部办公厅　市场监管总局办公厅统计局办公室关于发布智能制造工程技术人员等职业信息的通知》，人社厅发〔2020〕17 号，2020 年 2 月 25 日发布。

73.1%。[①] 上海市农民工工作领导小组办公室指出，在沪外来务工人员平均年龄仅为 32 岁，新生代外来务工人员成为来沪务工人员的主体。与其他城市相比，上海商业与市场体系发达，数字经济发展迅猛，从而拥有更多的就业机会、更高的收入水平，也吸引越来越多的新生代外来务工人员成为上海即时配送行业的一员。

当前，在中国经济复苏提振的关键时期，平台经济在扩大内需、拓宽就业、服务城市等方面具有重要的支撑作用。各大平台企业仍在不断加强服务能级，推进产业互联网平台建设，构筑更为完整健康的产业生态体系，技术的创新也赋予了即时配送行业更多的可能性，数字递送工人将展现出更大的活力与潜力。在此背景下，数字递送工人作为新生代劳动移民，伴随着新经济形态的快速发展而崛起。从普通的新生代外来务工人员到互联网时代的外卖、快递行业的青年从业者，再到如今的城市生活服务商，他们的职业变动是时代际遇和个人选择双重作用的结果，值得我们进行更深入细致的考察。

本书的主要研究对象就是这些在上海工作、生活的数字递送工人群体。作为外卖、快递从业者，他们的年龄在 18 岁至 35 岁之间，以 80 后群体和 90 后群体为主力军，多来自河南、安徽等人口大省，以及江苏、浙江等上海周边省市。作为长期在户外工作，与马路和行人打交道、与时间争输赢的新工人群体，一个“快”字充分地展现了他们的职业特点，这些城市的匆匆过客并不能永久居留在他们所工作的城市中，对于这些在沪工作打拼的外来青年而言，工作和生活节奏快，内心的漂泊不定、缺少归属感是他们普遍的社

① 《上海市外来就业人员达 463.3 万人，生活工作的平均年限为 7.8 年》，载中国劳动保障报网，http://www.chinajob.gov.cn/c/2018-06-20/28766.shtml，检索日期：2019 年 2 月 28 日。

会心态。本书对上海数字递送工人群体的生活境况、工作状况、工作诉求、观念心态、职业发展、社会支持等方面进行深入系统的考察，力图探求这一群体在智能时代的职业转型与发展之路，并呼吁全社会对这一群体给予更多理解、尊重和关爱。

与既有研究或调查报告更多关注数字递送工人的劳动过程或劳动关系不同，本书的研究更关心的不是理论上的创新，而是现实政策上的干预。为此，本书将力图客观、拒绝冷漠，从阶层流动和群体发展的角度出发，聚焦上海数字递送工人在智能革命时代的个体命运与集体未来。所谓群体发展，不局限于职业发展，还体现为群体的地位向上变动。一般而言，良好社会的个体社会位置并不固化，而是随着社会发展，充盈着开放而合理的向上流动的机会，良好的社会流动有利于社会的整体平稳，有利于个体的全面发展。正如约翰·罗尔斯（John Rawls）在《正义论》（*A Theory of Justice*）中所说："合理的社会流动缩小了人与人之间的差异，缓解了由社会地位差异而产生的隔阂和冲突，从而发挥了社会稳定的功能。"①一个人的社会流动情况可以从其社会地位的变化中观察出来，而其社会地位的变化是由多重因素综合决定的。个人的社会流动又反映在其职业发展、社会发展之路上。因此，本书对上海数字递送工人的群体发展也进行了研究。

四、研究方法与调查安排

在上海市共青团、同济大学校团委的支持下，本次研究主要采

① [美] 约翰·罗尔斯：《正义论》，何怀宏等译，中国社会科学出版社 1988 年版。

取了配额抽样、问卷调查、田野调查、参与观察、深度访谈等定性与量化相结合的方法，对上海数字递送工人群体进行了长达5年的社会调查。

课题组于2018年7—8月先后对美团、饿了么、中通、顺丰等公司的外卖、快递配送人员发放并成功收回有效电子问卷1560份，为研究报告提供了基础数据支撑。研究的不足在于，由于现实条件限制，课题组无法获得研究对象的所有样本，不可能采取严格抽样方法进行问卷投放，因而样本的全面性与完整性相对不足，得出的结论只能是探索性结论，无法完全反映总体情况。

为弥补这一遗憾，课题组在2018年、2019年陆续对120名快递或外卖从业者进行了深度访谈，成功整理了其中95位的访谈记录。课题组还在疫情期间、疫情结束之后陆续开展了多次深度访谈。2023年，课题组对同济大学校园附近的85名外卖、快递配送人员进行了访谈。针对无人配送相关问题，课题组还对同济大学校园内的部分师生作了调研，共计发放并收回有效问卷131份，需要注意，这些问卷只能作为探索性研究参考，并不具备严格的代表性。

2018—2024年，笔者率领课题组成员陆续对外卖快递企业、上海市邮政局等单位展开调研，这些企业主要包括美团、饿了么、顺丰、中通等，主要采取的调查方式是座谈交流。座谈交流丰富了笔者研究团队对即时配送行业的认识，有效地了解了第一手的信息和相关研究材料。

课题组成员以上海市为研究范围，不定期走访观察外卖员与快递员的工作环境、工作情况和生活情况，以非参与式观察为主，了解外卖或快递青年从业人员的生活和工作情况。此外，课题组通过查阅各类文献，包括专著、期刊、报告、论文等，以获得丰富的文献资料支撑，进而加强报告的理论性和科学性。

第二章

理解数字递送工人的六个视角

新一轮数字化、智能化的技术革命促进了平台经济崛起，为劳动者提供了更多就业选择，尤其使快递、外卖等行业迎来了蓬勃发展。随着即时配送行业的发展，递送服务的种类不再限于餐饮、购物、信件等，还包括各种生活类服务递送。我们将从事这些递送服务的劳动者统称为数字递送工人。在上海，数字递送工人主要是外来务工的青年群体，他们身上有着老一代农民工的职业和身份特征，又有着数字化、智能化时代的新色彩，他们是新一代新工人阶层的典型代表。

随着智能革命的蓬勃发展与数字经济的崛起，新工人群体的相关研究视角发生了焦点转移。在这一过程中，劳动过程、劳动关系等理论视角逐渐变得时髦。基于这些理论视角的相关研究指出，数字递送工人群体所面临的劳动控制形式有了新的变化，劳动关系中出现了新形式的抗争与协调；数字递送工人群体所面临的劳动环境也与过去有很大不同，新型用工模式下劳动权益如何得到保障需要更多地受到关注和探讨。这些研究往往更加重视数字劳动受到的来自数字系统的控制，而严重忽视了数字劳动中嵌入的中国城乡制度与日常生活结构。虽然前者能够引发更多理论上的创新与探索，但可能导致对实际问题背后最重要原因的误判。

显然，数字递送工人群体并非凭空产生，而是随着过去数十年来各地外来务工群体在数字智能时代的某种“迭代”或“变异”而产生。

不可忽视的是，数字递送工人群体作为新就业群体，其生存境况、职业发展、社会心态和社会融入等方面仍然面临着与传统外来务工群体相同的制度环境与社会地位状况。传统上，针对外来务工群体的研究主要从三个方面展开：第一，从外来务工人员主体出发，探讨他们拥有的社会资本、人力资本状况，以及这些因素在其社会生存、社会心态、政治生活及社会融入中起到的作用；第二，从政府主体出发，研究政府制度对城市外来务工人员而言发挥怎样的作用，又应当如何为他们提供保护与支持；第三，从市民主体出发，关注其如何看待外来务工人员，如何处理与外来务工人员的关系。由于数字递送工人群体主要是城市外来务工群体，既有研究完全可以让我们更清晰地把握数字递送工人群体的结构地位与生活状况。因此，详细梳理针对数字递送工人群体即外来务工群体的既有研究，可以发现存在如下六种理论视角。

一、关于农民工及其工作状况的研究

数字递送工人大多是外来务工人员，这一群体是在中国城乡二元体制与市场化改革中形成的，最早的相关研究可以追溯到 20 世纪 80 年代末 90 年代初的民工潮时期。大规模农民工进城是中国独特户籍制度下快速大规模城市化进程中产生的较为独特的社会现象。

何为农民工？学术界对此尚没有一个明确的界定。但多数学者对此有着基本相似或相近的观点：首先，他们来自农村，拥有农业户口；其次，虽然他们的社会身份是农民，但其主要从事非农化生产活动；最后，他们的非农化活动不限于工业领域，还包括商业、服务业等第三产业领域。在中国城乡二元体制下，既有的基于身份的社会制度约束和新形成的基于职业的市场制度约束之间相互影响，产生了中国户籍制度下的所谓“农民工”群体。① 简言之，农民工是制度产生的社会群体，是渐进式市场改革的“社会产物”，在某种意义上，这恰恰体现了市场化改革的不彻底。因此，笔者同意著名经济学家厉以宁的观点，即农民工这种由大众媒体所最早使用的强加称呼在中国语境下带有歧视色彩。然而，在中国语境和统计口径下，这一称呼逐渐成为约定俗成的话语，精准指代这一特殊时代下的特殊制度产生的社会群体。因此，笔者也只能在行文中尽量避免使用这一称呼，而尽量代之以“新工人”“外来务工群体”等称法，其涵义自然比农民工群体的涵义要宽泛得多。

根据国家统计局发布的《2017 年农民工监测调查报告》显示: 2017 年，新生代农民工群体的占比由 2013 年的 46.6% 增加到 50.5%。② 他们在城市建设的过程中依靠自己较为充沛的体力来获取经济收益和其他收益，他们的身体成为自己获得收益的最大资本。例如，法国社会学家皮埃尔·布尔迪厄（Pierre Bourdieu）就认为，身体是一种资本形式，是一种价值载体，身体的发展和个体的社会位置之间存在相互关系，对身体的管理是获取地位和区隔的核心因素，由于受到个体所处的社会位置、长期形成的个体习惯和个体品

① 刘芳:《近年来关于城市农民工问题的研究综述》，载《西北师大学报》2005 年第 1 期，第 20—24 页。

② 中华人民共和国国家统计局:《2017 年农民工监测调查报告》，2018 年 4 月 27 日。

味的发展等影响，身体带有深深的社会阶层印记。①

相关调查报告显示，城市中一线快递员群体主要由青年农民工组成，其生活的时间和空间均受到一定程度的“压挤”②，其工作时间、用餐时间的不规律及私人空间的逼仄，均反映出他们身体控制自由度较低的基本状况，同时说明该职业群体在社会阶层体系中处于偏低的位置。对于他们而言，选择即时配送行业往往是一种基于满足生存需求、扩展生存空间和追求体力资本经济利益最大化的理性选择，他们总体仍处在生存理性阶段，是为基本生存而求职。③由于受到技术、素质、制度等多方面的限制，多数外来务工人员选择以体力劳动为主的工作，技术性人才数量较少。而且，中国农民工就业总体呈现明显的短工化趋势，具体表现为工作持续时间短、工作流动性高，而且年龄越小的农民工尤其是女性农民工变换工作的频率越高。④

外来务工群体的职业认同问题是既有研究关注的焦点之一。相关研究显示，职业选择变化体现了个体价值观的变化。根据国内对外来务工人员的职业认同调查可知，这一群体的职业认同感较低，且就业过程中存在明显的短期效应。蔡宜旦、陈昕苗针对外卖快递员群体的职业认同问题进行了研究，从物质、社会和精神三个方面

① [法] 皮埃尔·布尔迪厄著：《区分：判断力的社会批判》，刘晖译，商务印书馆2015年版。

② 方奕、王静、周占杰：《城市快递行业青年员工工作及生活情境实证调查》，载《中国青年研究》2017年第4期，第10页；赵莉、王蜜：《城市新兴职业青年农民工的社会适应——以北京外卖骑手为例》，载《中国青年社会科学》2017年第2期，第50—57页。

③ 蔡宜旦、程德兴：《生存理性视角下快递小哥的行为逻辑——基于浙江省快递小哥的人类学调查》，载《青少年研究与实践》2017年第2期，第21—27页。

④ 耿雁冰：《薪酬低、缺保障：新生代外来务工人员就业“短工化”》，载《21世纪经济报道》2012年第2期，第8页。

考察，发现即时配送行业的职业发展空间小、工作重复时间较长，很容易导致从业者产生职业倦怠，进而导致该行业离职率增高、职业认同感降低等问题。[①] 邢海燕和黄爱玲则进一步将研究视角细化，从个体化理论角度出发，提出外卖、快递员之所以选择成为骑手，一个很重要的原因是追求高薪和自由，这是个体主义崛起的重要表现，更是基于个性需求的理性选择，他们的研究为我们从另一个角度理解职业认同的建构机制提供了理论参考。[②]

关于数字递送工人群体的劳动和社会保障问题，相关研究指出，数字递送工人群体缺乏保障的原因来自多个方面，政府作用、社会环境、法律保障、劳动者维权意识和维权能力等均为重要影响因素。就政策层面来看，政府、社会方面提出了相对全面的保障措施，不过在政策的实际推行中，仍然存在各种问题，尤其面临新用工形式的变化，相关公司对政策规定的执行是否彻底也影响着从业人员的劳动合同、社会保险、工伤认定等方面的权益保障程度。例如，有学者认为用工合同的不规范、监管体系的不完备和司法诉讼的不便利，导致务工人员与用人单位在法律维权中存在地位失衡和不平等的问题。[③] 从劳动者自身角度来看，外来务工人员权益保障的意识和能力也存在缺位现象，尤其受制于其相对低下的经济基础和教育水平，这一群体往往仅具有模糊的维权意识，在合同订立与缴纳社保的阶段，他们也往往无意或无法了解合同的具体内容与社会保障的重要作用，进而给用人单位节约费用、规避风险提供了可

---

① 蔡宜旦、陈昕苗：《基于职业期望——收益视角的快递小哥职业认同》，载《青少年研究与实践》2017 年第 2 期，第 13—20 页。

② 邢海燕、黄爱玲：《上海外卖“骑手”个体化进程的民族志研究》，载《中国青年研究》2017 年第 12 期，第 73—79 页。

③ 王秋文、邵旻：《快递员社会保障存在的问题及对策研究》，载《劳动保障研究》2018 年第 9 期，第 9—12 页。

乘之机。当产生无故辞退或工伤认定等纠纷时，该群体更缺少足够的法律意识，往往会“自认倒霉”，听从公司的安排，以免既损失了金钱，又丢了工作，抑或是有心无力，最终选择不了了之。[①]随着平台经济的深入发展，这一领域的劳动关系问题也成为社会日益关注的热点。笔者将在后文对智能革命背景下的劳动关系理论进行进一步探讨。

二、关于新生代农民工社会心态的研究

针对新生代农民工社会心态的研究早已有之。社会心态是一段时间内弥散在整个社会或社会群体类别中的宏观社会心境状态，是整个社会的情绪基调、社会共识和社会价值观的总和。[②]

通过对新生代农民工群体分析可知，其社会心态的基本特征总体而言积极向上，但也伴随着一定的无助感和焦虑感。[③]许传心通过分析成都市区28岁及以下新生代农民工的调查资料发现，该群体具有相对剥夺感、社会差异感、社会距离感、混乱的身份认同等社会心态。[④]刘博进一步提出，目前新生代农民工具有双向社会心态，具体来说就是个体心态的“反市民化”与生活方式上的“流民

---

① 方奕、王静、周占杰:《城市快递行业青年员工工作及生活情境实证调查》，载《中国青年研究》2017年第4期，第10页。

② 杨宜音:《个体与宏观社会的心理关系：社会心态概念的界定》，载《社会学研究》2006年第2期，第117—131页。

③ 胡洁:《当代中国青年社会心态的变迁、现状与分析》，载《中国青年研究》2017年第12期，第85—89页。

④ 许传新:《新生代农民工城市生活中的社会心态》，载《思想政治工作研究》2007年第10期，第57—59页。

化”，即在群体内部分化基础上产生了差异化的双向互动的社会心态——城市融入观与乡土回归观。[①]

新生代农民工群体产生上述矛盾社会心态的主要原因十分复杂。青年外来务工人员所处的社会环境、制度环境是主要影响因素，社会变革、社会管理及保障机制不健全、社会支持不足、经济收入低等现实因素对这一群体的社会心态的形成也具有重要影响。[②]许多青年农民工具有所谓“丧文化”群体的社会心态，正是源于转型时期风险社会的不确定性及市场经济条件下情感的过度消费。[③]更进一步来说，上述影响因素可以被拆分成三个维度，即从个体自身、外部环境及二者相互作用来看，可以清楚地理解这一群体独特的社会心态的形成机制。[④]随着社会发展到一定程度，由于城乡户籍制度改革滞后，城乡差距依然较大，新生代农民工的社会心态出现上述变化并不令人意外。问题是这种社会心态也开始在城市青年务工群体中扩散蔓延，“躺平”“内卷”之声不断，反映的是中国社会发展到一定程度出现的某种“固化”趋势及人们对这种趋势的反对心声。

积极的社会心态对社会的和谐稳定与良性发展而言至关重要。既有研究大多是从差异性角度出发，探讨构建行之有效的心理调整模式之道，以此帮助青年外来务工群体构建一种积极向上的社会

---

① 刘博：《新生代农民工的“差异化生存”与双向社会心态》，载《当代经济管理》2015 年第 9 期，第 27—33 页。

② 刘启营：《新生代农民工社会心态及其影响因素》，载《当代青年研究》2012 年第 10 期，第 71—76 页。

③ 董扣艳：《“丧文化”现象与青年社会心态透视》，载《中国青年研究》2017 年第 11 期，第 23—28 页。

④ 付桂芳：《论新生代农民工社会心态的形成机制》，载《求索》2013 年第 6 期，第 243—245 页。

心态。许传新提出，要想调整外来务工群体，尤其是青年农民工群体的社会心态，就要打破城乡之间各种制度壁垒，加强对新生代农民工的心理健康教育，并利用传媒等手段，消除城市居民对农民工的误解与歧视。①甘乐则强调，应从个人和社会两个层面出发培育青年积极健康的社会心态，其中，个人层面应该注重主观调节与积极适应，社会层面应该注重引导性与规范性。②有关培育积极健康社会心态的途径，学界大致关注到以下几个方面：首先，要考虑到群体的特殊性，即“因材施教”；其次，从个人和社会两个层面培育社会心态；最后，进行心理教育及辅导。不过相关研究对于心理辅导的可行性讨论仍存在不足，未能提出适应该群体基数大、流动性强、教育水平偏低、经济实力有限等实际情况的更有效的解决方案。

三、关于外来务工群体的社会融入研究

作为城市建设的重要力量，外来务工群体能否真正融入城市牵动着社会的敏感神经。针对外来务工群体，尤其是新生代农民工群体的社会融入问题，既有研究的理论基础主要是社会排斥理论和社会资本、人力资本理论，两者分别从不同角度进行了剖析。

社会排斥理论认为，社会排斥是全部或部分被排除在决定一个人与社会融合程度的经济、社会或文化体系之外的多层面的、动态

① 许传新：《新生代农民工城市生活中的社会心态》，载《思想政治工作研究》2007年第10期，第57—59页。

② 甘乐：《2011年中国青年的社会心态》，载《当代青年研究》2012年第3期，第1—7页。

的过程。[1] 中国部分学者将社会排斥分为制度结构层面的排斥和社会文化层面的排斥两个方面。其中，影响中国外来务工群体的社会融入的根本因素是制度结构排斥，即户籍制度起到最重要的排斥和限制作用。[2] 城市居民的歧视行为、歧视心理则可能导致外来务工群体，尤其是农民工群体对本地人或所谓“城里人”的反感和疏远，这在无形中消解了外来务工人员对城市社会参与和融入的积极性和主动性。[3]

从社会资本、人力资本理论视角看，社会资本和人力资本无疑是影响外来人口融入城市社会过程中最为重要的两大自致因素。社会资本和人力资本之间存在一定的相关性，已有研究表明，一个人的人力资本积累得越多，越有利于促进其社会资本的积累。[4] 美国社会学家马克·波特斯（Mark Poster）提出，社会资本是移民个人通过其在社会网络和更为广泛的社会结构中的成员身份而获得的一种调动稀缺资源的能力。[5] 移民可以利用自己拥有的社会资本来获

---

① 李景治、熊光清：《中国城市中农民工群体的社会排斥问题》，载《江苏行政学院学报》2006 年第 6 期，第 61—66 页。

② 李强：《户籍分层和农民工的社会地位》，载《中国党政干部论坛》2002 年第 8 期，第 16—19 页；李强：《中国城市农民工劳动力市场研究》，载《学海》2001 年第 1 期，第 110—115 页；任远、邬民乐：《城市流动人口的社会融合：文献述评》，载《人口研究》2006 年第 3 期，第 87—94 页；孙立平：《农民工如何融入城市》，载《中国老区建设》2007 年第 5 期，第 16—17 页。

③ 李强：《关于城市农民工的情绪倾向及社会冲突问题》，载《社会学研究》1995 年第 4 期，第 63—67 页；朱力：《群体性偏见与歧视——农民工与市民的摩擦性互动》，载《江海学刊》2001 年第 6 期，第 48—53 页。

④ 赵立新：《社会资本与农民工市民化》，载《社会主义研究》2006 年第 4 期，第 18—51 页；肖日葵：《人力资本、社会资本对农民工市民化的影响——以 X 市农民工为个案研究》，载《西北人口》2008 年第 4 期，第 93—97 页。

⑤ Alejandro Portes, *The Economic Sociology of Immigration*, Russell Sage Foundation,1995, pp.1-41.

取各种有利于自身社会融入的资源，以更好地实现社会融入。[①] 中国很多学者在实证中发现，外来务工人员的社会融入和他们拥有的社会资本确实具有高度的相关性。[②] 无论是基于血缘、地缘等先赋的社会网络，还是自致的与当地原住民建立的新联系，都对外来务工人员的社会融入而言具有重要作用。[③] 然而，研究者们也逐渐认识到，尽管外来务工群体的社会生活场所发生了变化，但并没有从根本上改变他们以血缘、地缘这些原有社会关系为纽带的社会网络的边界。流动农民的社会网络仍然具有规模小、紧密度高、趋同性强、异质性低等特点，他们拥有的社会资本有限，获得的城市中的实际支持和社会交往支持较少，情感交流也相对缺乏，因此其社会融入呈现艰难的现状。[④] 国外的相关研究普遍认为，文化教育水平、劳动技能、语言技能、工作经验等人力资本对移民的社会融入具有十分重要的影响。中国一些学者的研究也表明，外来务工人员的社会融入与其个体的人力资本之间呈现高度的正相关。[⑤] 人力资本不仅影响外来务工人员的就业状况、职业稳定性及收入，还影响着农

① 参见赵延东、王奋宇:《城乡流动人口的经济地位获得及决定因素》，载《中国人口科学》2002 年第 4 期，第 8—15 页。

② 彭庆恩:《关系资本和地位获得——以北京市建筑行业农民包工头的个案为例》，载《社会学研究》1996 年第 4 期，第 53—63 页；赵延东、王奋宇:《城乡流动人口的经济地位获得及决定因素》，载《中国人口科学》2002 年第 4 期，第 8—15 页；刘传江、周玲:《社会资本与农民工的城市融合》，载《人口研究》2004 年第 5 期，第 12—18 页。

③ 悦中山、李树茁、靳小怡、费尔德曼:《从“先赋”到“后致”：农民工的社会网络与社会融合》，载《社会》2011 年第 6 期，第 130—152 页。

④ 王毅杰、童星:《流动农民社会支持网探析》，载《社会学研究》2004 年第 2 期，第 42—48 页；李树茁、任义科、费尔德曼、杨绪松:《中国农民工的整体社会网络特征分析》，载《中国人口科学》2006 年第 3 期，第 19—29 页。

⑤ 刘林平、张春泥:《民工工资：人力资本、社会资本、企业制度还是社会环境》，载《社会学研究》2007 年第 6 期，第 114—137 页；谢桂华:《中国流动人口的人力资本回报与社会融合》，载《中国社会科学》2012 年第 4 期，第 103—124 页。

民工在价值观念、生活方式等方面的融合程度。个体的人力资本由于与其工作状况及收入水平直接挂钩，所以在城市外来青年务工人员的社会融入过程中发挥着决定性作用，即外来务工群体的经济收入越高，越利于其实现社会融入。

与传统农民工不同，新生代农民工呈现越来越强烈的市民化和城市化倾向，他们对农村的依赖程度越来越低，对城市的需求程度逐渐增高，他们希望获得与城市居民相同的地位和身份，享受市民权利和城市生活。因此，他们中的许多人在城市融入方面保持着积极的态度。也就是说，他们的融入过程基本是主动和自觉的，对城市的适应性表现为与城市积极共存。在主观意愿上，青年外来务工人群体呈现日渐强烈的渴望融入城市的愿望，他们希望在城市“落地生根”。[①] 然而，现实情况未能如他们所愿，甚至在很大程度上打击着他们的积极性。正如王春光等人的研究所表明，农村流动人口处于“半城市化”状态，虽然农村人口进入了城市，在城市找到了工作，也生活在城市，但城市只把他们当作经济活动者，仅仅将他们限制在边缘的经济领域，并没有把他们当作具有市民或公民身份的主体，在体制上也没有赋予他们类似城市居民的其他基本利益，在生活和社会层面更是将其排斥在城市的主流生活、交往圈和文化活动之外。[②] 现实的种种制约显然在很大程度上延滞了青年外来务工群体融入城市社会生活的进程。由于数字递送工人群体的主体是新生代农民工群体、青年外来务工群体，因此上述研究对我们理解数字递送工人群体的社会融入状况具有直接的参考价值，并为我们

---

① 周明宝：《城市滞留型青年农民工的文化适应与身份认同》，载《社会》2004 年第 5 期，第 4—11 页。

② 王春光：《农村流动人口的“半城市化”问题研究》，载《社会学研究》2006 年第 5 期，第 107—122 页。

奠定了相当深厚的研究基础。

四、关于外来务工群体的社会流动研究

社会流动指个人或群体的社会地位的变化或从一个阶层到另一个阶层的变化。由于方向、原因、规模、方式及范围不同，个人或群体社会地位的变化导致的社会不平等结构的情形也相应有所不同。

新生代外来务工群体的社会流动状况可以分为两类。一类社会流动是从农村向城市流动。由于中国工业化只能采取城乡“剪刀差”来增加原始积累，由此形成的城乡二元制度结构又进一步导致城乡分配体制失衡，且改革开放后这一体制继续发挥市场化原始资本积累的作用，中国双轨制城市化推动城市大发展，城市成为资本循环的主要场域，农村则被排斥在外，由此导致城乡差距持续扩大。尽管近年来，中央政府大力投入乡村基础设施建设，但整体上农村的公共服务设施状况与生活条件仍普遍相对不如城市。不仅如此，城市的发展机会相对于农村而言也更多，从而导致越来越多新生代外来务工人员向往城市。另一类社会流动是从低阶层向高阶层流动。传统农民工在进入城市以后，从事的大多是与体力劳动有关的工作，主要分布在建筑业、服务业等领域，而新生代外来务工群体拥有比传统农民工群体更为广阔的视野和更多、更新的知识储备，他们中的不少人逐渐转变为个体工商业经营者或城市的办公人员，向上流动成为可能。① 根据清华大学李强教授的计算，对比第

① 李江：《新生代外来务工人员社会流动的问题研究》，载《农村经济与科技》2018年第14期，第184—186页。

六次和第五次全国普查数据，中国城市新增个体工商户、办公人员达9000万人，这表明新生代农民工或外来务工群体进入城市后，大量人口完成社会地位向上流动，进入边缘中产阶层，这是中国社会的巨大进步。

在社会流动的相关研究中，工业化理论和新制度主义理论是至今为止解释社会流动的两大主要理论范式。在西方工业化理论中，“布劳—邓肯”模型为现代工业社会的社会流动提供了一种工业化—功能主义的解释。[①]他们认为，在市场经济的作用下，工业生产与技术发展作为一种遵循绩效原则的理性化过程，会更多依据后致性因素而不是先赋性因素来分配社会机会及劳动报酬。[②]由此，职业地位成为展现一个人社会地位的核心要素，社会成就成为雇主衡量劳动者被选择标准的最佳信号。与此同时，工业化发展过程中，新的工种和岗位不断产生，进一步减少了代际继承机会，社会分层结构将日益开放，社会流动率将不断增长，社会流动模式的平等化趋势将占据主导地位。[③]新制度主义理论范式在工业化理论的基础上批评这一领域研究者忽视了影响社会地位获得的政策环境、制度背景、历史文化和意识形态等因素，认为结构性变动等因素导致了社会流动发生改变，并且各个国家在不同时期的社会流动模式也存在差异。尤其是社会主义国家，其政策与制度变迁使得每代人都拥有各自独特的流动际遇，并影响着社会机会结构的分布，从而导致社会地位获得向同期群、政治身份、单位性质等宏观外部视角

---

① 李路路：《再生产与统治——社会流动机制的再思考》，载《社会学研究》2006年第2期，第37—60、243—244页。

② 张延吉、秦波、马天航：《同期群视角下中国社会代际流动的模式与变迁——基于9期CGSS数据的多层模型分析》，载《公共管理学报》2019年第1期。

③ [美]彼德·布劳：《社会生活中的交换与权力》，张非、张黎勤译，华夏出版社1988年版。

拓展。这一理论范式下的社会流动模式主要以社会继承性和短距离流动为特征，代际优势的持续性较为显著。相关研究者否定了工业化假设提出的纵向社会流动率将随工业化过程的发展而不断提高的机制，并为社会流动的研究提供了制度主义的解释逻辑。①

先赋性规则和后致性规则是研究社会流动领域重点关注的话题之一。例如，张宛丽等学者认为，先赋性规则和后致性规则是影响社会流动的两大重要规则，这两大规则与当时社会的政治、经济基本情况相适应，构成了主要的社会流动机制，决定着社会成员社会地位的流动。② 按照工业化理论的逻辑，李煜认为，工业化带来的生产力大发展，不仅促成了生产结构的变化，还使得社会流动的“筛选机制”发生了巨大的变化——从以血统出身为代表的先赋性规则转向了自主成才的后致性规则。③ 由于利益最大化的经济理性思维成为主导，“绩效原则”成为配置劳动力的最主要原则，效率优先成为发放工资的重要标准，后致性规则的影响力不断加强，经由教育后天习得的能力成为最主要的筛选条件，这为劣势阶层青年向上流动提供了重要机会，也使得教育成为影响社会流动的最主要因素。

与工业化理论不同，新制度主义理论范式的逻辑出发点是社会—政治制度因素分析。该理论范式是在承认个人通过教育获得的后致性因素对社会地位的获得具有重要影响的基础上，强调了政策制度和文化原则等结构性因素对社会流动，即社会地位的获得的影

① 李路路:《再生产与统治——社会流动机制的再思考》，载《社会学研究》2006 年第 2 期，第 37—60、243—244 页。

② 张宛丽:《当代中国社会流动机制探讨》，载《中国党政干部论坛》2004 年 8 月，第 25—26 页。

③ 李煜:《代际社会流动：分析框架与现实》，载《浙江学刊》2019 年第 1 期，第 32—34 页。

响，而这种影响往往带着先赋性规则的影子。结构性因素单方面定向地强化了先赋性规则，但国家可以通过普及教育，实行再分配调节机制来增加社会福利，使社会结构趋向平等，在升学、就业等涉及相关社会地位赋予的众多方面来给予额外“庇护”，这就能造成一种所谓的“逆向选择过程”。①虽然仍基于先赋性因素，但这种“逆向选择”在另一个层面上调节了社会资源的分配，促进了社会的相对流动。②

总的来说，关于外来务工群体的既有研究，主要侧重生存境况、职业发展、社会心态和社会融入等方面。这些研究为我们研究数字递送工人群体提供了文献基础，尤其需要指出，数字递送工人群体不是凭空产生的，而是在既有制度与社会结构状况下在外来务工群体，尤其是新生代农民工群体的基础上形成的。当然，智能革命的加速到来，赋予了数字递送工人群体新的时代特征，他们的劳动过程、劳动关系又呈现哪些新的变化，我们还需要深入挖掘。

五、关于数字递送工人的劳动过程研究

劳动过程理论是分析“资本主义与劳工”问题时的一大经典理论。它需要回应的核心议题是：资本是如何控制劳动的？工人又是如何反抗的？卡尔·马克思（Karl Marx）对资本主义生产关系的批

---

① 李煜：《代际流动的模式：理论理想型与中国现实》，载《社会》2009年第6期，第60—84页。

② 张延吉、秦波、马天航：《同期群视角下中国社会代际流动的模式与变迁——基于9期CGSS数据的多层模型分析》，载《公共管理学报》2019年第16卷第2期，第105—119页。

判及美国社会学家麦克·布洛维（Michael Burawoy）等当代社会学者的分析，均对资本主义下的劳动控制和工人意识形态进行了非常有价值的探讨，他们的思考为这一经典理论的现代应用奠定了基础。随着资本主义生产方式的不断更新发展，数字经济及其劳务关系的转变推动了劳动过程理论的自我更新，并产生了新的课题——数字劳动控制问题。

传统对资本主义和工人阶级的讨论是从马克思的《资本论》（*Das Kapital*）开始的，他认为，资本组织生产的唯一目的就是攫取剩余价值，对劳动过程的关注也主要集中在资本管控和工人反抗之上。在马克思看来，在资本主义劳动过程中，技术不是中立的，而是已经异化为阶级控制和斗争的一种工具，资本家通过拥有机器等技术生产资料可以很容易取得对生产过程的控制，而工人阶级除了自己的生产技能以外一无所有。进一步展开来说，机器对工人体力的替代消除了他们在性别和年龄上的差异，并且随着妇女和儿童加入劳动力队伍，资本获得了更多可控制的工人。同时，在失业的危机下，劳动者的反抗意愿和能力也被削弱了。①

在马克思之后，哈里·布雷弗曼（Harry Braverman）等人进一步丰富了劳动过程研究，深入探讨了技术是如何渗透到工人生产活动的控制之中的。劳动过程作为一个研究领域被正式确立就是从布雷弗曼开始的。他的著作《劳动与垄断资本》(*Labor and Monopoly Capital*）标志着劳动过程理论的形成。布雷弗曼认为，资本主义通过深化分工，尤其是促进知识和执行的分离，从工人手中夺取了劳动过程的控制权。具体来说，在西方资本主义发达国家，在泰勒制

---

①［德］卡尔·马克思：《资本论》第一卷，中共中央马克思恩格斯列宁斯大林著作编译局译，人民出版社 2004 年版。

的科学管理之下，工人的生产过程受到干扰，工人对生产过程的知识开始被剥夺。渐渐的，工人不再作为工匠存在，而只是一种生产工具。几乎与科学管理运动同步，科技革命带来了机械化。在资本垄断下，科学不是中立的，科学帮助有机器的资本家控制了劳动过程。布雷弗曼强调，技术差距更容易使得劳动力屈服于机器的统治之下。[①] 布雷弗曼关于知识和执行分离的讨论，后来被称为去技术化的命题，引发了关于劳动过程的大规模争论。许多学者从实证研究的角度考察了专业技术人员是否存在去技术化的趋势。反对者认为布雷弗曼夸大了劳动过程中的技术退化现象，指出他对技术的理解和定义存在局限性。在反对布雷弗曼的声音中，有一种观点是最具批判性和颠覆性的：布雷弗曼眼中只有资本控制着劳动过程，工人却从研究视野中消失了。[②]

由此引发了另一大类研究，将工人拉回研究视野之中。在这类研究中，布洛维无疑是最具影响力的当代学者。他的《制造同意》(*Manufacturing Consent*）和《生产的政治》(*The Politics of Production*）等著作清晰地阐明了其反对资本控制劳动的观点。在《制造同意》一书中，布洛维将工人的主体性带回了劳动过程，他通过实地调查发现，与资本控制相比，很多劳动者实际上工作非常努力，且愿意接受资本的剥削。他认为，劳动关系不是赤裸裸的控制与被控制、剥削与被剥削，而是劳动者的同意和资本的胁迫。借用安东尼奥·弗朗切斯科·葛兰西（Autonio Francesco Gramsci）的

---

① Harry Braverman, *Labor and Monopoly Capital: The Degradation of Work in the Twentieth Century*, New York: Monthly Review Press, 1974.

② 闻翔、周潇等人认为，布洛维对劳动过程理论的很大贡献就在于，通过凸显工人主体性弥补了劳动过程理论一直以来忽视工人的不足。参见闻翔、周潇：《西方劳动过程理论与中国经验：一个批判性的述评》，载《中国社会科学》2007 年第 3 期，第 29—39 页。

文化霸权概念，在资本主义生产过程中，工厂的抢食游戏作为一种意识形态机制建构了工人对剥削的认同。[①] 在《生产的政治》一书中，布洛维强调资本主义生产不仅仅是一场经济领域内的活动，还渗透着政治和意识形态因素，从而保证资本家能够获得和掩盖剩余价值。劳动过程的政治效果、生产政治的规范工具，二者共同构成独特的工厂区域或生产区域，它受制于劳动过程、劳动再生产方式、市场竞争和国家干预四个因素，决定着劳动者在生产领域的利益和能力。工人的反抗和斗争反过来推动劳动过程和工厂制度的变革。[②] 布洛维的理论框架进一步帮助当代马克思主义者在去技术化理论的基础上以一种新的方式理解技术与劳工之间的复杂关系。

在布洛维之后，研究者们指出，虽然布洛维将工人主体性引入了分析范畴，但他眼中的工人仍然是一个抽象的整体概念，性别、种族、公民身份等非阶级因素并没有得到进一步深入分析。许多学者从性别、阶级、种族、职业等更加多元的角度来探讨资本主义与劳动控制之间的关系。[③] 爱德华·帕尔默·汤普森（Edward Palmer Thompson）从文化维度对英国工人阶级进行研究，他的英国工人阶级形成理论吸收了英国民族文化传统，认为工人阶级有自我形成的可能性，并且有将自己建成一个阶级的自主权。[④] 但需要指出的是，新的研究并没有抛弃阶级分析，劳动过程理论的基本视角仍然是生

---

① Michael Burawoy, *Manufacturing Consent*, The University of Chicago, 1979.

② Michael Burawoy, *The Politics of Production: Factory Regimes Under Capitalism and Socialism*, Verso Press, 1985.

③ 例如，李静君认为阶级、性别和种族之间的关系复杂微妙，它们共同构建了权力基础，且都是在生产中而不是在生产之外被生产和再生产出来的。她通过对香港和深圳两家工厂女工的比较研究，从性别角度拓宽了既有研究维度。参见Ching Kwan Lee, *Gender and the South China Miracle: Two Worlds of Factory Women*, Berkeley: University of California Press, 1998。

④ Edward P. Thompson, *The Making of the English Working Class*, Penguin Books, 1980.

产的阶级性，只是阶级分析的内涵得到了进一步丰富和补充。

在马克思主义经典理论基础上，一些学者开始将目光转向中国社会转型过程中的劳动过程研究，试图用劳动过程理论来观察中国现实。正如前文所提到的，改革开放以来，数亿农业人口从农村涌入城市，成为劳动密集型产业的一部分。这些工厂的特点往往是技术含量低、流水线生产、强度大、纪律性强，其工人反映出典型的去技术化特征。但与此同时，中国工人的劳动又不完全与之类似。例如，中国工人对劳动控制权的失去不完全是因为科学管理和技术革命，在中国政治经济体制背景下发生劳资冲突时，一些地方政府往往倾向资本优先，因为该冲突并不是纯粹的经济问题。此外，由于工会的弱势和社会组织的不完善，劳动者在国家干预的基础上，又缺乏自我保护，自然进一步处于不利地位。因此，中国工人的特殊性引起国内外大量学者的关注。例如，李静君、潘毅等人通过民族志研究方法，对中国工人的生产生活状况和劳资冲突问题进行了细致描述。沈原、闻翔等人认为这类研究存在理论错位、焦点偏离等问题，指出他们没有用劳动过程经典理论视野来考察中国的工人阶级，采用的仍然是社会分层、流动和融合理论。①

从国内劳工研究的主题来看，汪建华将既有研究分为三个主题：劳工过程、阶级形成和劳工运动。② 在众多劳动过程研究中，大多数学者选择沿着布洛维的生产制度理论框架展开分析，关注资本对性别、籍贯和行业差异等方面的操纵。例如，大量研究针对珠三角出口加工工人展开实地调查，发现他们受到长时间工作、被克

---

① 沈原、闻翔：《转型社会学视野下的劳工研究：问题、理论与方法》，载郭于华编：《清华社会学评论》，社会科学文献出版社 2012 年版。

② 汪建华：《劳动过程理论在中国的运用与反思》，载《社会发展研究》2018 年第 5 卷第 4 期，第 19 页。

扣工资、工作环境恶劣等方面的苛待，甚至被迫接受一些强制性甚至违法的管理措施。[①] 此外，非正规经济中的劳动控制和工人身份也是研究者们关注的焦点。比如，郑广怀等人在实证研究中发现，郑州的服装行业工人通过呐喊“人人都是老板”等类似口号，为劳动者们提供一种向上流动的梦想和不确定性，以此促进劳动者积极参与工作。[②]

谈到非正规就业，随着互联网技术的进步，数字化在很大程度上改变了传统的产业结构，越来越多的劳动者选择走出工厂，参与互联网平台的工作，其中就包括运输物流、家政服务、外卖配送等诸多领域。对数字资本主义的批判成为中国社会学、哲学领域的热点议题。综合相关研究可知，数字资本主义劳动过程具有三个特点。第一，生产边界模糊。在互联网时代，生产和消费行为相互混杂，导致角色的定义模糊。例如，社交媒体用户不仅是数据的生产者，还是广告和其他内容的消费者。第二，数据管控加强。资本对劳动力的剥削不仅存在，还以更隐蔽的方式存在。通过调查优步（Uber）司机群体，可以看清网络叫车服务平台——优步公司通过智能算法控制司机群体的本质，看似自由的管理给了司机们充分的自主权，但实际上，他们的个人数据被监控和对比，这正是算法给予公司对司机工作方式的极大控制权的体现。[③] 平台资本主义之下的自营职业给了数字递送工人一种错觉，让他们认为自己有自由和自主权，但本质上，数字递送工人的生产过程只是从工厂车间转

---

① 李静君：《中国工人阶级的转型政治》，载孙立平、李友梅、沈原编：《当代中国社会分层：理论与实证》，社会科学文献出版社 2006 年版。

② 郑广怀、孙慧、万向东：《从“赶工游戏”到“老板游戏”——非正式就业中的劳动控制》，载《社会学研究》第 3 期。

③［美］亚历克斯·罗森布拉特：《优步：算法重新定义工作》，郭丹杰译，中信出版集团 2019 年版，第 17—27 页。

移到空地上，资本并没有解放生产力，甚至反过来加强了这种控制，平台对零工所涉及的社会关系进行了再利用和隔离，从而使之转化为生产关系。① 第三，产程的全程监控。随着数据挖掘能力的提高和体量的增加，资本主义对劳动的监控更加全面和惊人，这一过程下的劳动控制具有极大的弹性和限度②，并且呈现游戏化③等特征。所谓游戏化特征，就是通过类似赶工游戏的设定，让平台就业者自愿加入劳动生产过程。虽然劳动力市场的数字平台被视为良性或中立的技术，但事实上，平台工人很容易受到算法操纵，而这种控制正是由信息不对称、缺乏劳动保护和掠夺性商业模式等因素造成的。④

新技术的控制模式和工人的情感文化值得深入研究。昆达等人对信息技术公司展开实证研究时发现，资本以规范控制的方式引导员工的经验、思想和感受，从而使得其行为满足管理者需求，他认为这是资本从文化和情感角度控制劳工的一种新方式。⑤ 通过对"网约车"平台的分析可以发现，在看似自由的工作安排下，多种多样的奖励和监督措施使得劳动控制变得更加隐蔽。⑥ 从组织技术和科学技术的角度研究骑手的劳动过程可以发现，看似平台公司放弃了

---

① Alessandro Gandini, *Labour Process Theory and the Gig Economy*, Human Relations, 2018, p.72.

② 胡慧、任焰：《制造梦想：平台经济下众包生产体制与大众知识劳工的弹性化劳动实践——以网络作家为例》，载《开放时代》2018 年第 6 期，第 178—195 页。

③ 孙萍：《"算法逻辑"下的数字劳动：一项对平台经济下外卖送餐员的研究》，载《思想战线》2019 年第 6 期，第 50—57 页。

④ Bama Athreya, *Slaves to Technology: Worker Control in the Surveillance Economy*, Anti-Trafficking Review, issue 15, 2020, pp.82-101, https://doi.org/10.14197/atr.201220155.

⑤ Gideon Kunda, *Engineering Culture: Control and Commitment in a High-tech Corporation*, Temple University Press, 2006, pp.11-15.

⑥ 吴清军、李贞：《分享经济下的劳动控制与工作自主性》，载《社会学研究》第 5 期。

对骑手的直接控制，但实质上数字化控制通过大量的数据侵蚀了骑手的自主权，使其在无意识间参与了自我被管理的过程。① 这些受新技术影响但又依旧依靠传统体力劳动的数字时代从业者在新技术控制下呈现被动的情感状态。从情感文化、社会心态等角度来看，亚历山德罗・甘迪尼（Alessandro Gandini）在研究中展示了许多零工经济平台是如何将情感劳动形式嵌入劳动过程的，即通过反馈、排名和评级系统等指标影响员工的声誉评分。② 伊丽莎白・B. 马奎斯（Elizabeth B. Marquis）等人针对零工经济工作者，特别是优步司机的研究也表明，情感劳动在感知行为控制和工作满意度之间发挥中介关系。③ 清华大学团队对中国卡车司机进行了一项全面且深刻的调查，展现了卡车司机的人口特征、工作模式、劳动经历和生活环境，深刻描述其劳动过程的原子化、不确定性等诸多现实问题，也探讨了群体内部的身份认同、关系网络等情感文化现象。④

与上述关于技术控制劳工的研究相比，也有一些研究者关注到工人在劳动过程中展现的自主性及采取的反抗策略。例如，冲突、代理和抵抗等手段也是劳工彰显自主性的重要方式。⑤ 现实生活中，他们的自主性一方面体现在进出职业的自由度较高。由于行业门槛

---

① 陈龙：《“数字控制”下的劳动秩序——外卖骑手的劳动控制研究》，载《社会学研究》第 6 期。

② Alessandro Gandini, *Labor Process Theory and the Gig Economy*, Human Relations, http://journals.sagepub.com/home/hum.

③ Elizabeth B. Marquis, Kim S., Alahmad R., et al., *Impacts of Perceived Behavior Control and Emotional Labor on Gig Workers*, Proceedings of the 21th ACM Conference on Computer Supported Cooperative Work and Social Computing Companion, 2018.

④ 传化公益慈善研究院“中国卡车司机调研课题组”：《中国卡车司机调查报告 No.1—No.3》，社会科学文献出版社 2018 年版。

⑤ David Knights, Hugh Willmott, *Power and Subjectivity at Work: From Degradation to Subjugation in Social Relations*, Sociology 23(4):535-558.

低、流动性强，递送工人可以凭借个人的工作经历和感受，相对自由地选择职业发展路径，在对工作不满时也可以自由退出，进而寻找下一份理想工作。其自主性另一方面体现在应对工作时的选择权较多。例如在日常工作中，一定区域范围内的许多骑手往往相互认识，甚至会建立相对友好的伙伴关系，互相帮助配送订单的事情也经常发生，尤其当自己手上的某个订单和朋友手上的订单距离很近时会委托他人一齐配送，不完全受制于系统的安排。除此之外，弹性工作时间也给予了他们一定的自主性，使其可以根据自己的意愿安排工作时间。研究发现，在劳动控制的背后，数字递送工人实质上有多种抵抗策略，如积累熟悉的顾客、同伴合谋、关系隐瞒和破裂，他们可以借此缓解劳动关系的紧张。①

六、关于数字递送工人的劳动关系研究

作为一个日渐壮大的职业群体，数字递送工人的劳动关系成为社会日渐关注的热点话题。在实践中，针对配送员劳动关系认定的纠纷层出不穷，主要原因在于我国对劳动关系的认定采取从属性标准，这就使得许多新型用工形式被排除在劳动法保护之外。面对这种新型用工关系，许多国内外学者主张，不能以简单的人格从属性为标准，应该关注经济从属性、组织从属性等各方面，对数字递送工人等新型就业群体的劳动关系进一步明确，进而保护其应有权益。

事实上，从属性理论也经历了不同的发展阶段。早期理论强调

① 帅满：《快递员的劳动过程：关系控制与劳动关系张力的化解》，载《社会发展研究》第1期。

经济从属性。在大工厂时代，劳动者通过出卖劳动力的方式来改善自身极度贫穷的状态。随着经济社会的不断发展，经济从属性理论开始向人格从属性理论演变。德国劳动法学家阿弗雷德·赫克（Alfred Hueck）在《劳动法教科书》（*Lehrbuch des Arbeitsrechts*）一书中将雇员定义为“基于私法合同服务于他人、有义务为他人提供劳动的人”①，这是人格从属性标准的起点。也就是说，如果劳动者的劳动与其所属企业的正常经营业务内容相一致，属于该企业经营范围，那么即使此时该劳动者并未受到企业的指挥与控制，也应该肯定劳动者的劳动从属性，并基于此给予劳动者一定的保障。不过，在以美国为代表的英美法系国家中，对劳动关系的认定强调，只有雇主对雇员具有较强的控制性时，才能认定双方具有劳动关系，如果雇员被控制的程度较弱，则其为独立承包人。

随着数字化对劳动关系的影响程度增加，雇主和雇员之间的控制关系也在发生着变化。在平台经济崛起的背景下，劳动关系仍然体现与传统劳动关系相同的特性，即雇员仍然从属于雇主。虽然平台与平台使用者没有签订劳动合约，但平台也会对其使用者也就是平台劳工进行控制与协调，两者之间仍表现出一种类似雇主与雇员的关系。②常凯和郑晓静等人主张，松散的用工形式只是对实质严格控制的一种掩饰而已，传统的认定理论对新型用工形式依然适用。③不过，数字平台之上的劳动关系较过去已经有了非常大的变

---

① Alfred Hueck, Hans Carl Nipperdey, *Lehrbuch des Arbeitsrechts*, Band 1, Berlin und Frankfurt, Verlag Franz Vahlen Gmb H, 7. Auflage, 34(1963).

② Awais Piracha, Rachel Sharples, Jim Forrest, Kevin Dunn, *Racism in the Sharing Economy: Regulatory Challenges in a Neo-liberal Cyber World Geoforum*, Volume 98, 144-152(2019).

③ 常凯、郑小静：《雇佣关系还是合作关系？——互联网经济中用工关系性质辨析》，载《中国人民大学学报》2019 年第 33 期。

化，甚至新型用工形式正在逐渐替代传统的用工模式。平台经济的迅猛发展使得传统的劳动关系认定标准受到极大冲击，甚至传统用工模式最终可能会被新型平台用工模式取代。传统的劳动理论已经无法适应经济社会发展，新就业形态有着完全不同于大工厂时代的劳动者特征。①

尽管存在争议，但总的来说智能革命确实具有“创造性破坏”效应。一方面，智能革命催生平台经济崛起，改变了传统城市生活服务业的形态，具有一定就业创造效应，通过增加大量的灵活就业岗位，为劳动者提供了更多的可能性和选择权，自由化的用工方式也给了劳动者更大的自由度；但另一方面，数字化、智能化技术不断迭代创新且具有高度的外溢效应，随着 ChatGPT 大模型技术迭代、智能平台本身加速迭代进化，自主无人技术应用推动“无人配送”“低空经济”等新经济业态不断发展，从而很可能对数字递送工人群体形成就业替代或者改变乃至重塑平台经济与城市生活服务业态。在传统劳动关系中，劳动者已经弱于资本，技术升级引发的就业替代和劳动关系不受保护等风险依然存在，甚至可能更严重。不过，数字化时代仍处于发展初期，技术与劳动者的关系仍处于变动过程中，相关的讨论仍有很大空间。

七、本研究的创新探索

既有研究对我们理解数字递送工人群体而言具有很高的理论价

---

① 杨伟国、张成刚、辛茜莉：《数字经济范式与工作关系变革》，载《中国劳动关系学院学报》2018 年第 32 期。

值，但仍然局限于劳动过程和劳动关系理论。本书则强调，应该把这一群体置于中国社会转型的大背景中考察，才能得出有益于实际问题解决的答案。作为调查报告，本书无意于理论创新，但通过梳理理论可以呈现更为完整的理解，进而丰富读者对数字递送工人群体的认识和感知。

在此意义上，关于外来务工群体、农民工群体的传统相关研究并没有过时，反而对讨论这一群体的结构状况、政策和社会支持而言更加重要。既有研究讨论了这一群体的工作状况、社会心态、社会融入和社会流动等方面存在的问题，但针对这一群体的职业发展与未来命运的研究还不够充分，需要得到进一步补充。此外，这一群体的社会流动问题需要根据时代变化进行补充。既有研究大多基于两大范式和规则展开讨论，侧重通过先赋性因素和后致性因素来解释代际流动。随着技术复杂性因素的增加，仅依靠传统理论来解释社会流动显得过于绝对化，并且现有研究多针对代际流动展开分析，对代内流动缺少关注。个体的社会流动与其职业发展密不可分，个体的向上流动和发展意愿不应该被忽视。数字递送工人群体的发展问题可以为我国劳动关系研究及阶级固化的现象研究提供很好的素材。

应该清楚地看到，智能革命也为传统研究带来了颠覆性的影响。劳动过程、劳动关系等经典问题都披上了数字化外衣，在智能革命时代背景下不断更新变化。在运用这些理论分析中国劳动问题时，学界仍然存在实证分析厚度不足、本土学术深度不足的问题。技术系统与劳动者之间的关系本身就处于动态变化之中，就业创造效应和就业替代风险同时存在，只关注二者之间异化与反抗的问题显然是不够的。应该进一步认识到，数字递送工人真的是只被困在技术生产系统里了吗？社会和政治系统与这种技术生产系统之间存在着何种复杂关系？显然，户籍制度及一系列与此相关的福利和社会保障制度、劳动力市场结构等对流动人口的限制与排斥，对数字递送工人的工作状况、社会心态、社会融入、社会流动具有根本性影响，而且导致生产系统与劳动者之间的关系变得更加不明朗。因此，本书强调，技术系统在不断升级，社会和政治系统同样需要升级，要展现数字递送工人群体的真实面貌，需要多个理论视角的支撑，也需要我们更加全面地看待社会问题。

为此，本书力图在系统调查数字递送工人的群体特征、工作状况、工作诉求、观念心态、职业发展的基础上，提出优化社会与生活系统的策略与可能的政策选项，并结合智能革命与技术的迭代升级、老龄化社区建设与社区发展需要，提出重新认识数字递送工人群体的社会功能的重要性，指出其未来职业发展方向应转向数字智能时代的社区生活服务提供者，全社会应该给予这一群体完全新的理解和尊重，从而使这一群体的向上流动成为现实。

第三章

青年工人：上海数字递送工人的群体画像

作为数字智能技术不断发展、国民网络消费持续扩大背景下的产物，即时配送行业正在高速扩张。宛如在平静的湖面投入一块石子，这一产业的迅速发展打破了原有的城市产业结构，泛起的涟漪将看似静止的城市空间撕出一条狭窄的通道，数字递送工人正是抓住了数字平台的发展机会，穿过那条狭窄的通道进入了城市。

与老一代农民工相比，数字递送工人群体在城市中的生活状况有了较为明显的改善；与进入城市之前相比，他们的实际收入也确实提高了很多。此外，产业结构的特殊性使他们呈现一定的游离状态，或者说是一种孤岛化状态，但是随着技术系统的迭代升级和社会关注度的逐渐提高，数字递送工人的生活、工作与社会心态都发生了新的转变。

上海数字递送工人主要指上海外卖和快递等配送行业的一线体力劳动者，以 18 岁至 35 岁的非沪籍男性为主（图 3-1）。调查显示，这些劳动者中 18—35 岁的青年群体占比高达 82.5%。其中，男性又以 89.55% 的压倒性优势占据主体地位（图 3-2）。可以说，80 后与 90 后的男性青年俨然成为即时配送行业一线配送业务的主力军，这与劳动密集型行业对从业者体力的要求有着很大关系。此外，00 后男性配送员和个别女性配送员的身影也存在，但并非主流。

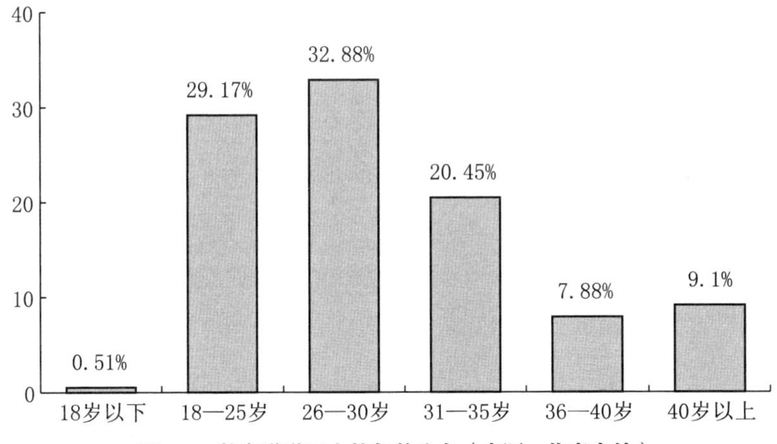

图 3-1　数字递送工人的年龄分布（来源：作者自绘）

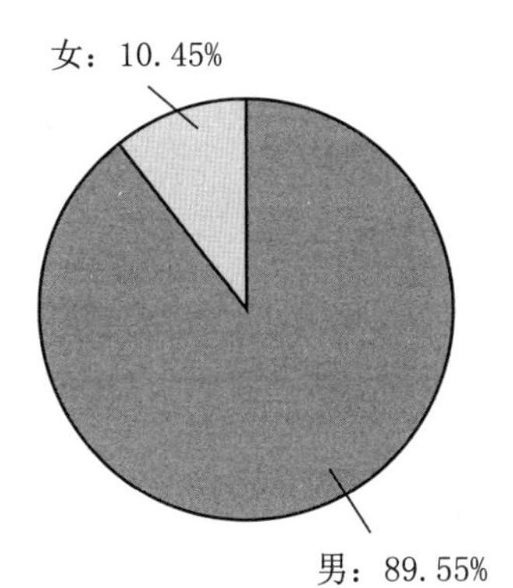

图 3-2　数字递送工人的性别分布（来源：作者自绘）

总体看来，对于大多数数字递送工人来说，为了获得更高的收入，他们不得不选择背井离乡来到上海。在行业处于成长期时，他们获得了大量的工作机会及相对可观的收入。与上一代外来务工人员相比，他们实现了经济收入的提升。在城市有了短暂的落脚之地后，他们却又因为自身教育水平有限、劳动技能匮乏及行业发展出现新情况，在经济收入的持续提升和社会地位的持续提高方面都受到了不同程度的限制。他们的户籍、工作性质、居住环境也使得他们很难享受到更高质量的都市生活。在情感文化方面，他们中的不少人是已婚者，大多已经生儿育女，却因工作繁忙而与子女聚少离多、分隔两地。对于他们中的未婚者而言，尽管对终身大事有着自己的追求和想法，但由于受制于多种因素，他们依然面临“脱单难”的问题。他们中的大部分人对未来并没有明确清晰的规划，很多人选择“过好当下的每一天”。他们中的很多人迫于现实的压力，表示当时机成熟时，就会回到老家置业，不会留在上海。

下面，我们将从六个方面对数字递送工人进行群体画像。

一、户籍来源：多来自劳动人口输出大省

改革开放四十余年来，虽然中国的经济建设取得了举世瞩目的成就，但是地区之间的经济发展水平仍然存在巨大的差异，这是我国当下面临的严峻现实问题。只要这种地区之间的经济差异存在，劳动力人口从落后地区向发达地区迁移的现象就会一直存在，我们在实地调查中的发现也佐证了这一观点。

根据社会学中著名的关于移民流动的推拉理论，劳动力人口迁移的目的在于改善生活条件，流入地的那些有利于改善生活条件的因素就成为拉力，而流出地的不利的生活条件相对地就成为推力。①河南、安徽、山东等省份的劳动力数量众多，但其能够提供的较高薪酬的工作岗位较为有限，劳动力市场的供过于求导致这些省份产生了相对较富余的劳动力人口。由于经济发展水平有限，这些省份

① 参见李强：《影响中国城乡流动人口的推力与拉力因素分析》，载《中国社会科学》2003年第1期，第126页。

的许多岗位的工资水平偏低，能够为青年工人群体提供的向上发展的机会也较少。这一群体普遍因为自身能力有限或资源限制而难以获得在当地就业发展的机会。上述种种因素构成了对劳动移民的结构性推力。从流入地的角度来看，上海作为一个物流、餐饮需求巨大的发达城市和商业中心，就业岗位多，薪酬待遇相对较高，能为这些青年工人们提供更高水平的工资，客观上也为这一群体提供了向上发展的机会。因此，上海以其自身优势吸引着越来越多数字递送工人加入其中。

调查发现，这些在上海工作的数字递送工人主要来自河南、安徽、山东等劳动人口输出大省。其中河南户籍占 21.15%，安徽户籍占 13.78%，山东户籍占 8.33%（图 3-3）。

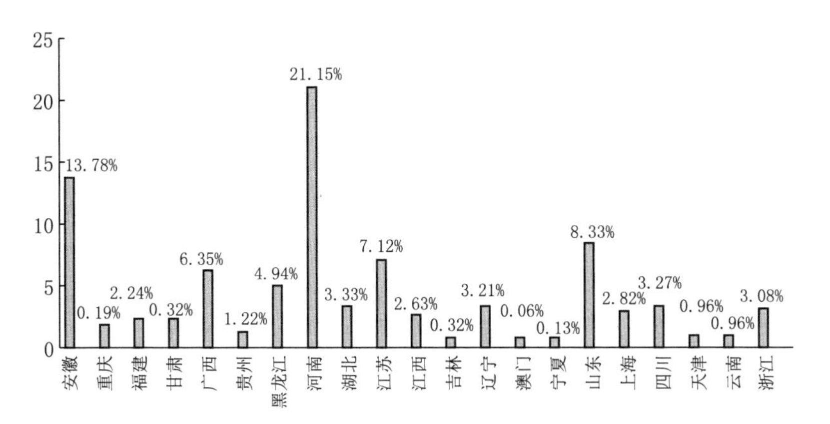

图 3-3　数字递送工人的部分籍贯分布（来源：作者自绘）

二、教育水平：受教育程度普遍不高，专业技能匮乏

劳动力人口的文化素质与其接受的教育息息相关，这种教育信息不仅包括前期的文化教育，还包括后期的职业技能与文化素质的

培养。

我们的问卷调查结果显示，包括公司管理层在内，从事这一行业的受访者的受教育程度普遍较低，高中及以下学历的受访者比例高达 76.85%，大专学历占 16.67%，大学本科学历占 5.5%，而研究生及以上者仅占 0.9%（图 3-4）。其中，学历较高者多为管理层人员，从事一线配送的数字递送工人的学历普遍不高。

绝大多数从业人员的学历在大学本科以下，有很多人在接受了初高中教育后就选择离开家乡，在亲戚或朋友的介绍下来到大城市，进入工厂、成为学徒或经营小本生意，但由于职业发展前途不明、工作劳累，又辗转变换工作。在访谈中，我们发现，不少人无论从事何种行业，囿于学历和自身技能的不足、社会资本的缺乏，往往只能以出卖体力为生，即所谓“干苦力活”，就业机会相对有限。不少受访者不约而同地提到：

> 感觉自己没有什么技能、也没什么学历，没办法，只能做外卖行业。（11BC）
>
> 一开始来上海，因为文化程度不高，想着在上海做什么工作工资较高又不需要太高文化，又是一门技术活，就觉得做快递员挺好的，就一头扎进去了。（21AF）

即时配送行业的低门槛使其成为许多青年外来务工人员的首选，有配送员就直接表示：

> 平台上什么人都可以来，入行门槛太低，比如扫地的、利用下班时间兼职的、身体残疾的，连 70 多岁的上海本地老人都在做。（58AK）

不少数字递送工人表示，受教育程度的局限性是影响其职业发展和选择的最重要因素。在当下不断优化发展的产业结构下，这种局限性表现得更为明显。近年来，即时配送行业的崛起，在很大程度上得益于移动互联网技术的发展和商业模式的创新，新技术的应用显然是行业推动力之一。但对于数字递送工人而言，受教育程度较低，也为其带来了很多其他负面影响，使得他们很难就劳动报酬与保障问题与公司展开有效的协商沟通。简单讲，他们需要知识上的帮助，需要社会专业人士的支持。此外，掌握数字操作技能的重要性也不可忽视。即使是最简单的一线配送业务，也需要从业者掌握基本的智能手机操作能力，掌握这些新的技能对年轻人而言较为有利。

值得注意的是，日常沟通的语言问题也成为许多人日常工作生活中的一大掣肘。例如，上海话、外语对他们而言多数情况下都难以准确理解，很多快递小哥表示这一点是受教育程度不高的结果。

> 感觉他们讲上海话的时候听不懂，有疏离感。（25GE）
> 听不懂上海话。（12CC）
> 听不懂他们讲的话。（20AA）

这种语言上的障碍不仅仅体现在不懂方言，有时他们还会面临和外国客户难以沟通的窘境。此时，言语上的受限被进一步放大，成为他们工作中经常遇到的问题。配送员邹先生就说：

> 我和外国人沟通时存在问题。（15DB）

外卖员小张还向我们讲述了他曾经给一位韩国顾客送餐的曲折经历：

> 之前给一个韩国人送外卖，给她打电话，她第一次接了就挂，之后怎么打都不接。后来发短信，可能看不懂中文吧，她也不回复，敲门也没用。后来还是她隔壁的邻居看到我，帮我一起喊，那个女生才出来。这个女生中文不太好，不知道我是送外卖的，对我戒备心比较强，最后耗费了挺久时间才把这单送掉，过程也挺波折的。（32IG）

在当下竞争激烈的社会环境下，学历成为许多企业雇主越来越重要的考察因素。通过与相关平台企业的座谈会，我们了解到已经有很多企业引入了类似“管培生”项目的相关高端人才培养计划，采用优才培养、定岗培养等模式吸引优秀人才加入。但显然，平台公司所需求的员工很难在数字递送工人群体中产生，因为与此类所需人才相比，他们的受教育程度还不够，也缺乏相应的技能培训。

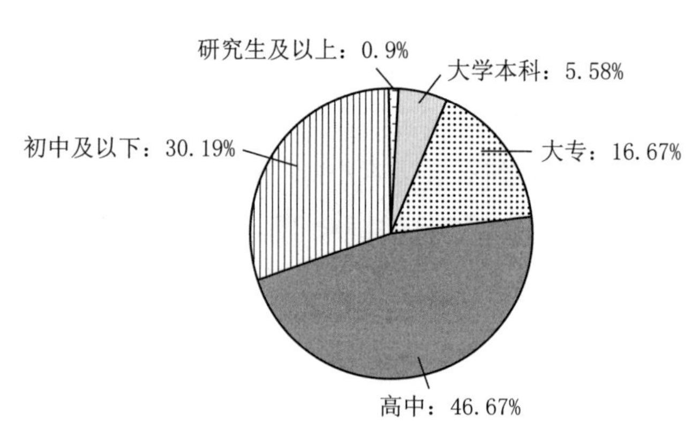

图 3-4 数字递送工人的受教育程度分布（来源：作者自绘）

三、婚姻状况：已婚多于未婚，未婚“脱单难”

一线配送员大都处于适婚年龄。根据统计结果显示，受访人员中，已婚人员的比例达56%，有近33%的受访人仍是单身。对这些青年来说，即使想要解决单身问题，也有很多困难需要克服。

一方面是职业性质引发的时间问题，一线配送员工作时间长，并且和一般的上下班时间错开，适龄青年很难有时间处理个人问题；另一方面是社交圈太窄，一线配送员的生活社交范围比较局限，很少有和更多异性接触的机会。外卖员李先生表示：

> 我想谈恋爱呀，但是工作原因没有那么多时间，圈子也比较小。(02JG)

很多受访人员表示，现在的经济条件不支持自己谈恋爱，他们希望趁着年轻多工作、多赚钱，等到有足够的经济基础再考虑成家立业，大部分人都尚未把谈婚论嫁纳入日程。

> 谈恋爱开销较大，有时候入不敷出。(35GI)
>
> 单身，没什么想法。(46BF)

单身的胡先生还向我们分享了他“大起大落”的人生，由于缺乏理财规划和自我控制能力，他的工资起伏较大，心境也与过去有了很大不同：

> 我今年34岁了，还单身，没有谈恋爱的想法，但考虑过

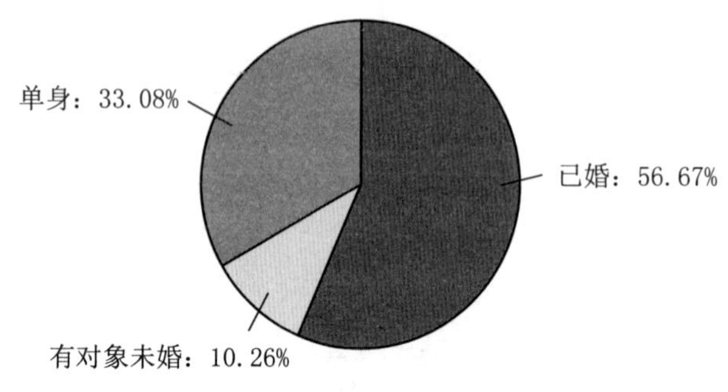

图 3-5 数字递送工人的婚恋状况分布（来源：作者自绘）

这个问题，我比较顾家，怕父母年纪大了我还没结婚。我以前其实挺成功的，2000 年在上海时的月薪就有 10000 多元了，在同龄人当中算佼佼者，后来不珍惜挥霍掉了。现在自尊心也不允许自己再去跟以前的朋友来往，而且总有种中年危机，90 后、00 后新鲜血液的进入给人压力。以前人家能赚 3000 元的时候我就能赚 10000 元，现在我的收入还是 10000 元。先挣钱再说吧。（45BE）

在已婚人员中，存在许多夫妻二人同在上海打工的情况，一般是男性从事外卖、快递行业，女性从事以超市导购、服装销售、餐厅服务为主的服务行业。大部分情况下，夫妻二人工作时间岔开或者双方工作时间都比较长，真正共处的时间很少，其子女多是学龄前儿童或者小学生，待在老家由爷爷奶奶抚养。作为父母，他们很少有时间陪伴在孩子身边。

可怜天下父母心。即使在工作繁忙的情况下，他们仍然十分关心孩子的成长，希望自己的子女能够有更好的成长环境，能够接受更好的教育，这也是许多人选择外出打工，从事即时配送行业的重要原因。他们清楚地认识到，在外打工与孩子分居异地不是长久之计。然而，现实不允许他们把孩子接到身边，时间不足、金钱缺乏、教育和医疗限制等都是阻止他们这么做的重要原因。已婚的配送员赵先生说：

> 我希望能解决自己小孩的上学问题，外地人在上海上学太难了。（10BB）

和丈夫一起在上海打拼的配送员刘女士也说：

> 我想过把孩子接到上海，但是经济条件不允许。（72CK）

很多受访者表述，这些现状一时难以改变，因此大部分人的想法是，在孩子尚未长大之前，他们在上海打拼，尽可能多赚钱，时机合适就回到老家置业，陪伴孩子成长。

> 现在的目标就是攒钱，自己买了一辆车，还有一些车贷要还，大概一段时间后，自己就会辞职，到南通那边和父母、小孩汇合，在那里买房，定居下来。（05JE）
>
> 对于未来工作的期望是能够回到老家，因为孩子马上要上学了，必须陪伴孩子成长。（01JA）
>
> 现在我一个人在上海，妻子孩子在老家，孩子还要上学，年纪大了，我再跑跑就回家了。（62BK）

四、收入水平：平均收入中等偏下

即时配送行业能够吸引众多劳动人口的一个关键因素就在于它

的薪酬构成属于典型的多劳多得形式。大多数数字递送工人因为收入较高来到上海，也因为多劳多得进入即时配送行业。他们从事当前的职业，大多是从他人介绍开始的。

调查结果显示，他们中有 60.19% 的人正是受到高薪资的吸引，也分别有 27.88% 和 32.37% 的人考虑到个人发展和行业趋势等因素，进而选择来到城市、落脚城市（图 3-6）。显然，真正因为工作氛围而选择进入即时配送行业的受访者并不占多数。这也表明，在职业选择问题上，收入及其获得途径才是最重要的因素。

但他们真的能轻易如愿吗？

从薪酬构成来看，快递人员的薪资主要由底薪 + 计件工资构成。他们的日均派件量为一百多件，具体的工作量一般由所在片区当天的业务量决定，每件获得收入为 1.5 元至 2 元。因此，他们的平均薪资在 6000 元到 7000 元之间。虽然其收入水平在大城市中仍属于中等偏下地位，但与过去相比，确实有一定程度的提升。

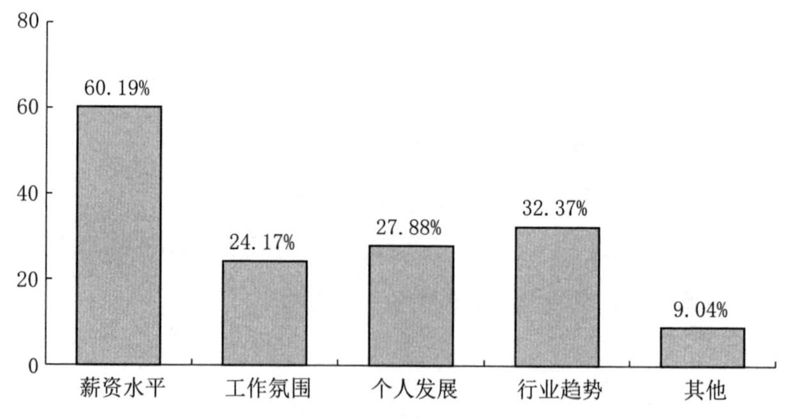

图 3-6 数字递送工人进入行业的原因（来源：作者自绘）

这里需要区分外卖配送员与快递配送员，二者又有所不同。外卖配送员多为“众包”模式下的劳动者，一般没有底薪，薪资完全由派送量决定。一般一个配送员一天会送 30—40 单，日薪在 300 元左右，如果遇到高温日或大雨天等配送高峰日，日薪可达 400 元，如果扣除一些成本或其他费用，其月薪普遍在 7000 元到 8000 元之间。在工资福利方面，虽然逢年过节或者遇严寒酷暑天，企业会提供补助，但是由于惩罚力度较大，尤其当接到投诉或者发生一些意外情况时，其实际收入往往并没有工资单上显示得那样“好看”，这让许多外卖配送员“苦不堪言”。

> 超时了，就这罚钱、那罚钱的。（39HD）
>
> 公司罚钱比较多，只有一些老骑手数据比较好。（44BD）
>
> 很多事情想诉苦，比如打电话没人接，订单又要超时了，我就点了已签收，因为我们超时也要罚钱的，结果顾客一看签收了，就给我们差评，或者投诉我们。（06FA）

一般情况下，外卖配送员的薪资略高于快递配送员的薪资。当然，外卖行业对于配送时间的严格要求意味着这份薪水并不如想象中的那么好拿。针对配送员月薪“轻松过万”的传言，接受访谈的快递配送员表示，这只是媒体的夸大之词，日常基本不可能达到。有外卖配送员表示，虽然月薪 10000 元是有可能做到的，但是这意味着巨大的工作量和较高的业务能力，需要他们非常熟悉交通路线和附近商家，而多数人表示这一般只有经验丰富的“老手”才能做到。张先生向我们坦言，他之所以进入即时配送行业就是因为听信了这些传言：

> 当初就是听说月入过万才决定来送外卖的，但准备过几个月就放弃了，打算下一份工作是回家做房地产，或者去北京发展。（67AP）

五、居住条件：居住缺乏有效保障

调查显示，受访者中只有16.6%的人住在公司宿舍（图3-7）。由于一线配送人员分布比较零散，统一安排住宿会增加企业运营成本，因此许多青年从业者选择租房。出于节约开支的考虑，大部分人会选择与他人合租，合租人主要是朋友、同事、老乡，或者夫妻二人合租。

> 现在和家人在一起租了个房子，但居住地方很小，所以不是很喜欢这里。（04JD）
>
> 上海租房子太贵了，3000元一个月都租不到什么好房子，之前在长宁那边随便一问都是五六千一个月，房子还不怎么样。我现在跟几个朋友合租，感觉好很多。（44BD）

也有一些受访人会出于隐私需要或者对自由的需求，选择单独租住，这部分人对于物质生活的追求也相对高一些，往往渴望舒适的居住环境。

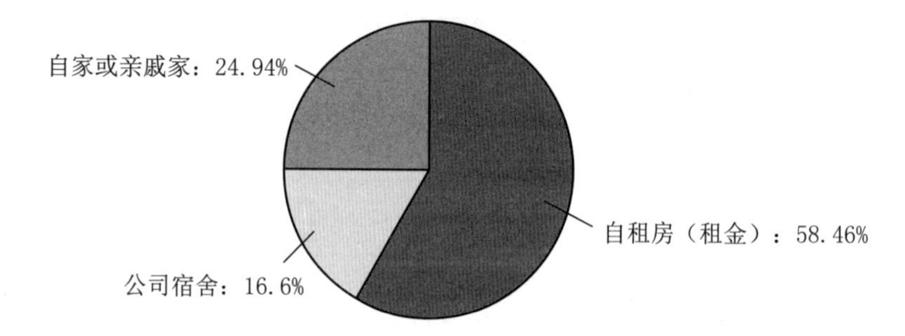

图3-7　数字递送工人的居住情况（来源：作者自绘）

从住房位置分布及居住环境来看，受访人员大都居住在其工作区域周围租金较低的小区或者城中村里，以方便上下班。这一类小区的周边生活比较便利，但是缺少一些文体娱乐类的生活设施，这也成为许多青年人共同的心声。

从房屋安全角度来看，这一类小区的房屋大多是老式建筑，年代比较久远，甚至有一些是违章建筑，存在消防隐患。其相应的配套设施并不齐全，居住空间狭小，卫生间、厨房大都为公用，生活条件并不理想。在访谈过程中，很多受访人也表达了对于居住环境不理想的焦虑，向往更好的居住环境成为不少年轻人的心声。

再给个好点的住的地方吧。（47BG）

随着城市化进程的不断推进，各种棚户区改造项目纷纷展开，这一类的老旧小区还能够提供多少居住空间或许是一个大问题。当这样的小区消失后，数字递送工人又该何去何从。或许需要忍受更远的通勤距离，或许不得不进行集中居住的尝试。

不过，我们也欣喜地发现，随着社会关注度的提升，相关政府机构和企业看到了这一职业群体的居住现状与需求，选择通过提供相对低价的商业性租赁住房等多样化方式来积极保障劳工权益。我们也期待通过更多合作方式来解决这一需求，在保障数字递送工人权益的同时激发社会活力。

六、业余状况：文化娱乐活动单调

数字递送工人所从事的高强度工作使得他们没有多余的时间参

加感兴趣的文化娱乐活动。我们在调查中发现，与同龄城市青年相比，数字递送工人群体几乎不到博物馆参观，也只有少量的人会去 KTV 唱歌，或选择去影院看电影，一年内参加这些常见文娱活动超过三次的人不是很多。谈及平时喜欢干什么，一些青年工人很直接地说：

> 文化消费基本没有，只是玩手机而已，看看手机新闻，文化活动都很少。(04JD)
>
> 玩手机为主，基本没有其余的文化活动。(01JA)
>
> 工作时间较多，文化消费很少，娱乐活动很少。(05JE)

调查发现，在工作之余，他们选择的文娱活动主要是个人放松或者小群体互动。在有限的夜晚时间，尤其一个月只有两三天的休息时间里，他们大多选择睡觉、看电视、玩游戏、上网等消遣娱乐类活动，或者与朋友聚餐、聊天等小群体互动。在问及“休息时间都做什么”时，很多骑手都说：

> 有空就睡觉，太累了。(45BE)
>
> 现在周五周六晚上会和以前的同事一起打打牌，娱乐娱乐，除此之外娱乐活动很少。(05JE)
>
> 平时下班一般在家玩手机，看看抖音快手之类。(01JA)

他们的文化娱乐活动相对单一，这也导致他们在主观上拓宽社交网络的意愿不强，在客观上社会资本积累因社会参与不足而相对较低，从而进一步影响其生活境况的发展。

第四章

数字骑士：上海数字递送工人的工作状况

虽然他们被称作数字骑士，但他们仍然是人们最熟悉的陌生人。上海的数字递送工人们究竟处于一种怎样的工作状况中？作为新一代的外来务工者，他们与他们的父辈有什么不同？上海数字递送工人正是外来务工群体，尤其是新生代农民工的一部分，与老一代农民工相比，他们不仅志在赚钱，还更加关注职业发展和生活条件改善。然而，由于受现实因素的制约，上海数字递送工人群体的工作状况主要呈现以下特征：第一，平均从业年限短，职业流动性强；第二，日工作时间长，工作强度大；第三，上岗培训过于简单，入职后缺乏科学、规范、系统化的培训教育；第四，遇高温、暴雨、恶劣天气、节假日有工作补贴，但部分补贴发放存在不规范现象；第五，缺乏基本社会保险，劳动权益保障意识薄弱；第六，服务总体上被认同，但仍遭遇职业歧视；第七，多将当前职业视为积累资金和经验的过渡性职业，缺乏对职业的认同感和对公司的归属感。不过我们也发现，随着技术的升级和社会支持的改善，尤其是疫情后全社会对这一群体的认知产生了总体提升，数字递送工人群体的工作境况也发生了一些新变化。

一、从业年限：工作不稳定，流动性高

能胜任外卖、快递等行业的一线配送员职位的人很多，他们并不需要掌握高深的专业技术，往往只需要有过硬的身体素质，能忍受风吹日晒，并穿梭在大街小巷之中；也不需要接受长时间的职业培训，往往即刻申请即刻上任；甚至没有过高的品行要求，往往报名后就能成为配送员。较低的职位稀缺性致使这类工作社会地位较低，也更为辛苦，薪水却相对不足，这进一步导致了该类职位的高流动性。

根据威斯康辛模型，参照群体作为一个重要的社会心理因素，会对个体的社会地位获得产生一定的影响。在与社会其他较高阶层成员比较时产生的巨大落差，会使得数字递送工人很容易对当前工作产生不满，这种不满的情绪推动他们继续寻找新的工作，一旦出现更为高薪或者更为轻松的工作，他们便会很快跳槽。据问卷数据显示，78.21%的上海数字递送工人的工作年限在3年以下，甚至有21.99%的受访者仅工作不到3个月，从业年限不到一年的受访者有近50%（图4-1）。这表明，即时配送行业的人员流动性非常高。在实地调研中我们了解到，多数配送员刚来几个月，一个站点内从业时间为一年以上的人员屈指可数，这与老一代农民工长期稳定的工作相比有较大差异。在访谈中，很多配送员都表示，当前这份职业只是一份具有过渡性质的工作，并不是长久之计。在谈及未来的发展规划时，很多访谈对象表示，未来一至三年内会考虑在上海转行另谋生计，或回到老家从事个体经营。

骑手王先生原来在矿上干活，干了8年多，想出来看看，后来在朋友的推荐下来到上海，准备干个两三年后离开上海。他表示：

世界那么大，一直在一个地方待着，也不知道其他地方怎么样，能不能生存得下去。（38HC）

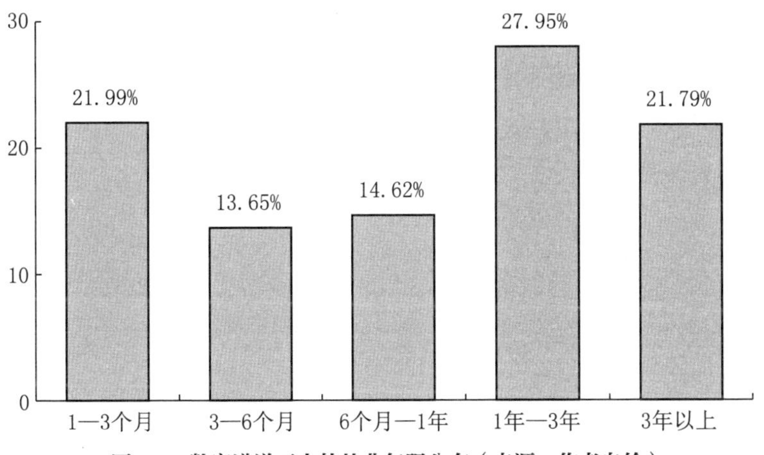

图 4-1　数字递送工人的从业年限分布（来源：作者自绘）

但像他这样工作经历较为简单的人其实并不多，很多数字递送工人都是从第二产业变换到第三产业，从加工业变换到服务业，其间跨度着实不小。骑手冯先生表示：

来上海之前在全国各地都打过工（温州、台州……），在上海打工七八年，之前在酒店做服务方面的工作，2018 年年初开始做外卖配送工作。（29IE）

在上海同样待了七八年的骑手邹先生说：

来上海之前做过一些小生意，在上海七八年了，在城隍庙、五丰路开过饭店，后来卖过水果，卖水果利润低，卖不下去，现在经朋友介绍来做外卖员。（15DB）

但无论从事哪种工作，对他们而言，挣的都是“辛苦钱”，他们中的许多人曾辗转多地，经历多个岗位，但普遍每段经历时间都不长。外卖员李先生说：

> 我初中毕业后就外出打工了，在重庆、成都、广东的工地上做过中央空调管道工、塔吊司机，一年多前来上海，在七宝的小饭馆打工，之后开始为外卖平台送外卖。（02JG）

无独有偶，配送员王先生也说：

> 我之前在酒吧做过保安，后来去过很多城市漂泊，现在决定来送外卖。（13EE）

不少人之所以选择现在这份工作，是因为认为可以自己掌握上下班时间，相比工厂车间的生活要更有趣些。配送员小胡就是其中的一分子，他表示：

> 我原来在浙江慈溪的工厂工作，每天在工厂里太枯燥，现在这个工作没人管，早上9点起床，晚上10点下班，都是自愿工作。（11BC）

配送员杨先生之前也从工作了6年的工厂里走了出来，他说：

> 我初中毕业后学过一些技术，主要是跟着师傅学一些手艺，比如焊接之类。来上海之前，我在广东、福建都有工作

过，来到上海以后，我在崇明一家造船厂工作了6年，今年辞职来送快递了。（04JD）

在调查中，我们也发现，存在个别从业人员就业时间较长的情况。比如，一位来自西藏的受访者表示：

我外出打拼十几年，在上海、广东、北京等地都有过工作经历，主要以做快递员为主，兜兜转转在上海快递行业做了将近10年，对这片区域已经很熟悉了，也因为这一行认识了很多好朋友，上海这座城市承载了我的很多回忆。（17IC）

他认为，虽然这份工作很辛苦，但自己还是能从这份职业中体会到乐趣，所以现在依旧在从事这份行业，并不考虑转行。来上海近四年的杨先生也表示：

我来上海三四年了，一直做外卖工作，接下来也计划继续做外卖配送工作，留在上海，希望能够在上海定居。（66AO）

总的来看，尽管有少数人员从业时间比较长，但配送行业整体的人员流动性比较大，这并不是一份稳定的职业。

其实，大部分外卖、快递工作者的职业一直变来变去，很不稳定。这些人员的上一份工作大多也是不稳定的体力劳动工作，排名前三的选择主要是快递员、销售和厨师（图4-2）。尽管数字递送工人群体的工作不稳定、流动性高，但总体并没有改变他们向上流动的可能性。

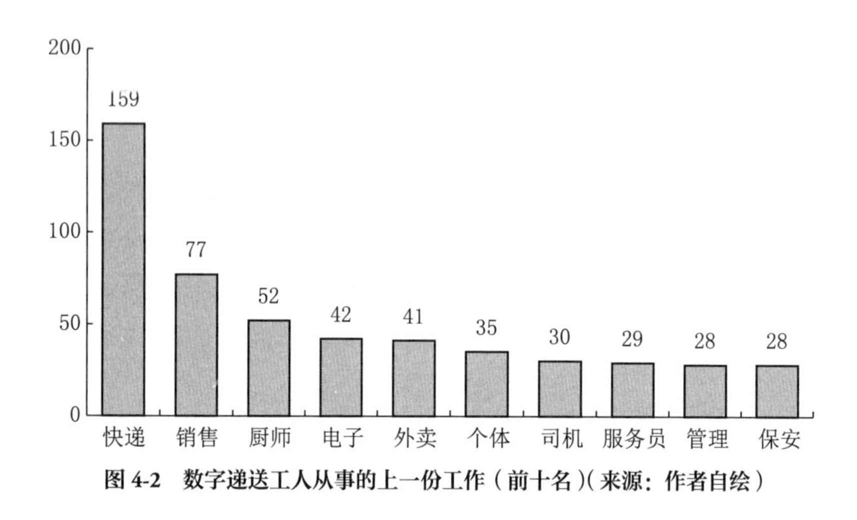

图 4-2 数字递送工人从事的上一份工作（前十名）(来源：作者自绘）

二、日工作量：工作辛苦，量大强度高

日工作量是最能体现数字递送工人工作辛苦程度的一个指标。我们的调查发现，过半的数字递送工人每天的工作时常超过 10 个小时，其中，每天工作超过 12 个小时的青年更是占据近总调查人数的四分之一（图 4-3）。

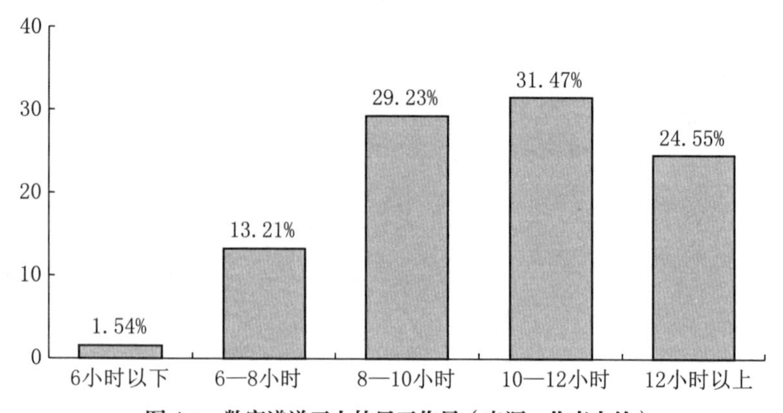

图 4-3 数字递送工人的日工作量（来源：作者自绘）

从事外卖配送的数字递送工人，每天的接单量为 30—40 单，他们从早上 9 点工作到晚上 9 点，中午高峰时段会时常遇到“爆单”的情况。在“爆单”的同时，他们依然要承受准点配送的压力。这一时段也往往是他们压力最大的时候，尤其当商家同样堆积订单而出餐慢时，双方更容易产生摩擦，轻则口角之争，严重时也出现过不理智的动手行为。

虽然从收入角度来看，他们的经济状况要高于过去的水平，但承受的工作量、承担的工作压力也远远高于过去。对从事快递配送的数字递送工人而言，他们的一天一般始于早上 8 点的分拣快递，然后开始每家每户地配送，平均每天的配送量为 100 多件，晚上结束工作时已将近 6 点。如果遇到下雨天，可能延迟到 8 点，而若遇到特殊的节假日，快递量猛增，加班力度也会陡然增大到十分夸张的地步。有受访者说：

以后肯定不会选择外卖行业，送外卖太辛苦了。（12CC）

总的来看，这些数字递送工人普遍呈现工作量大、工作时间长、压力大等特点。在走访调查的过程中，很多骑手乍看之下身材都比较瘦削，但细问后才发现普遍存在健康问题，主要原因就在于日工作时间长和压力大：

送外卖时三餐特别不规律，午饭要在下午两三点吃，晚饭没空的话基本上就不吃了。（32IG）

在访谈相关企业时，有领导就总结道：

我们很多骑手看着瘦，其实都有脂肪肝，因为他们吃饭时间和正常人不一样，下午两三点才吃午饭，晚上八九点吃晚饭，有时候晚上送餐饿了还得吃顿宵夜，所以肝的压力很大，高血压高血脂也很常见。

三、职业培训：培训简易，缺乏技能提升

即时配送行业相对来说门槛低、上手容易，这也侧面反映出社会技能培训、职业培训的相对缺乏。一般而言，平台公司对数字递送工人的上岗培训比较简单。内容以着装、时间要求、平台APP的使用、礼貌用语、服务规范、送货方式等为主，技术含量不高。培训天数也比较短暂，基本上为4—7天。培训方式各有不同，有的公司采用集中式的岗前培训，有些公司则采用师傅带教式的培训制度。例如，外卖业务通常采用师徒制培训，由一位老骑手带新人熟悉一两天路况，新人即可接单上路。

不同于外卖行业，快递企业中各公司也略有区别。顺丰作为快递行业的领军者之一，在培训方面也较为严格，受访的顺丰快递员表示需要接受20天左右的培训。大多数公司在员工入职后进行的继续教育投入也较少，不少从业者表示，入职以后公司最多只有日常的晨训例会或定期的工作会，内容也主要是提醒员工需要注意的事项，系统的与职业提升相关的技能提升少之又少。

对于外卖配送行业来说，许多兼职“众包”类型的劳工不会获得相关的职业教育培训，只要在平台上身份证注册成功就可以开始配送。缺少相应的资源和机会，“没什么培训”，是许多数字递送工人共同的回答。

笔者认为，尽管工作已经足够劳累，但社会提供的技能培训不能缺少，这种技能培训不应单针对递送技术本身，更应为其提供利用业余时间学习知识的机会。同时，一个比较严峻的问题是合理规范的劳动休息制度的建立。

四、工作补贴：补贴较多，偶有不规范现象

在调查中我们发现，平台公司为数字递送工人提供的补贴种类和形式还是较为多样化的，主要包括高温补贴、夜宵补贴、雨天补贴和节假日补贴等。比如，外卖配送员陶先生表示：

> 我们公司会有高温补贴、夜宵补贴和雨天补贴等，同时，公司每周会举行优秀评比活动，获得前三名次者能得到奖金。（07CD）

随着平台企业运营的不断优化调整，企业对其劳工的各种激励措施和手段也在不断完善。虽然补贴的种类大体相同，但是针对补贴的具体形式，不同公司会有较大的差异。例如外卖配送员冯先生提到：

> 气温超过35度的话，每单会多加1元，如果下暴雨的话也会多加1元。（29IF）

另一位外卖配送员郭先生则表示，高温补贴是按月计算的：

> 每个月200元，公司还会发年终奖，一个月200元，一年2400元。（15DB）

针对节假日补贴，大多数公司采用礼品补贴的方式，只有少部分企业会给员工发放现金补贴，但是即使发放奖金，相应的标准和金额也不那么可观，甚至有时并不会严格履行规定的三倍工资要求。

五、社会保障：缺少基本社保，权益意识薄弱

数字递送工人工作的技术含量较低，从事的是劳动密集型的职业，每天工作量非常大。如前文所述，他们往往三餐不定，得肠胃病也是很常见的情况。一个从事外卖行业才一个月的大学生跟我们表示：

> 干这个（工作），每天三餐都不能按时吃，我才来一个月，已经瘦了七八斤，胃也没以前好了。（31EF）

此外，为了完成公司和客户对配送时间节点的硬性要求，配送人员不得不奔驰在上海的大街小巷中，不少从业人员为了赶时间不得不逆行、闯红灯，违反交通规则给他们的生命安全带来了很大的隐患。在谈及工作中有什么印象深刻的事时，不少受访者都分享了他们曾经经历过的一些交通事故。张先生说：

> 我刚刚工作满两个月，已经发生过两次小型的碰撞事故

了，还有一次因为闯红灯被交警罚了 50 元。（32IG）

配送员程先生也想起自己被撞的一次经历：

有一次在路上，我被一个私家车撞了，车也坏了。司机把我扶起来，看我要报警，就跑了。（07FB）

配送员李先生也说：

之前我被车撞了，撞得很厉害，腿受伤了，休息了好几天。（16DC）

可以说，骑行的职业性质使得他们在工作中要面对很大的交通事故风险。在访谈中，我们也发现大多数公司并没有给员工缴全"四险一金"，有些公司甚至不缴"四险一金"。相比之下，一些跨国企业如亚马逊等提供给数字递送工人的劳动权益保障相对更为全面。总的来说，很多数字递送工人难以得到最基本的社会保障。

我们在访谈中还发现，大多数数字递送工人的社会保障意识非常薄弱，不少数字递送工人认为"四险一金"缴纳与否的意义并不大，只有极个别青年意识到保险的重要性，所以有一些青年会选择自行购买保险，以防意外事故的发生。一位骑手徐先生提到：

人总会有老的时候，"四险一金"（对我们来说）很重要，亚马逊之类的外企就会帮配送员交"四险一金"，但国内企业如四通一达（在国内快递物流行业中，除顺丰速运之外，申通快递、圆通快递、中通快递、百世汇通、韵达快递五家民

营快递公司被统称为“四通一达”）的老板很有钱，但是给员工的福利待遇很差。（40HE）

骑手徐先生对现职业并不满意。他选择更换职业，目前已经递交了高校保安的入职申请，主要考虑的也是工作稳定并且社会保障齐全。

然而，很多“众包”模式下的劳动聘用并不一定有正规有效的劳动合同。根据访谈和调查显示，大多数兼职送外卖、快递的青年从业人员都以兼职劳动为自己的全职工作，除了应得的劳力薪水以外，社会福利和保障几乎为零。很多受访者表示，自己并未和平台或公司签订劳务合同，这意味着部分群体几乎无从获得劳动保障，一旦出现劳动纠纷，则难以得到法律的保护。不仅工作过程中出现的意外伤害和其他事故难以得到弥补和赔偿，其他与医疗、养老相关的保障也无从获取，这些都降低了数字递送工人通过保险保障和社会福利来抵御灾害和意外的能力。

近年来，为了改善数字递送工人的劳动保障问题，政府和工会已经开始着手改变现状，并与平台、劳务派遣公司等进行沟通协商，为数字递送工人提供更多的谈判平台和协商机会，但对于“挣快钱”的青年工人群体来说，如何真正落实和推广上述举措，仍有待深入观察。

六、工作感受：顾客总体礼貌，仍有职业歧视

数字递送工人从事的是服务行业，每天需要和大量客户打交道，许多骑手表示，虽然多数客户的态度还是比较礼貌的，但是因

为他们每天打交道的客户基数太大，难免会遇到一些态度不好的客户，客户的态度差异度较大，也让他们的感受“忽上忽下”。

许多骑手表示，有时候，一些客户可能自己没有写清楚地址，却盲目责怪他们；有时候，一些客户可能自己本身心情不好，却把气撒给他们，莫名给他们差评；有时候，中午送餐遇到“爆单”现象，向客户请求延迟送餐时间，但遭到冷漠拒绝，甚至被威胁投诉。骑手江先生就谈到了一段让他非常不愉快的工作经历：

> 前两天中午汉堡王“爆单”，跟客户求情延迟10分钟送单，但客户态度很强硬，后来我拼尽全力才送到，差点就要有差评了。（33IH）

有时候，他们很难避免遇到一些素质较低的客户，束手无策只能屈服。

> 有一些人素质很低，很难相处，我给他送快递的时候就很难受。（01JA）
>
> 一些知识分子文化水平很高，但是并没有很高的道德素质。（05JE）

这样类似的“苦水”不在少数，配送员张先生还向我们讲述了自己的经历：

> 我送过一次外卖，客户说没收到餐，我就自己掏钱赔给他，因为他威胁我说不赔就要投诉，结果后来又碰到了他。（37HB）

快递员王先生在一个固定片区已经做了很久了，他说：

> 因为在这个片区待的时间很长，所以虽然对于这一片区的情况已经很熟悉，但是对于一些所谓知识分子的素质和作为，我仍然不敢苟同，有些客户一点儿也不体谅人，对我们的态度很差。（05JE）

当然，他们在工作中又会感受到不期而遇的温暖。几位配送员也与我们分享了客户带给他们的感动：

> 前段时间我要送两大桶水到六楼，结果那个人在我到楼底的时候已经下来了，然后自己把水提了回去。其实不需要他那样做的，因为我们的服务要求是把东西送到客户手上。所以遇到这样的人还是蛮感动的。还有就是“打赏”啦，就是多给钱，不过也不多，也就几元钱，遇到还挺开心的。（30IF）
>
> 前两天一口气爬上了六楼，天气很热，客户打开门二话没说先给了一瓶水，我觉得很感动，后台有时会有一些打赏，这些都让人神清气爽。（08FC）
>
> 有一次特别感动的是，给客户送去外卖，她让她儿子送给我一支冰棍。（19DF）

这些行为对我们来说可能微不足道，只是举手之劳，却让许多骑手每每回忆时仍然感动不已。他们有的甚至从中找到了自己在这份职业中的荣誉感和满足感。很多人认为，这是一份普通但并不平凡的服务工作，虽然产生不了太大的荣誉感，但也使他们切切实实地感受到自己为城市所作的贡献。配送员曾先生、程先生和金先生都很自豪地说：

> 我觉得自己是为上海发展作出了贡献的。（06FA）
> 我认为自己为城市作出了贡献。（07FB）
> 我为上海发展作出了贡献。（13EA）

其实，疫情之中的上海最需要的就是这些快递员、外卖员的工作，他们为城市正常运行作出了巨大贡献，这一点有目共睹。疫情过后，人们对数字递送工人群体的刻板印象有了巨大的改变。在2023年的五四青年表彰中，一位深圳的90后快递员获得“五四青年奖章”，为许多坚守一线的数字递送工人作出了榜样，也为这一份职业捍卫了荣誉，他们的工作彰显了这一职业群体对城市发展的重要性。

七、重新定位：社区服务不可或缺的数字骑士

随着平台经济的不断升级，即时配送行业渐渐从送餐、送快递向外延不断拓展，城市生活服务商的定位，让数字递送工人对自身的职业有了新的认识。

在社区服务方面，当菜市场等传统消费场景被统筹优化进入手机界面时，数字递送工人成为在居民一键下单后就可以将三公里内所需的鱼、肉、菜等送到居民家中的送货员；在社区养老方面，数字递送工人又化身帮助老年人点餐送餐、盘活社区食堂、深入社区

毛细血管末端的为老服务员，他们对社区内的高龄老人、独居老人、困难老人的情况可谓了如指掌。

在长风街道，一支叫作“为老送餐队”的外卖配送队伍已经服务社区老年群体近4年，为地区内超过1500位老人送了将近4万份餐。哪位老人不能吃高盐，哪位老人不能吃高糖，哪位老人不能下床行走，哪位老人耳聋不便，这支队伍如数家珍。显然，数字递送工人已经不仅仅是商业服务者，更逐渐成为提供社区服务的重要一分子。他们流动穿行于街头，也因此对街头情况非常熟悉，更能够第一时间发现情况。老年人独居在家，他们不仅送菜上门，还为老年人提供烧饭、理发等各类贴心服务；宠物被“留守”在家，他们“逆流而上”，帮忙上门喂养和照顾宠物……疫情期间，“无接触配送”成为他们工作的常态，智能外卖柜等技术方式在一定程度上优化了配送效率，节省了他们的工作时间。他们在社区服务和社区治理方面具有不可替代的重要作用！

第五章

劳动心声：上海数字递送工人的工作诉求

基于对数字递送工人社会发展现状的分析，我们发现，这些劳动者多数将外卖或快递配送工作视为过渡性职业，缺乏工作和生活的保障使他们在社会心态上具有一定的疏离感。为了获得更好的职业发展机会，他们既有类似其他外来务工人员的基本社会诉求，又存在这一职业群体特有的发展诉求。对于未来，他们希望可以通过教育、商业等途径拓宽他们职业发展的道路，增加向上流动的机会，提升社会地位。在本章中，我们将主要从数字递送工人的基本社会诉求、职业发展诉求和未来发展设想出发，探讨数字递送工人的向上之路。数字递送工人作为外来务工人员群体中的一部分，有着同所有外来务工人员一样普遍的基本社会诉求，他们渴望提高实际收入、完善生活保障、解决居住问题，整体改善当前的生活和工作环境。

一、提升实际收入、改善居住环境

对许多数字递送工人而言，计件工资的优势在于多劳多得，以使他们快速在上海这座大城市落脚立足，提高实际收入、增加工资福利待遇成为他们最重视的诉求之一。外卖骑手王先生表示：

> 给我们加点工资就行。不光是我们，我想很多行业的（从业人员）都希望这样吧，来点实际的最好了！（03FE）
>
> 希望工资多一点，平时轻松一点就好了。（07CD）
>
> 希望提高工资和补助。（13EE）

生活在上海这类大城市，外卖员余先生表达着现实的窘境：

> 消费水平太高了。（05FG）

具体来说，他们希望从以下几个方面增加实际收入：一是增加每单派送的报酬；二是增加派单的数量和时间；三是增加额外补贴，如话费补贴和福利待遇；四是降低个人所得税。在工资计算方式上，外卖配送员周先生在比较自己老家成都与上海的不同后表示：

> 像在我们老家，不管你一个月跑了多少单，都有个保底工资。我喜欢有保底的工资，就像一种阶梯形工资计算方式，单量越高，工资越高。（44BD）

目前，外卖行业与快递行业的区别之一在于外卖行业没有底薪，以件数作为单一工资计算方式。周先生提出的其他城市的外卖行业工资结算方式具有一定借鉴意义。

对于全职从业人员来说，个税起征点的提高切实减轻了他们的纳税负担。快递派送员金先生在这方面表示：

希望国家能提高个税起征点。（13EA）

如何妥善解决自己在城市中的居住问题，始终是许多数字递送工人的心头大事。调查发现，许多从业青年居住在合租房里，但是租房的支出仍然占据他们日常生活支出的很大一部分，尤其对于刚入职或业绩一般的从业人员来说，住房压力很大。快递配送员陈先生和刘先生不约而同地表示：

这边房租好几千元一个月，租个房子工资都要去掉一大半了。（12CC）

房租过高，希望有房租补贴或提供公租房。（08CE）

此外，他们的居住环境往往并不理想，许多数字递送工人选择群居在工作区域周围的破旧小区或城中村中，这一类住所的居住空间狭小，配套设施相对落后，前些年甚至发生过好几起屋里充电的电瓶着火造成人员伤亡的惨烈事件。

不少从业者都希望能够有渠道帮助他们解决住宿问题，适当减少费用，改善居住环境。对此，外卖站长宋先生表示：

许多骑手刚来的时候都比较缺钱，而上海住宿的费用又比较高。如果政府能利用一个片区，建些公租房、小公寓，以较低的价格租给外卖人员，可以减轻他们很多负担。（34WB）

据了解，有个别公司会以公司的名义租下多套小区里的公寓，供一线配送人员集体居住。然而，总体来说，居住问题对配送人员本身及公司来说，都具有重大压力，他们希望政府层面能够切实解决居住问题，通过统筹安排，或以符合数字递送工人生活条件的价格出租，或提供合适公租房，适当减轻数字递送工人的金钱压力，改善其居住环境。只有有了安定的住所，数字递送工人才能有安家定居的动力，才能真正在这个城市扎下自己的根。

二、落实居住证明、规范安全保障

对于外来务工人员而言，户籍制度一直是一道不可逾越的鸿沟，而目前的居住证制度和政策存在落实不严、办理困难的问题，这为数字递送工人在上海安家带来了较大的阻碍。

根据上海市居住证办理条件，办理者需要满足在上海合法稳定居住和就业等条件，而许多即时配送行业的从业者由于就业性质灵活，往往无法满足居住证办理的条件。因此，这给他们的日常生活带来了许多不便。我们在调查中发现，多数外卖、快递配送人员表示，在上海办居住证很难。许多从业者将其住所称为“房子”“住的地方”而不是“家”。究其原因，或许是他们无法在居住不能保证的情况下，真实地感受到城市的温暖和包容，进而也就难以在这里获得家的归属感。

这些上海的数字递送工人白日里送餐到千千万万家，劳累一天过后，却无法在万家灯火中拥有一扇属于自己的窗户，这种强烈的落差在他们的心中投下了一片深深的阴影。因此，他们希望政府在办理居住证问题上能考虑到其职业的特殊性，放宽要求，简化手续，加快居住证的办理效率，加长居住证的有效时间，从而尽快落实居住证明，以保障自己的合法权益。

数字递送工人作为特定职业群体，其根据职业特性而产生的特殊需求也同样值得关注。作为城市物流行业的建设者，外卖员、快递员这类灵活就业群体在工作中的需求更多表现在工作保障和公司管理方面。作为准入门槛相对较低的行业的从业者，这些基层服务者的权益和尊严往往会被社会成员所忽略，因此，他们获得认同和尊重的需要尤为突出。

在工作保障方面，数字递送工人亟需相关的工作保险和医疗保险。与快递平台中签订劳动合同的正规军不同，外卖行业涌现出越来越多的“众包”平台，催生了更多的兼职人员。他们没有签订正式的劳务合同，所谓的“保险”也只是每天早上在开始送单的时候，在平台上购买一个 3 元的意外保险作为一天的安全保证。虽曰兼职，但他们与全职工作者承担着同样巨大的工作压力，却无法享受相应的工作保险和医疗保险。兼职外卖员张先生表示：

> 保险这个东西，我们是不会觉得费钱的，只要真的能对我们有保障，一个月 1000 元我们也愿意交。我们每天风里来雨里去，自己不害怕吗？也害怕。保险我们自己的确可以买，可是我们很多人怕被骗，公司最好能够帮我们统一购入，贵一点都无所谓，能真的提供保障就行。（63BL）

由于该群体的受教育水平普遍不高，加之社会上“骗保”现象的存在，很难确保他们真的能够自己从第三方保险公司获得可靠的保障。我们也从一位外卖员的访谈中了解到，有一位骑手刚结完婚，来上海想要赚点“奶粉钱”，前一个星期还在跟他们说自己买了保险，受益人写了妻子与孩子，后一个星期就得知被骗保，若不是同行老乡规劝，差一点就卷铺盖回乡了。

可即使是签订了正规劳动合同的从业者，也面临缺少工作、医疗保障的困境。外卖调度员朱先生表示：

> 我们需要保障，需要一份社会保险。学生有校医院，我们什么都没有，社保卡也没有，只能自费去看病。我们不敢得病，也怕得病，真的看不起。（35GI）

一句“不敢得病、怕得病”在戳中我们内心的柔软处之余更道出千万数字递送工人的心声：他们渴望社会给予他们更完善的工作保障，希望在确保“四险一金”的基本工作保障之余，能够给予他们更可靠的保障，解决他们的后顾之忧，进一步增强他们的安全感，从而使他们能够更放心地去工作、去创造价值。

三、优化奖惩机制、保障交通安全与提供充电设施

在公司管理方面，数字递送工人表现出强烈的改善诉求，我们将这些需求主要分为三大部分：优化奖惩机制、保障交通安全、提供充电设施。

首先是公司的投诉奖惩机制和政策管理落实。骑手李先生认为：

> 投诉处理方式需要改进，一旦客户投诉，即使之后撤诉，公司也会扣除300元，这对外卖配送员来说很不公平。（29IE）

在调查过程中，几乎每位受访者都表示经历过被投诉、被差评

这一类事件。他们多数认为，由自身主观懈怠等原因造成的负面事件，他们愿意接受投诉和处罚，但在某些因为一些不可控因素导致被投诉、被差评的情况下，他们尤其渴望拥有一个有效的申诉机制。

然而现实是，多数时候平台并不接受他们的解释而是直接罚款，这让他们觉得委屈和不甘心。正如骑手王先生所说：

> 公司要改进针对恶意差评和投诉的处理，不要乱扣我们的钱。（20AA）

不少外卖配送员表达了对“扣得太多，奖得太少”这一现状的不满，认为公司需要再人性化一些。配送员蔡先生认为：

> 公司的要求应该再人性化一些，比如送单时间。（09FD）

在他们看来，柔化罚款标准与尺度、改进处理恶意差评、增添申诉渠道并退回罚款等机制很有必要。此外，一些受访者认为，在公司管理系统方面，领导的管理方式和处事风格，公司或站点的规章制度落实程度等方面也有待改善。有受访者提出：

> 虽然公司内部有制度，但是很多制度或者政策无法照顾到基层快递员利益。（02JG）

这些新生代外来务工人员已经不仅志在赚钱补贴家用，对就业环境和发展前景同样有所需求，如果能在这些方面作出一定程度的改进，不仅对提高外卖和快递从业人员的工作满意度起着可观的推动作用，还有助于促进用工企业的转型发展。

由于职业特性，他们往往难以找到固定的地点进行闲暇时期的休整。具体来说，工作环境对数字递送工人的影响一方面表现在休息环境上，虽然一线快递员可在配送点进行适当休息，但他们在休息时间只能聚集在商场、奶茶店等地，或是坐在电瓶车上小憩片刻。正如骑手李先生所说：

> 我一般午休都是不会休的，因为没有地方可以休息，站点只是一个点，没有一个具体的地方来给你休息，而且站点环境比较简陋，空间也没有那么大，如果站点环境好一点，能有一个休息的地方还挺好的。（23GC）

外卖和快递从业者都属于高流动性的职业群体，长期处于户外工作，需要忍受风吹日晒及许多其他不确定性因素，工作环境较为危险，也很难保证正常的就餐与休息时间，存在一定的疾病和安全风险。

> 我不会长久做这个工作，目前太累了。（09BA）
>
> 工作不累，但危险性比较大。（38HC）

他们希望公司能提供一个合适的休息环境，以便有更好的精力去完成工作。骑手张先生说：

> 有时候觉得压力挺大的，像最近这种大冷天在路上跑，真的太冷了，护膝这些东西都感觉没什么用。下雨也不穿雨衣，因为会挡住视线。太辛苦了。（53AE）

在三餐饮食上，难以把控的就餐时间和环境往往使数字递送工人无法按时就餐，而出于节省的目的，他们的饮食也并不营养美味。外卖员周先生提出自己老家的一种骑手用餐方式值得学习：

> 比如说平时吃饭，我们老家就做得特别好，所有骑手在自己那一片的商家点餐都有优惠，特别便宜。平时客户花 20 元，我们只要花 10 来元。但上海这里没有，吃饭都自己安排，我觉得这个特别有必要。而且像我们老家那边，很多饮料店都可以拿杯子随便接，免费续杯。夏天还有很多商家提供冰水、红糖水、绿豆汤让我们免费喝，解渴也防止中暑。在上海这边，我自己带个大的保温水杯装我一天喝的水。（44BD）

他们希望公司能与商家合作，建立一种针对配送员的优惠购餐制度，或在站点设置专门餐厅，为员工提供就餐服务，这样既能减轻工作上的压力，又能让劳累了一天的配送员得到放松休息的机会，保证工作的质量和效率。

其次是公司的保障交通安全政策的落实。作为马路上的常客，交通问题是他们的心头大患。在深度访谈中，我们发现，许多外卖骑手或者快递配送员都出现过或大或小的交通事故。几乎所有数字递送工人都是“一上车就火力全开，能跑多快跑多快”。外卖配送员朱先生表示：

> 遇上高峰期，手里可能一次性有五六单，再遇到找不到地方的、商家出餐慢的、催单的情况，时间来不及了你怎么

跑？高峰期路又堵，他们又催，慢了又扣钱，只能争分夺秒啊，心里只想着快点送到，其他事情有时候就来不及考虑了。（64BM）

在他们看来，公司对送货的时效性要求高、客人催单带来压力和客观的交通压力使得他们不得不争分夺秒，有时甚至不得不违反交通规则。

这个说难听点都是在拿命换钱，如果着急了路上肯定会违法，谁也不想拿命换钱。（60AM）

许多受访者表示，自己会尽可能遵守交通规则，也会配合接受交通部门的约谈和检查，也有一些快递配送员希望：

交通方面可对快递行业更宽容，比如超宽、超载的罚款问题。（15IA）

在交通问题上，他们希望公司和政府能够协调配合，一方面希望政府能出台政策缓解客观的交通压力，另一方面希望公司降低时效的考核标准，制定合理预期送达时间，避免骑手因害怕超时、延误而出现交通问题。必要时，他们也希望公司能够加强对交通法律法规等知识的普及和教育，为安全出行多一层保障。

最后是公司在提供充电设施方面的落实。由于工作性质特殊，数字递送工人大多使用电瓶车进行工作配送，充电难则是他们在工作路途中遇到的一个大麻烦。在访谈过程中，有外卖员表示，他们平均一天十几个小时在路上奔忙，经常遇到电瓶车没电等情况，但是无法找到一个便捷的地方充电，有时只能在小区车库里面充电，十分不方便。一旦车没电了，一天的工作都会受到影响，有时候接到长距离的订单，“骑过去可以，却骑不回来，只能自己手动将车推回”，严重时甚至影响到手上其他订单的配送。外卖员姚先生表示：

> 有时候充电的地方太难找，推着车走几公里都找不到适合充电的地方，路边的饭店一般都不会让免费充电，只能找地下车库。有些快充的自动充电一个小时6元钱，充满得要两个多小时，充一次就等于两单白做。这个钱花得不值得。（62BK）
>
> 希望政府能解决一下电瓶车充电的问题，租房充电不方便，又不安全。（71CJ）

与快递的固定站点或者投放点不同，外卖的站点并不为他们提供一个统一的充电场所。他们希望公司或者政府能够在各主要干道上沿线设置站点式充电点，可以方便外卖车辆随时补充电量，为他们每日的工作续航。

四、提升社会地位、获得社会尊重

数字递送工人生活在城市社会中，作为其中的劳动者，他们也渴望得到社会成员的尊重、理解和认同。配送员陆先生和徐先生说：

> 有时候会觉得很委屈，希望大家能互相多一点理解。比

如有一次下雨，我也不是故意闯红灯，一个出租车差点撞到我还骂我，当时很委屈，差点就要不干了，后来也是生活所迫，觉得算了，服务行业嘛，态度很重要，也只能继续干着。（06FH）

外卖这种服务行业压力挺大的，我们也想尽可能服务好每一个人，做好服务工作，但很多情况是不可控的，我还是希望大家都能相互体谅一下吧，我们也真的挺难做的。我们是吃百家饭的，为社会大众服务的。我虽然学历不高，但也知道一句话，“人人都献出一点爱，世界将变成美好的人间”。歌里是这么唱的，但真的能做到的人又有多少。职业没有高低，人人平等，还是要相互体谅啊。（50AB）

2000年就来过上海的陶先生说：

当年来上海的时候有些地方还是很乱的，现在很好了，我是实际感受到的，看出来的。偏见这个东西还是有的，有的人对你爱答不理，有的人又很热心，不知道路时还能带我过去。（07CD）

在访谈中，诸多青年从业人员将其需求表述为“提高收入，提升社会地位”。值得注意的是，他们将收入与社会地位联系在一起，认为物质水平的提高是社会地位提升的基础，他们在渴望实际收入提高的同时，也希望能够提升自己的社会地位，获得他人的认同和尊重。

希望能提高工资，提高社会地位。（14EB）

希望提高收入和社会地位。（18ID）

与此同时，部分骑手意识到社会需求与社会地位之间的关系，比如配送员王先生和冯先生表示：

> 希望人们对快递员能够更多地理解、包容，不要有那种高人一等的优越感；如果离开了快递员，这个城市的物流系统就会瘫痪，生活都会受到影响。（05JE）
>
> 提高社会地位，希望大家对外卖员好一点。（29IE）

他们中的许多人，对自己及其职业在城市生活中的重要性给予了充分的肯定。配送员李先生也说：

> 有一次我送餐到医院的时候很有成就感，那是我第一次走进手术室的等候室，刚开始感觉大家都有点沉闷，我把餐送过去，实实在在感觉自己帮到了他们的时候，确实有点成就感。（23GC）

对数字递送工人而言，得到社会其他成员恰如其分的尊重和理解，不仅有利于该群体的自我正确认识和定位，还有助于城市和谐氛围的进一步形成。

五、提供技能培训、继续教育

具有较高文化程度、拥有一定职业技能水平的外来务工人员具备劳动竞争力，他们实现垂直向上流动的社会条件要优于其他外来务工人员。[①]然而，根据我们的统计和调查，即时配送行业从业者的学历普遍都不高，在职业发展方面表现出较大的局限性。正如快递员戴先生表示：

尽管公司每三个月就有一次晋升，但自己工作了三年仍然是一线配送员。（21AF）

许多从业青年都因为自己的学历或技能不足而遭受阻碍，因此他们渴望接受相关的职业技能培训或者继续教育。当问到“是否考虑进行技能培训或继续教育”这一问题时，有一半的骑手选择了肯定选项，只有8.14%的骑手选择了否定，其他人则处于不确定的犹疑状态。由此可见，仍有诸多数字递送工人希望能够有机会巩固既有技能，并开拓和培养新技能，让自己拥有更强的个人资本，从而在择业或转业中拥有更多选择。

我现在在自学，想考本科。我也在学英语。（34WB）

不少骑手认为，配送工作并不能让他们学到很多东西。在深度访谈中，有几位受访者表示，自身学历技能的不足已经阻碍了自己的职业发展，导致其不仅难以在本行业内晋升，还很难跳出体力劳动的行业圈层去从事更轻松、更高薪的职业。但对于未来，他们似乎还没有完全明确的方向。一位受访者表示：

---

① 魏统朋：《青岛市农民工社会流动与休闲参与行为的特征及关系研究》，上海体育学院2013届博士论文。

长期来说外卖这个行业不能干，干久了什么都没有，就是跑多少挣多少。干这个什么都学不到，不想干太久，就想过渡一下，想朝着比较有保障的职业方向发展，有考虑再进修学习，但具体类型还没想好。（20AA）

六、面对未来的迷茫：观望与返乡

关于未来，或许碍于羞涩，很多受访者表示未曾深入思考过，也有很多人含混不清地透露了一些想法。在我们了解到的情况中，他们中的许多人最大的愿望就是回到老家、回归家庭，置办小本生意，自主经营，更多地陪伴在家人身边，参与孩子的成长。只有少部分人明确表露了继续留在上海从事本行业的意愿。还有一些人对外卖快递行业的前途感到迷茫，但他们愿意留下来观望，以待新的时机。

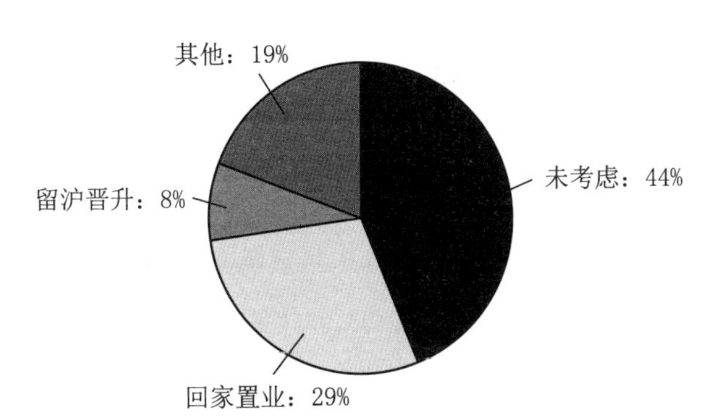

图 5-1 数字递送工人的未来职业规划（来源：作者自绘）

骑手李先生对自己将来的职业规划十分明确，其妻儿待在妻子老家四川绵阳，他们曾一起在绵阳生活过一段时间，在结束了长期的漂泊奔波后，他选择回到亲人的身边。他表示：

> 快递和餐饮一样都是服务行业，但是需要更多地跟人打交道，自己从事快递行业并不会长久，只是将其当作一个过渡性的工作，目前在筹划从银行贷款回四川绵阳创业，看好并打算投资新能源汽车行业，自己做当地的代理。未来还是想回到老家，在县城买个大房子，做个小生意，更多参与女儿的成长，和妻儿过上幸福的日子。（03JC）

妻子在老家的王先生也觉得：

> 我赚够了钱还是想回家，和妻子一起开店，做个小老板。（30IF）

骑手陶先生也表示：

> 我自己还是打算做个小生意，不可能一辈子打工，毕竟像我们一般没有文化的人只能自己去做一些小生意维持生活，如果做好了还能做点投资，不过这个还要看个人能力。我想做餐饮，即便有厨师经验还是想获得餐饮方面的培训，餐饮行业是不会消失的。（07CD）

他们对自己即将从事的职业有着较为清醒的认知和发展前途方面的考量，也有一些人看好即时配送行业的发展前景，愿意继续留在这里，这些人大部分目前担任站长或调度员，相对于普通配送员来说有着更高的薪资、保障和自由，也有着更多的荣誉感与责任感。朱先生说：

> 我想在这里干，当上站长或者调度员，积累些人脉，然后自己包个站点。（35GI）

同样，骑手王先生表示：

> 有机会的话就试一下，做调度员或者升为站长。（20AA）

尽管这些在城市从事即时配送行业的外地青年的实际收入较他们的父辈和过去而言普遍有所提升，他们的现实境况和切身诉求之间还是存在着巨大落差，对这些骑手而言，未来获得更高的收入、从事更轻松的职业、陪伴在家人身边，是最现实的愿望。

囿于自身受教育程度低和行业对更高素质人才需求的矛盾，他们希望能在现下社会主义市场经济的大背景下，抓住商业机会，实现自己在职业发展上的进一步提升。然而实际生活中，他们并未成功实现向上流动，甚至可以说，他们进一步向上流动的阶梯并不稳固甚至障碍重重。那么，是什么因素阻碍了他们向上流动的通道？如何才能使他们的上行之路从天堑变坦途？

第六章

城市过客：上海数字递送工人的观念心态

即时递送行业已成为增强城市联系、提升生活质量的重要保障，相关从业人员也是维持城市正常运转的关键枢纽。因而，推动青年从业者的社会融入是有必要的，这需要其自身在主观上融入城市，融入与否的判断则主要立足于其社会心态的展现。简言之，积极、正向、稳定的社会心态有助于数字递送工人的城市融入，进而推动其合理流动。

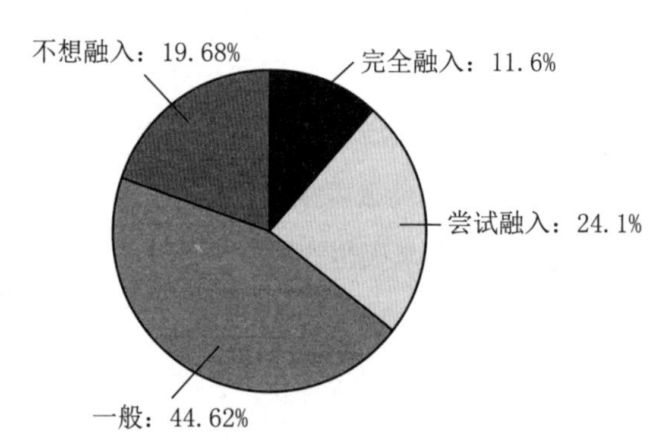

图 6-1　数字递送工人在上海的融入程度（来源：作者自绘）

调查数据显示，认为自己能够完全融入上海的数字递送工人仅占上海数字递送工人总数的 11.6%，44.62% 的人认为自己的融入度一般，19.68% 的人则不想融入，还有 24.1% 的人尝试融入（图

6-1)。结合实地调研和深度访谈，我们发现，上海数字递送工人的社会心态可以总结为无助焦虑但对前景乐观，主流是积极向上的，但基于当前的生活境况和职业现状，他们对上海抱有一定的过客心态。过客指过路的客人、旅客，他们因为某一短期目的在某地不作长期停留，很快就会离开。基于此，过客心态也就是一种不打算在某地长期居住的心理态度。这些数字递送工人的过客心态集中表现在他们对上海没有归属感和认同感，且权利义务观念比较淡漠，相对缺乏对这个城市的热爱和责任感，进而与这个城市及上海市民产生了一种疏离感。与此同时，过客心态进一步反作用于这些上海数字递送工人对职业发展的期望，使得他们不愿意积极主动介入所处的城市或定居于现处的城市，不愿意进行全方位的互动。①

此外，政治态度作为社会心态的重要组成部分，在影响数字递送工人社会发展的过程中和过客心态一样起到了很大的作用。政治态度作为政治行为倾向，包含了不同的内容，既有以认知和情感为主要内容的价值倾向，又有以动机和情绪为主要内容的动机倾向。根据我们的调查统计发现，数字递送工人对于政治的基本认知程度较低，虽然每天用手机刷新闻，但其关注的内容大多为软件推送的新闻而非主动搜索的内容。由于数字递送工人的工作性质特殊，他们在日常的工作和生活环境里，很少有机会接受政治普及宣传教育，也很少有时间去参加选举等政治活动，最终导致政治意识较为薄弱。由此，这一职业群体逐渐变得个体化、边缘化，他们在政治倾向上更关注个人诉求，可能只在涉及切身利益的极端情况下，才会被上层领导或组织动员起来。

总的来说，从过客心态和政治态度这两大社会心态层面可以发

---

① 朱考金：《城市农民工心理研究》，载《青年研究》2003 年第 6 期，第 7—11 页。

现，数字递送工人是一个可塑性很强的群体，其尚未形成一种较为成熟的社会心态。结合以上定义及前文的相关理论研究，我们主要从职业性质、城市归属感、城市定居意愿、社区活动参与这四个方面来阐述过客心态的具体表现形式，并从政治态度和政治意愿两大方面进行分析，以展现阻碍上海数字递送工人社会发展的宏观社会心境。

一、职业认同感：具有服务意识，但缺乏荣誉感

数字递送工人对其所从事的职业认同感并不高。他们普遍觉得送外卖、快递等行业的门槛较低，收入较为可观，特别是外卖行业多劳多得的工作性质决定了该行业更看重个人能力，他们普遍也具有较好的服务意识。

但同时有一些因素在阻碍着他们对自身职业的认同。具体来说，在问及“是否打算长期从事送外卖 / 快递的工作”时，绝大多数受访者表示“不会一直做这个工作”。许多快递员表示，在没找到比它更好的工作之前，为了谋生，只得做下去。仅有 15.38% 的人表示会一直从事外卖或快递行业（图 6-2）。

针对这一问题的回答在某种程度上揭示了其职业认同感较低的状况。如果工作只是暂时的过渡选择，又谈何职业认同感呢？骑手金先生表示：

> 这个工作（送外卖）肯定不会一直做啊，主要是门槛低，现在其他工作也不好找。先干几年存点钱，再回老家做点小生意或者开个小餐馆。（13EA）

骑手陶先生也说道：

我自己还是打算做个小生意，不可能一辈子打工，毕竟像我们一般没有文化的人只能自己去做一些小生意维持生活，如果做好了还能做点投资，不过这个还要看个人能力。（07CD）

很多受访者对目前所从事的职业均呈现相似的看法和心态：

现在的工作目的就是赚钱，攒够了钱就回重庆老家建个牧场，这是从小就有的理想。（02JG）

赚够了钱回家和妻子一起开店，做小老板。（30IF）

自己从事快递行业并不会长久，只是将其当作一个过渡性的工作，目前在筹划从银行贷款回四川绵阳创业，看好并打算投资新能源汽车行业，自己做当地的代理。（03JC）

一些受访者表示，从事现在这份工作更多是因为被迫谋生，自己并不把它作为一种长远的职业来考虑。很多骑手表示：

生活所迫，没有什么满意不满意，只要有更好的工作，肯定会换。就做几个月外卖员，然后自己做生意，今年年底回老家。（16DC）

来上海就想多攒点钱，多存点经验，然后回家找个安逸点的工作。不会一直从事快递工作。（11CB）

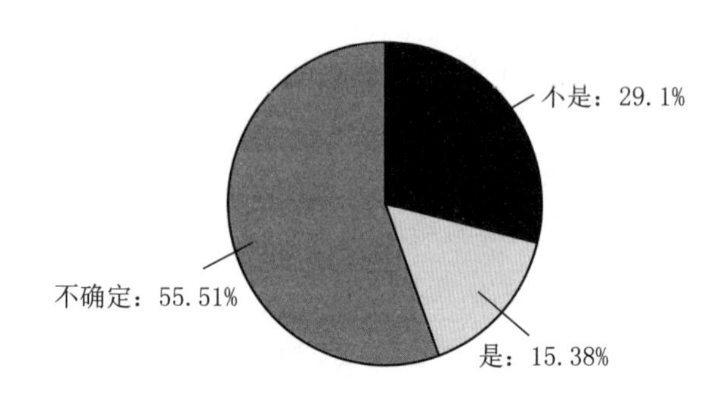

图 6-2 未来持续从事数字递送行业的意愿（来源：作者自绘）

一些配送员表示，虽然觉得现在的工作比较自由，但是也不想长期做下去，因为工作强度大，对未来也十分迷茫。

> 工作强度大，但是很自由，不受管制；但做快递员不是长久之计。（18ID）
>
> 长期干我肯定不会的，做个一两年还可能，时间再长我就不清楚了。看总体能赚多少钱吧，但我感觉还是能赚到钱，总比进厂子工作的那些初中生要好一些吧，这个还挺自由的。（24GD）

骑手王先生认为做外卖工作学不到东西，不能有助于个人的进步，他说：

> （外卖）多跑多送，比较自由。但是（长期来说）学不到什么，也就是拿到东西，就送到客人手上，这个谁都会。你不要态度恶劣就行了，态度好一点，一单单送，谁都可以做到。（20AA）

骑手张先生也表示暂时做着送外卖的工作，有其他合适的机会就会转行。

> 先跑着吧，等有合适的工作机会或有熟人介绍就转行。（27GG）

不少人认为，这份工作属于危险职业，没什么荣誉感，更不会长久地做下去，更有甚者认为，从事外卖工作是自己在上海发展得不好的表现。可以说，数字递送工人几乎都认为从事送外卖、快递的工作不是长久之计，多将其看作一个积累原始资本的具有过渡性质的职业。这一职业特性影响着他们的职业认同感，进而致使他们产生过客心态。

二、城市归属感：情感语言疏离，无定居意愿

城市归属感是衡量外来流动人口心理融入的重要指标。一般来说，城市归属感越强，从业人员越倾向于长期生活在一个地方，反之，归属感越弱，流动的频率越高。从调查结果来看，有少部分数字递送工人认为自己在上海拥有一种归属感。配送员陈先生表示：

> 我觉得自己是上海人，将来也想在上海发展，打算继续干下去当站长，希望为上海作贡献。（04FF）

在与我们分享有趣的经历时，他更是非常开心地说：

> 平时挺开心的，有的商家老板比较好，你看就是这家老板娘，她在外面摆几把椅子，我们累了就可以坐这儿休息一下，有时候渴了，她也会给我们做几杯奶茶或者饮料喝。有些商家老板人很好的，没事的时候我们大家都可以坐着聊聊天，挺好的。（04FF）

不过，和陈先生相比，大多数人还是认为在上海没有特别的归属感，或表现出相对模糊的态度。骑手赵先生说：

> 我初中毕业就出来打工了，来上海8年，父母也都在上海电器厂工作，但是没有什么特别的归属感，和上海人接触不多。（10BB）

很多数字递送工人认为上海本地人不好相处，平时接触不多，自己不算是上海的一分子，谈不上归属感。有几位受访者表示：

> 没有归属感，邻居都是上海人，偶尔打招呼，没有深入交流。（16DC）
>
> 没有归属感，将来会回家发展。不认识上海本地朋友。（06FA）
>
> 这个地方不属于我，没有我的地方。我也不认识上海本地朋友，和他们没什么接触。（21GA）

同时，方言上的障碍也成为数字递送工人融入这座城市的一个较大阻碍。快递员陈先生这样说道：

不觉得自己是上海的一分子，听不懂上海话，上海话就像外语一样，沟通不了。归属感与融入感不强，感觉自己有点宅，就在一个小圈子里。（12CC）

访谈中发现，许多数字递送工人都曾辗转于多个城市，对归属感的概念已经开始逐渐模糊。

我初中毕业就离开家了，去过全国很多地方，在北京待过六年，三年前来到上海，起初在酒吧工作，后来因环境变化改而从事外贸行业，今年（2018年）五月来到外卖平台。感觉上海的设施很先进，不过我没什么归属感，只希望自己过得越来越好吧。（01JF）

没什么归属感，上海只是目前一个落脚点而已。（63BL）

有些在其他城市待过的数字递送工人认为，在上海的生活体验似乎不如在其他城市美好。骑手严先生说：

我在杭州的感觉比在上海好，比如居住证问题。上海的居住证实在是太难办下来了，这个部门要找，那个部门也要找，一次又一次地让我跑，现在还没办下来。（42CI）

快递员王先生说：

对于南京有着很深的情感，留下了很多美好的回忆，但哪里都有美好与不美好的人或事，比如有一些知识分子，文化水平很高，但是并没有很高的道德素质。（05JE）

基于各种主客观因素，数字递送工人对上海的融入意愿与归属感不强，他们更多地将自己视为这座城市的匆匆过客。

定居意愿通常指，人们在某地有长期居住的主观想法或者已经在当前所在地买房，不打算离开的客观事实。过客心态的存在，使得青年从业者很少有想在上海本地定居的打算，他们始终觉得，自己只是这座城市一个匆匆过客，终究会回到自己的故乡。当问及“想定居上海吗”，表达肯定意愿的人只占总人数的 31.67%，而明确表示不想在上海定居的比例高达 40.51%，目前为止还没有考虑过这一问题的人占 27.82%。同时，当问及今后发展时，也就是“是否会一直留在上海工作”，只有 16.86% 的数字递送工人给出了肯定的回答，绝大多数青年从业者表示不愿意或不确定。

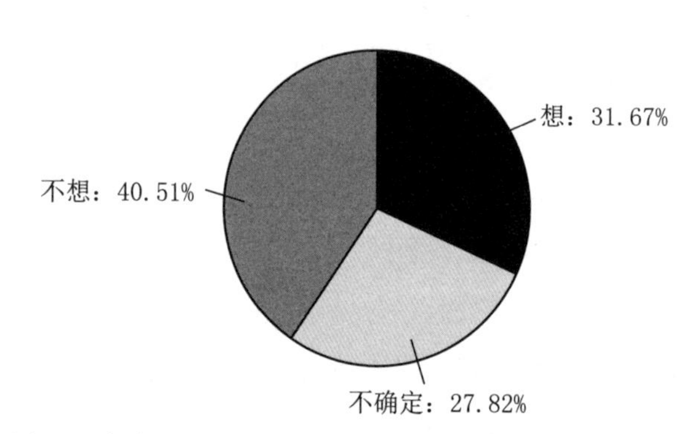

图 6-3　数字递送工人未来留沪工作的意愿（来源：作者自绘）

数字递送工人不想在上海定居的原因有很多，最主要的原因还是“上海的房价太高”“户籍限制”，或者“想要落叶归根”。可以看出，他们中的许多人在心理上始终觉得上海只是自己临时的落脚点，但上海又是他们日常工作和生活的地方，这种身心相互矛盾的情况让他们在大城市中产生很强的“漂泊感”。快递员王先生一言以蔽之：

这边的房价、户籍、部分当地人对外地人的态度，都会让自己不想在这里继续待下去。（05JE）

骑手王先生表示，即使以后自己存钱了也不会考虑在上海买房。

大概一段时间后，我就会辞职，到南通那边和父母小孩汇合，在那里买房，定居下来。（05JE）

骑手张先生也说：

以后肯定不在上海干，上海这边花销这么大，哪有那么多钱。（37HB）

可见，上海的房价高、物价高、花销大，对绝大多数数字递送工人来说都具有很重的负担，这也是迫使他们离开的重要原因。

在客观因素之外，有不少数字递送工人表示，自己会为了陪伴家人而选择离开上海回到老家。快递员汪先生表示：

对于未来的工作期望是能够回家，因为孩子马上要上学，必须陪伴孩子成长。（01JA）

来自湖北襄阳的快递员杨先生持有相同的观点：

未来有机会还是要回老家，陪伴子女成长，顺便做点小

本生意。（04JD）

快递员李先生则认为，虽然自己对上海的印象还可以，但未来仍希望回到老家置业生活。

上海总体还可以，毕竟是国际化大都市，各项设施都很先进，自己在这边工资高，而且现在的家人、朋友都在上海，在这里很有归属感，但是考虑到未来的发展，自己还是会回到安徽老家，在县城买个大房子，做个小生意，和妻儿过上幸福的日子。（03JC）

三、社区参与状况：社区事务参与率不高

社区是数字递送工人除了工作场所外停留时间最长的地方，也是他们社会交往的重要场所。较高的社区活动及事务参与率，对于他们形成城市归属感、消除城市漂泊感具有重要的作用。但是从调查现实来看，数字递送工人的社区活动参与率并不高。

当我们问及“在社区最经常参与的活动是什么”时，大多数人的回答是不怎么参与或不太感兴趣。骑手陈先生说：

没参与过社区活动，感觉参与了也没有什么特别的意义。（06FA）

在访谈中，很多数字递送工人与骑手陈先生持相似的观点，认为参与社区活动并不能对自己的生活或工作状况有实质性的改善。

除了主观上参与积极性不足，工作时间等客观问题也在很大程度上影响了他们的社区事务参与率。快递员黄先生说：

因为工作时间原因无法参加社区活动。（02JB）

快递员李先生也表示：

来到上海后因为工作时间问题，没怎么和居委会有接触。（03JC）

社区事务参与度低，不仅显示了数字递送工人对城市或所在社区缺少了解，更重要的是，他们失去了与异质群体如本地居民的接触，从而使自己成为城市中的“孤岛”，这也导致过客心态不断加剧。

上海数字递送工人群体的从业时间短、工作量大、职业培训简单、缺乏完善社会保障，是一类可塑性很强但尚未形成成熟社会心态的稳定群体。在互联网技术高速发展的背景下，数字递送工人看似落脚于城市，获得了一定的经济基础和社会地位，但和父辈或过往相比，只在经济收入上有一定的提高，其他方面在城市中并无明显提升，真正的社会融入仍是一个挑战。

四、政治认知状况：认知不足，效能感低

调查发现，上海数字递送工人群体在政治认知上是相对偏低的。什么是政治认知？政治认知体现了认知者、被认知者、情境等

因素交互作用的过程，它是政治主体对于政治生活中各种人物、事件、活动及其规律等方面的认识、判断和评价，即对各种政治现象的认识和理解。[①]综合问卷调查、实地调研、深度访谈，我们发现数字递送工人的政治态度呈现以下几个特点。

一方面，他们对一般性的政治常识认知度较低。在调研的过程中，当问及是否参加过政治活动时，很多人并不明白什么类型的活动属于政治活动，也无法判断自己属于哪一类政治面貌。当进一步明确政治面貌之后，一些受访者还是会将政治面貌与教育程度混淆，其对政治面貌的认知还是处于模糊状态。

调查显示，绝大多数数字递送工人的政治面貌是群众，占比达70.13%，而共青团员的比重达23.46%，中共党员占比为4.68%，预备党员占比为1.54%，民主党派占比为0.19%（图6-4）。

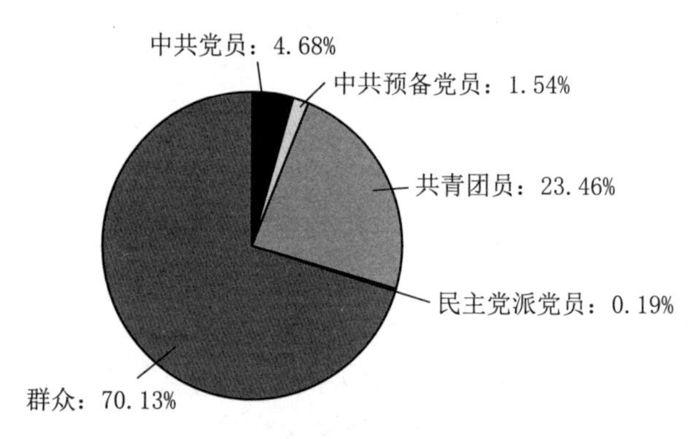

图6-4 数字递送工人的政治面貌情况（来源：作者自绘）

另一方面，数字递送工人对党政大事和时事热点的关注度也不高。他们主要是通过手机软件的推送消息来获取新闻，虽然其查看新闻的频率较高，但从调研数据统计可以看出，只有39.04%的受

---

① 王浦劬：《政治学基础》，北京大学出版社2005年版，第237页。

访者每天会查看好几次新闻，有31.92%的受访者每天至少会看一次新闻（图6-5）。

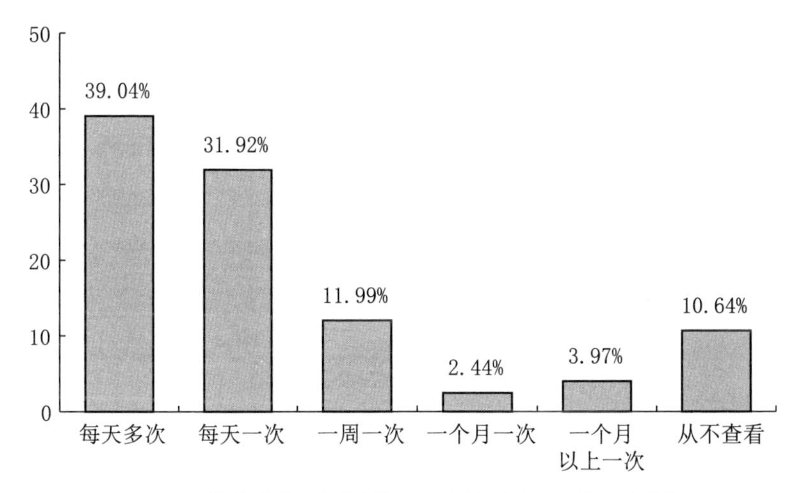

图6-5 数字递送工人的新闻阅读频率（来源：作者自绘）

他们查看新闻的类型往往带有“工具性”特征，主要集中在社会板块、娱乐板块、经济板块与搞笑板块（图6-6）。调查中，在问及“党和国家大事的了解程度”时，只有5.54%的人选择“十分了解”(图6-7)。在日常生活当中，他们也几乎从不谈论政治话题。这反映出大多数数字递送工人对国家大事、政治问题的关注度较低。

由于他们每天都要配送餐品，数字递送工人最关注的就是天气问题等与工作息息相关的领域。例如，在问到是否关注国家的新政策或者地方法规时，配送员们的回答呈现高度同质化：

一般就看看手机新闻、关注关注天气，比如最近的安比台风要来，我们就是最先知道的。（12ED）

不太关注政治新闻。（16DC）

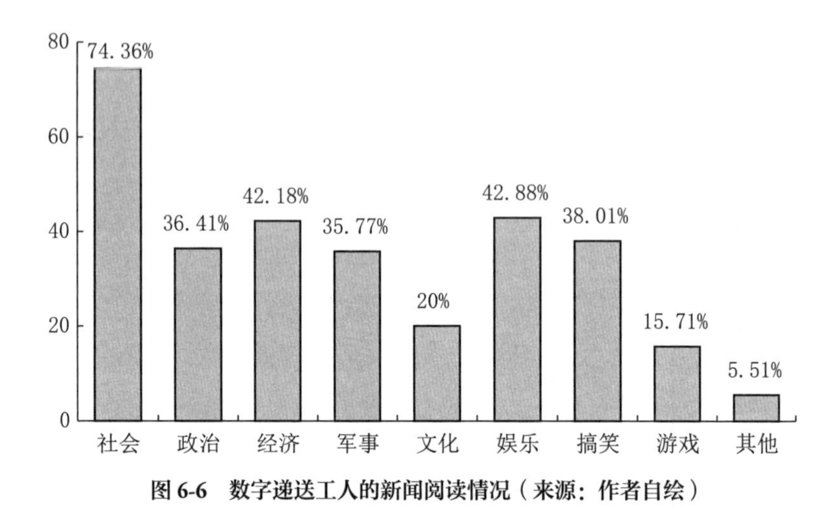

图 6-6　数字递送工人的新闻阅读情况（来源：作者自绘）

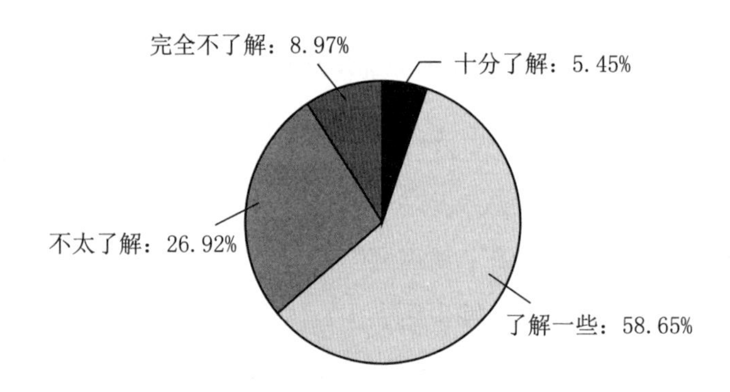

图 6-7　数字递送工人对党和国家大事的了解程度（来源：作者自绘）

总的来说，数字递送工人对国家大事的关注度和政治认识度并不如我们所设想的那样高，其政治认知状况不尽如人意。当然，我们的调查并不代表总体状况，但至少可以反映出不少快递员的真实想法。政治参与是公民实现政治权利的一个比较重要的方式，通过政治参与，公民可以直接或间接地加入公共政治活动，并通过一些民主的方式影响政府作出决策。主要的政治参与有政治投票及政治表达两种方式。但是由于外卖、快递等即时配送行业具有工作人员流动性较大且场所不固定等特点，这部分人员基本不会参与到政治投票的过程之中。受访者最多参与过村里的投票选举，且这部分人数占比是非常少的。

所以，我们调查研究的重点放在了数字递送工人的政治意愿的表达上。以政治表达意愿为切入点，数字递送工人的政治参与意识依然非常薄弱。当然，数字递送工人们的政治参与能力也相对较弱。他们受教育的程度以初高中居多，在政治参与上存在一定的弱势，对于自身可以通过哪些合法方式参与政治生活等认知，仍处于十分模糊的状态，不能熟知政治体系的运行方式、运行规则及决策行为。

数字递送工人的流动性较强，在这种高流动状态下，如果没有相关人员管理运营，就会造成数字递送工人信息闭塞，无法有效参与政治活动，政治参与的效能感自然很低。

在影响政治参与的各方面因素中，政治信任因素十分重要。政治信任是大众对政府或与其相关政治系统的信任程度。数字递送工人群体的政治信任与大众的期待是吻合的。他们对政府提出的需求不一定是合适的，或者在当下社会和政治系统中不一定能得到及时回应或解决，政府在提高这部分人的政治参与效能方面仍有很大的空间。

为了进一步保障配送人员的政治权利，一些公司先后成立了专门的运营部门，或者邀请党建专家作针对性研究，旨在加强这一群体的政治认知。随着平台企业党建的不断完善，“饿了么”等企业开始关注数字递送工人的职业发展与社会参与问题，采取多种手段如成立骑士运营部、优化 APP、设立视频号等，试图多方面保障骑手生活、服务骑手发展。

通过相关座谈会我们也了解到，由于配送人员工作时间不固定，一些企业将圆桌会、恳谈会渗透到大型活动与日常晨会中，通过不定期开展座谈，了解员工心声。例如，一位公司相关负责人表示：

> 我们时不时召开的座谈会的范围有大有小，只要能逮着骑手，能听到他们的心声，我们就把他们固定下来，比如在节假日，或在日常党建学习工作中，甚至有的时候我们会去站点，在他们晨会的时候开展座谈，形式比较灵活。上一次三八妇女节的时候，我们就专门作了一次女骑手圆桌会。

令人印象深刻的是，许多数字递送工人在疫情期间展现出令人惊喜的社会和政治参与度。抗疫期间，他们成为帮助城市居民渡过难关的社区英雄。在许多街道和社区，我们可以看到很多快递员以社区志愿者的身份出现在抗疫一线。他们是数字经济时代的脉搏，在当前经济形势下响应国家号召，是勇于创新、勇于开拓的就业代表，他们对社会的积极参与不仅有助于提高社会民众对他们的正向认知，还有助于他们自身融入城市主流社会，进而推动社会的和谐发展。当然，数字递送工人们需要建立积极的自我认知，增强职业、社会、政治等方面的效能感。更多的社会参与有利于这一群体构建积极参与的社会心态，进而提升政治参与意识和社会整合意愿。积极的社会认同可以促进他们职业荣誉感的提升，提高他们的工作绩效，在互联互通的过程中实现与社会的合作共赢。

五、十年心态变迁：四个骑手的故事

为了更好地剖析骑手们的观念与心态的发展历程，我们通过如下四个故事描述他们从 20 岁到 35 岁的不同心态变化——他们的希望与梦想、洒脱与茫然。对于绝大多数骑手而言，这 15 年时光是人生最美好的青春岁月。笔者记录下他们的故事，这些故事的讲述本身就具有社会价值。

（一）20 岁的他：世界那么大，我想去看看

23 岁的小张，脸上还洋溢着尚未褪去的稚气，却已是驰骋几个城市的勇士了——从老家到广州再到上海。初来上海时，小张对这座城市怀揣憧憬，一句“收入过万”的口号让他义无反顾地离家万里来到上海，他相信，即使只是当外卖配送员，总有一天，他也能“征服”这座“魔都”。

做外卖配送员之前，小张修过手机，也在移动公司待过两年，在社会上摸爬滚打了一圈。如今的他，每天早上大约 10 点与同事们集合，在站长的嘱咐下开始新一天的工作。晨会结束后，他开始大街小巷地接单送单，这样的忙碌会从中午 10 点延续到下午 2 点。稍微休息一下后，小张又会忙起下午茶点的配送，晚饭的高峰期则会持续到夜里 10 点左右，回到租住的小屋里，已几近深夜。“公司的安排还不错。我挺满意的，一个月还有四天假期，随便你休息”。在问及自己公司的休假安排时，小张满意地笑了笑：“有些人觉得送外卖、送快递很累，我倒觉得还好。在这个社会上，哪里不需要卖力气呢，现在不吃苦，以后吃苦的日子多着呢。我这么年轻，不拼一拼怎么行。”被高薪吸引而至的小张，也没有被忙碌吓倒，仍然保持着积极乐观的心态。

当被问到“征服魔都”的进程时，小张却展露一丝羞涩，现实的压力让他明白当初的理想是多么天真。然而，他仍然对自己的未来充满向往。薪资下降、外卖行业重新洗牌的现状让他打算不久后

辞去这份职业转战其他城市，小张笑眯眯地说："上海不是我的终点，我还想去北京，去更大的城市看看。"

这是他的20岁，年轻、朝气蓬勃，有那么多的无畏、憧憬及梦想。

（二）25岁的他：想干就干，想走就走

28岁的王元（化名）已经结婚两年多了，夫妻二人共同在上海打拼，生活十分幸福，还有了一个刚过周岁的可爱孩子，留在老家让父母帮着带。幸福美满的家庭生活让王元身上少了一点儿小张的闯劲儿，他已经打算在上海"落脚"，而不是像小张一样，继续向其他城市进发。但同时，现阶段较为顺遂的生活让他把"自由""洒脱"变成了自己工作的信条，在金钱方面的追求反而没有特别强烈，用王元的话来说，"干这行比较自由，不想做就收工，每天做满十几单就可以了，不满勤工资低一点就是了"。访谈过程中，王元始终坐在椅子上，左手支着脑袋，一边回复我们的提问，一边微微偏头看向自己的手机，一副百无聊赖的样子。但当我们提到他入这行的原因时，他放下了自己的手机，抬头看着我们，双眼闪烁着灿烂的光芒，那是一种名为"梦想"的光。即便外卖这个行业有着令王元向往的工作自由，他仍然不打算把它作为自己的终生职业，而只是把它视作一份过渡工作。在他看来，"外卖只是暂时做做的，我不想一直做下去"。他最终的职业归宿仍然是开店，"将来还是想开店，靠自己打拼为家人和孩子创造一个更好的未来"。

这是他的25岁，已经成家有了较为稳定的生活，但是这种稳定的背后隐藏着家庭发展的沉重负担，而"自由"二字成为他最后趁着年轻享受青春的理由。

（三）30岁的他：文化素质有限的茫然无措

相较于小张，少峰（化名）却更加沉默。春节一过，少峰便30岁了。高中毕业后，少峰读了一年多他口中“无趣”“不入流”的本科，便决定辍学工作。带着对上海的憧憬和念想，他在2016年的春节从家乡汕头登上飞机，来到了上海。来到上海以后，他听说外卖骑手可以四处跑，便选择加入这个行业。“没其他的，总得跳出舒适区，搏一搏”。于是他满怀憧憬地成为上海数字递送工人中的一员，似乎他铺开的理想蓝图可以盖上“已经实现”的标记了。但是仅仅一年不到，他就返回广东老家做骑手，绝口不提上海的见闻。

“我觉得我不会说话。”少峰这样说着，脸却悄悄别开了。自小在潮汕地区长大的少峰，普通话里掺杂着极其浓厚的潮汕口音。面对普通话都说不标准的少峰，客户常常不自觉地给他打上“文化素质有限”的标签。“送的前几单，客户都叫我放在房门口，就没有说话”，少峰回想，“后来第一次当面给客户送餐，她听我讲话时皱眉的表情，我到现在都记得。我就试着少说话，用动作、表情给客户送东西。谁知道会不会遇到投诉我不说话没礼貌的情况呢。感觉自己根本不会说话。”

在这以后，事情似乎变得更糟。送达前通知客户的那一通电话，他总不能正确地传递信息，让客户困惑之余自己也更加困窘尴尬。见面后的礼节性问候，少峰不时会遇见类似令他熟悉又畏惧的眼神。和这座城市的隔阂似乎因语言之间的区别而不断加深，让他飞速地向远离理想的方向后退。在手机上，少峰看到了上海迪士尼乐园正式开园的新闻，让他惊奇的是，同一座城市里的生活境况竟是如此云泥之别。眼前为生计奔波忙碌的自己与远处宏伟壮观的乐园形成了鲜明的对比，少峰最终选择离开上海。

这是他的30岁，生活的痛苦让他们疲于生计，城市的快节奏让他们无力发声，未来似乎只剩下一片迷茫。

（四）35岁的他：渴求尊重、渴望平等

在美食广场地下一层，和大多数配送员一样，小林正在等候他的餐点。在我们访谈的时候，小林突然冲了过来，看起来有些激动。“有一次我单也送到了，时间刚刚好没超过，那个女客户却给我点了差评，我打电话问她，她居然说我性骚扰她，你说说我好好干工作我去性骚扰她？我只是想挣点钱养家糊口，家里面还有两个要上学的小孩，还有生病的父母，她凭啥这么欺负我们这些送外卖的”。小林红了眼眶，抹了把脸。

小林身着整洁的蓝色制服，头瑟缩在蓝色的头盔里面，看上去很疲惫。“我们不是不接受差评，我们错了的话公司都会按规定扣分扣钱的，我也不会多说什么，服务没到位就该接受惩罚，可为什么非要这样歧视我们呢？如果是我们的问题，原谅我们是因为客户心善，但错了就是错了，就需要去改正，而且我们也是为了混口饭吃，做好本职工作不就好了，哪有那么多弯弯绕绕的”。他并不能理解为何外卖员会受到某些人的误解。他认为，是非曲直他分得清，但是某些“城里人”的是非曲直对他来说太难懂了，漂泊了大半辈子，他也学不会。

在小林看来，外卖配送员只是一个职业，从事这个职业的人群中，退伍军人也有，普通工人也有，流氓混混也有，“不是所有外卖员都闯红灯，不是所有外卖员都肇事逃逸，这份工作就和其他工作一样。为什么写字楼禁止外卖员入内，连学校也不让我们进去呢？”小林有点苦恼，如果进不去这些地方，就意味着他们无法完

成自己的本职工作，但这个问题，他们谁也不知道怎么解决。那位客户可以因为一次不满意的服务而打差评，但她并不知道，那个兢兢业业做好工作却被说成性骚扰他人的男人，同样也是家里孩子和父母的顶天立地的支撑，是他们眼中最像英雄的存在。

这是他的 35 岁，面临能力不上不下的危机又疲于奔波劳累，他渴求着更多一点点的尊重、更多一点点的平等。

第七章

向上流动：上海数字递送工人的职业发展

数字递送工人在落脚城市之后，其生活境况无论是与上一代农民工相比，还是与其自身过往相比，都有了较大的改善。作为城市物流行业的建设者，他们也在城市的工作和生活中实现了一定的自我价值。数字递送工人已经在城市中实现了一定的发展。尽管他们的实际收入比以往更多，相对父辈而言也拥有更多机会，发展之路还是阻碍重重。他们从全国各地来到上海，在空间上实现了一种水平上的社会流动，但其从事的仍是技术含量较低、以体力劳动为主的工作。他们仍处于较低的社会地位，实际收入的增加或许提升了其社会经济地位，但在声望和政治层面上，他们仍然处于非常弱势的地位。①

那么，究竟是什么因素推动数字递送工人在城市中的不断发展？又是什么因素阻碍他们在城市中进一步提升自己的社会地位？本章针对数字递送工人的职业发展，从多个角度分析其发展的动力和阻力。数字递送工人的发展既依赖个人的主观努力，也依赖社会环境与经济形势的变革。其中，教育因素是最重要的。数字递送工

---

① 戴洁：《现代社会分层理论范式探析——兼论转型中中国社会阶层分化的启示》，载《江西社会科学》2009 年第 1 期，第 171—175 页。

人的发展，在经济角度上体现为资金的积累和财力的提高，在社会声望层面上体现为他们受到的与日俱增的关注和尊重，在社会心态层面上则体现为其自我独立意识的理性选择和落脚于城市的愿望。数字递送工人发展的动力既受客观环境因素的影响，又依靠其自身主观层面的努力。

一、发展动力：智能革命、自由市场与多劳多得

数字递送工人的职业发展是在互联网平台经济兴起的大背景下个体身份的转变过程。在上海，发达的商业带来了即时配送业务的繁荣，智能革命下技术的创新优化，为数字递送工人提供了更多的就业机会。同时，配送需求的增长和多劳多得的计件工资方式有利于数字递送工人通过自身的努力迅速积累资金。在落脚于城市的过程中，他们凭借自身人力资本和社会资本的改善创造了更多发展的机会。

智能革命催生了平台经济，发挥着较为显著的就业创造效应。上海作为中国商业最为发达的城市之一，拥有近两千五百万的常住人口。[①] 高度发达的商业贸易吸引更多平台企业聚集于此。由此，发达的技术、众多的人口、较高的消费规模等因素一起铸就了即时配送行业的繁荣。

与其他城市相比，上海充足的订单和超大的配送需求不仅为数字递送工人提供了更多的就业岗位，还提高了他们的接单量，较为显著地提高了他们的收入水平，进而实现了其经济地位的提高。配

---

① 数据来源于国家统计局：http://data.stats.gov.cn，引用 2017 年数据。

送员欧先生的话反映了数字递送工人共同的心声：

上海发展机会多，赚钱也多。（10CA）

多劳多得的薪资模式给予数字递送工人更多资金积累的可能。一般情况下，外卖配送员并没有底薪，薪资主要按接单量和补贴奖励计算，而快递配送员有一定的基础工资，在此基础上视配送量计薪。无论是哪种薪资计算方式，最终指向的都是相对自由的工作模式和多劳多得的分配模式。

相对自由的工作模式意味着没有固定的工作和休息时间，而多劳多得的薪资模式指向更多的个人努力，即他们的薪资并无直接明显的上限，薪资多少几乎完全取决于自身的努力程度。因此，在这样的薪资计算方法下，资金的快速积累对数字递送工人而言成为可能，也就是"只要想干，人人都可以当老板"的激励再次在平台用工模式下被激发了出来。

此外，尽管数字递送工人受教育程度普遍并不高，还是有很多骑手通过自身的学习和积累在人力资本和社会资本上实现了一定的发展，从而获得了向上流动的机会。饿了么站长王先生提到自己的经历时说到：

做了7个月配送员，正好有站长离职，自己有一定的电脑表格制作技能，就转做了站长。（69BO）

正是掌握一定的电脑技能，王先生很快获得了属于自己的升职机遇。对于未来的发展，很多人也寄希望于提高自己的职业技能：

要是有的话，我愿意接受公司的技能培训。（72CK）

晋升需要具体的技能，我期望能有一些培训。（11CB）

社会资本则有助于骑手获得各方信息、合理规划自身发展。不少数字递送工人反映，自己进入外卖快递行业，也是经由朋友亲戚介绍的，通过人际关系网络，他们获得了其他行业的利弊信息，从而更好地作出个人选择。因此，城市的生活在一定程度上增加了数字递送工人的人力资本和社会资本，为他们的发展开辟了新的渠道。

二、自身努力：压力、奋斗与阶层跃升

除了客观因素，数字递送工人自身的主观努力也是这一群体职业发展的主要动力源。中国的数字递送工人总体上是非常努力的，他们的梦想就是实现社会地位的向上流动。

在我们的访谈过程中可以发现，不少数字递送工人对未来充满了热情和憧憬，他们认为自己能够在城市中有所作为，也坚定地为实现这个梦想而奋斗着。同时，城市中巨大的竞争压力使得他们不敢懈怠，从而不断激发自身向上的潜能和热情。此外，父辈不高的阶层地位虽然在一定程度上阻碍着他们的跃迁，但这种阶层地位的束缚也会激发他们改变现有社会地位的冲动，这也间接为骑手的社会发展提供动力来源。

赚够了钱就回家和妻子一起开店，做小老板。（30IF）

访谈过程中，许多骑手坦言，选择现在这份职业的主要原因在于积累资金，为自己今后返乡置业或自主创业奠定经济基础。除了返乡置业成为中小业主，不少骑手也表达了成为专业技术人员或行业管理人员的愿景。外卖配送员陈先生表示：

> 打算继续干下去，当站长，希望为上海作贡献。（04FF）

对梦想的追求促使数字递送工人保持奋斗的精神，使他们在强度如此之大的工作面前也不轻言放弃，而是一步一步朝着未来前进。总的来说，他们因为对梦想的追求而不断努力。在城市打拼的过程中，他们培养了艰苦奋斗、吃苦耐劳的优秀品质，他们的主观奋斗精神是推动他们在城市中获得进一步发展的根本动力。

除了自身内发的拼搏意识，城市巨大的竞争压力也在一定程度上激发了数字递送工人的竞争意识和向上意识。现实生活带来的客观压力和与同龄人比较时产生的不甘落后的情绪，使得他们不敢懈怠，也不愿放弃，而是渴望通过自己的努力来过上更好的生活。这种压力激发的潜能和热情促使他们更加努力地工作，愿意长时间从事高强度的体力劳动以赚取更多的薪资，为自己在城市的发展铺开一条更为顺畅的道路，使其最终实现个人发展。

作为新时代外来务工人员，数字递送工人进入城市不仅是出于单纯的经济需求，还是为了追求城市化生活方式。随着互联网技术的高速发展，信息爆炸时代来临，城市中人们更为精彩的生活吸引着这些数字递送工人，他们希望进入城市、落脚城市、安居城市，让自己有一个更精彩的未来。这些对城市化生活方式的需求和渴望，会推动他们在职业发展的道路上继续前进。在一定程度上，这促使数字递送工人奋发向上，进而跳脱原有阶层的束缚，实现阶层的跃迁。

总之，技术的进步、城市商业贸易的繁荣、“互联网＋物流”的高速发展、数字递送工人的主观意愿，共同凝聚成他们职业发展之路上的动力来源。

三、教育阻力：困在工作与生活系统里

许多数字递送工人在访谈中提出，想要通过继续教育提升自己的文化水平和职业技能，成为专业技术性人才，从而提高自身的晋升空间。他们渴望通过后期投资来不断弥补前期教育的缺陷，从而获得社会阶层向上流动的机会。那么，教育因素是否在他们的社会发展中产生了颇深的影响呢？

在社会流动相对停滞、产业结构分化、劳务关系模式缺乏保障和机器替代甚嚣尘上的时代背景下，数字递送工人渴望实现向上的社会流动，但匮乏的社会资源和有限的继续教育投资，使他们往往只能进入门槛较低的行业或从事以体力活为主的工作，职业发展的困境造成他们迷茫的社会心态，使得他们难以获得更进一步的发展。

一般而言，教育不仅包括早期教育，还包括后期教育、继续教育，在类型上亦可以分为文化教育、技能教育等。通常来说，教育影响着人们获取人力资本的能力和途径。所谓人力资本，表现为蕴含于人身上的各种生产知识、劳动与管理技能及健康素质的存量总和。人力资本理论的创始人加里·斯坦利·贝克尔（Gary Stanley Becker）和西奥多·W. 舒尔茨（Theodore W. Schultz）提出，受教育水平、职业培训、职业经历等人力资本因素有助于外来移民的经

济地位获取——外来移民的人力资本越雄厚，就越容易在向上流动的过程中占据优势地位。[①] 在布劳—邓肯的社会地位获得模型[②]中，后天的教育获得、职业经历是社会地位获得的主要因素，尤其是职业地位，成为展现个体社会地位的核心要素。赵延东等人在研究城乡流动人口的经济地位问题时也发现，正规教育和职业培训对积攒人力资本而言具有重要影响。[③]

上海数字递送工人的人力资本的缺乏主要表现为低教育程度和有限的职业技能。从基础的数据调查中我们发现，早期受教育程度较低是数字递送工人的共同特征。该群体中受教育程度在高中及以下者占 76.86%，也就是有接近 80% 的人没有接受过高等教育，教育水平的低下导致他们所能掌握的职业技能也非常有限，因而在劳动力市场中进行职业选择时处于选择链的底端，即处于被选择的弱势地位。他们往往只能选择一些技术门槛较低的行业或以体力劳动为主的工作。

由于即时配送行业具有极高的人员流动率，公司不愿意花费过多的资金对员工进行培训，也导致数字递送工人难以积累足够的工作经验。由于在之前的行业中从业年限不长，他们并未从上一份职业中获得职业素养的积累或能力的提高，并且由于低教育程度的客观人力资本因素并未改变，他们所从事的新工作在社会分工里仍然处于较低层次，并未从根本上改变他们的就业弱势地位。因此，他们的不满仍然会在一定的时机爆发出来，从而推动他们寻找下一份

---

① [美] 西奥多 · W. 舒尔茨：《论人力资本投资》，吴珠华译，北京经济学院出版社 1990 年版，第 17—27 页。

② Blau, Peter M., Otis Dudley Duncan, *The American Occupational Structure*, New York: Wiley, 1967.

③ 赵延东、王奋宇：《城乡流动人口的经济地位获得及决定因素》，载《中国人口科学》2002 年第 4 期，第 8—15 页。

“更为高薪或轻松”的工作。低教育程度使他们往往从事较低层次的工作，与他人的工作进行对比时产生的落差和不满驱动他们频繁地更换工作，职业的高流动性使其难以增加技能积累来改变其受教育程度低的先决条件，他们往往只能再度找到另一份层次相近的工作。如此往复，最终导致他们的职业发展停滞不前，形成难以跳脱的恶性循环。

除此之外，低受教育程度也深刻影响着他们的社会心态，使其向过客状态不断演进。他们从农村来到城市，为了未来而奋斗，但在城市的奋斗过程中却逐渐迷茫，尽管其主流心态仍积极向上，但这份积极心态却因对未来的不确定而呈现过客心态。低受教育程度使得他们进入城市后，不自觉地降低了自我定位，其职业同伴往往也处于类似境地。在这样的自我暗示与职业群体不断影响的环境下，数字递送工人不仅在心态上加大了不确定性，还难以接触到有利于职业晋升的劳动技能，他们向上流动的渠道被包裹在身边的“亲密同伴”所“斩断”。

由于自我认同感低，他们认为自己和城市中的其他人差距极大，因此判断自己无法融入社会。更由于自己的职业发展之路并不顺畅，职业地位与其他社会成员相比较低，其社会融入意愿产生了进一步弱化。正如布迪厄所言，由于受到个体所处的社会位置、长期形成的个体习惯和个体品味的发展影响，个人身体上带有深深的社会阶层印记。① 上海数字递送工人来自全国各地，身上携带着在家乡形成的习惯，这种习惯让他们对如何融入这个城市感到无所适从，只好对城市社会文化保持一种观望态度，尽量减少与城市居民的交集。根据跨文化心理学家约翰·贝利（John Berry）对移民文

①［法］皮埃尔·布迪厄著：《区分：判断力的社会批判》，刘晖译，商务印书馆2015年版。

化适应的研究①，这种个体重视保持原有文化同时试图避免与主流群体互动的策略被称为“隔离”(separation)。②

上海数字递送工人对城市文化采取的“隔离”策略使得他们难以融入真正的城市生活，但又无法回到自己熟悉的文化环境中，从而产生了一种“孤岛化”的生活现状：只生活在外卖、快递青年群体自身的社会关系之中，与城市居民联系较少甚至趋向于无，与整个城市的生活呈现一种脱节的状态。③这种“与世隔绝”的生活状态使得这个城市的居民难以对他们进行真正的了解，甚至有一些不明真相者误将人性的低劣强加在这些上海数字递送工人身上，并不断维持动态的过程。这种“污名化”的认知进一步窄化了他们的社会关系网络，减少了可以为他们提供资源的途径，本就有限的社会资源被大大削减了。

然而，社会资本作为一项重要的资源对向上流动而言十分重要。社会资本的缺乏是制约农民工社会流动的重要因素④，社会资本对代际梯次的向上职业流动有推进作用。⑤毫无疑问，由较低的受教育程度和职业发展的困顿产生的过客心态不断削减他们可能通过自身努力获得的社会资本，匮乏的社会资本为上海数字递送工人的职业发展之路增添了尖锐的棘刺。

---

① Berry J. W., *Acculturation: Living Successfully in Two Cultures*, International Journal of Intercultural Relations. 29, 697-712(2005).

② 李强、李凌：《农民工的现代化与城市适应——文化适应的视角》，载《南开学报(哲学社会科学版)》2014 年第 3 期，第 129—139 页。

③ 徐鹏：《新生代农民工垂直流动问题研究》，四川省社会科学院 2012 届硕士学位论文。

④ 刘红燕：《农民工社会流动的现实困境与对策分析》，载《河北学刊》2012 年第 1 期，第 115—118 页。

⑤ 邵宜航、张朝阳：《关系社会资本与代际职业流动》，载《经济学动态》2016 年第 6 期，第 37—49 页。

在上海数字递送工人群体的身上，我们可以清晰地看到，由受教育程度有限带来的一系列多米诺效应，串成了一条无形的铁索，缚住了他们的双腿，阻碍了他们向上流动的脚步。教育本属于突出、有效的后致性因素，是允许个体经由自身努力实现社会资本积累和社会阶层跨越的最佳方式，但在数字递送工人的身上，这种最佳方式却成了先赋性因素影响下的牺牲品。父辈的能力、财富和声望所组成的社会地位是数字递送工人不可抗逆的先赋性因素，但受教育程度这种后致性因素受到强烈的先赋性因素影响，父辈较低的社会阶层和相对贫乏的资源导致数字递送工人早期受教育程度较低。教育因素与数字递送工人群体的来源地、出生地、家庭环境等先赋性因素紧密相关，已经失去了后致性的意义。[①] 为了公平地对待所有社会成员，给予其真正的平等机会，在教育资源的分配上，政府、社会理应更多地关照数字递送工人群体。

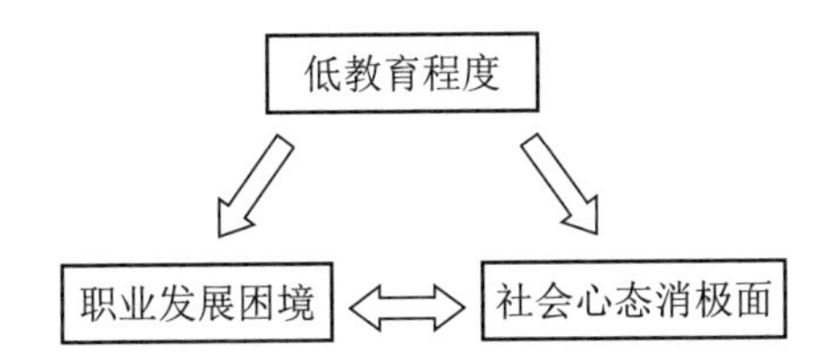

图 7-1　低教育程度与职业发展困境、社会心态消极面间的关系（来源：作者自绘）

从总体模式来看，代际继承在各个时期始终是社会流动的主导模式，并且市场能力的阻碍作用日益明显，使得代际之间的跨阶层流动尤其是长距离跨阶层流动越来越难，此时的代际流动主要集中

---

① 邓志强：《青年的阶层固化："二代们"的社会流动》，载《中国青年研究》2013年第6期，第5—10页。

在体力阶层与高级非体力阶层内部，以及低级非体力阶层与前者之间的交流上。①

后期教育再投资缺乏的后致性因素对限制了教育程度的提升，也阻碍着上海数字递送工人群体的向上流动。这种现象的出现与其工作繁忙导致休闲活动单一的生活现状有着巨大的关联。据问卷数据显示，85.25%的配送员每天工作8个小时以上，甚至有24.55%的配送员工作时间超过12个小时，长时间、高强度的工作使得他们疲惫不堪，将其休息时间压缩到了极致。快递员戴先生表示：

> 休息的时候就睡觉，基本上娱乐活动很少，休息日就赶紧睡一天。(21AF)

他们并不会主动参加一些能够提高自己劳动技能或对未来自己的职业选择有所帮助的活动。此外，许多数字递送工人来到上海的动因和外卖骑手刘先生类似，他们表示：

> 先存钱再做点生意，不愿意参加公司其他的培训，觉得占用工作时间。(59AL)

因此，他们自然也不愿意自己主动花钱去参与一些提高类的休闲活动，即很难有时间去学习更多的专业知识。研究表明，专业资格证书能促进农民工在劳动力市场内部的向上流动，即人力资本的

① 李路路、朱斌：《当代中国的代际流动模式及其变迁》，载《中国社会科学》2005年第5期，第40—58页。

增加能有效促进农民工的向上流动。[1]后期教育投资的缺失导致数字递送工人无法提高其受教育水平，也无法增强其人力资本。难以提升的人力资本成为其向上流动之路上另一枚尖锐的棘刺，与匮乏的社会资本遥相呼应，锁住了本就狭窄的上升通道。

因此，综合上述分析我们发现，在当前的社会环境下，先赋性因素与后致性因素双重影响下的受教育程度不足深刻阻碍着数字递送工人的社会流动。

四、劳动阻力："众包"模式与机器替代

在"众包"模式下，平台公司难以为其进行更多的后期教育投资。数字递送工人群体一方面未能有效提升自身在就业市场中的竞争力，另一方面倾向脱离单元化的就业岗位、选择高自由度的"众包"工作，呈现职业发展倾向的弱化和职业能力培养的缺失，因而难以实现显著的向上流动。更为重要的是，"众包"模式的弊端使得数字递送工人与配送平台的劳务关系在某种程度上并不能得到确认，致使工作和社会保障明显缺位。平台经济扩大了兼职劳动和非全日制劳动的就业人数。然而，"众包"模式一方面更加高效地利用了社会的劳动力资源，另一方面为企业合理地减负，避免了工资福利保障方面的额外支出。

此外，"机器换人""智能制造"等概念的出现，促使传统的劳动密集型制造业进行产业的转型与升级。更高的劳动生产率和更低

① 田北海、雷华等：《人力资本与社会资本孰重孰轻：对农民工职业流动影响因素的再探讨——基于地位结构观与网络结构观的综合视角》，载《中国农村观察》2013年第1期，第34—47页。

的生产成本吸引企业推进各类高精尖、自动化的装备入驻传统产业，推动技术红利代替人口红利，从而实现产业的优化升级和经济的持续增长。这一情形下，数字递送工人由于自身技能素质有限，在就业过程中困难重重，较低的受教育水平使其更容易被机器所替代，就业替代风险充斥着他们的生活，也使其更难获取财富、地位等资本。快递和外卖配送这一类以体力劳动为主的职业成为其就业的首选，在这样的产业结构分工之下，社会观念倾向于对劳动密集型行业予以消极评价，各行业间知识、技能、认知的壁垒不断加深，数字递送工人难以突破掣肘而跃迁至更上一阶层的行业分工之中。总而言之，社会分层的强化和行业不断固化的分工使得数字递送工人的流动进程受到阻碍。

在技术不断推陈出新的当代社会，一方面，数字递送工人依托技术发展有了新的发展机会，另一方面，早期较低的受教育程度在一定程度上限制了他们的职业发展，进而加剧了社会心态中消极面，职业发展的困境和社会心态的消极面互相强化、彼此影响。父辈较低的社会阶层并未带给他们过多可复制的社会继承，这种家庭的先赋性因素在现代社会又通过一定机制影响着教育这种后致性因素。后期教育投资动力不足，未能改变他们自身的人力资本要素，从而导致他们难以跳脱社会阶层的魔咒。数字递送工人难以改变自身匮乏的人力资本，因而向上的社会流动于他们而言，显得有些遥不可及。

应该认识到，数字递送工人群体的职业发展是一个系统工程。他们并非被简单地困在数字系统里，而是困在工作和生活的系统里。随着技术的升级，数字系统已经经历了迭代更新。相比社会生活系统的迭代，数字系统的迭代更新更为容易。然而，对于数字递送工人群体的职业发展而言，更重要的恰恰是工作和生活的系统的改革和完善。

五、骑手未来：无人配送技术与就业转型

随着人工智能技术革命的加速演进，数字递送工人群体很有可能被无人配送机器所替代，因而这一群体的未来职业发展实际上面临着就业转型的巨大压力。

近年来，无人驾驶技术日趋成熟，“低空经济”探索也已经进入试验阶段，成熟的无人机技术足以实现小型货物的无人配送。值得注意的是，2024 年 3 月，“低空经济”首次被写入中央政府的工作报告中[①]，其中快递物流作为“低空经济”应用的重要领域之一，其特有的无人机载货和配送正迈入商业化。顺丰旗下末端配送无人机公司“丰翼科技”已在深圳实现部分路线的常态化运营。京东的无人机物流项目则聚焦偏远地区的末端配送，通过设计无人机与无人车的精准对接，有效解决“最后一公里”难题。快递物流将是“低空经济”市场规模增速最快的应用领域。

上海是全国率先布局未来产业的城市，“低空经济”属于上海五大未来产业集群之一的“未来空间”范畴。在 2024 年的全国两会上，全国政协委员、上海市经济和信息化委员会主任张英提交了一份关于推动开展低空空域利用、加快培育发展低空经济的提案，提出加强低空经济顶层设计、推动低空空域管理改革、试点低空基础设施建设、加大低空航空器研发力度、打造低空特色应用场景等

---

①《政府工作报告——2024 年 3 月 5 日在第十四届全国人民代表大会第二次会议上》，国务院公报 2024 年第 9 号。

五大建议。她认为，通过对低空空域这一未被充分利用的自然资源的转化，低空经济未来将产生不可估量的经济资源，必将成为我国发展新动能的重要方向。①

在上述背景下，我们应当将数字配送人员的未来纳入分析和研究的视野之中，从而提出风险更低、震荡更小的应对方案。由于同济大学在校园内提供了无人配送服务，因此笔者所带领的课题组团队以同济大学校园为案例调研范围，开展了对骑手、无人配送用户的调查，对校内相关技术领域的专家进行访谈，从而探索性地对上述问题展开研究。调查显示，校园用户选择使用无人配送服务的首要理由是“取快递所在地距离较远”，其次为“商品重量较大”，再次为“有时无法及时取件”（图 7-2）。虽然目前无人配送车尚未普及，但无人配送车的优势在一些特殊情况下具有优势。

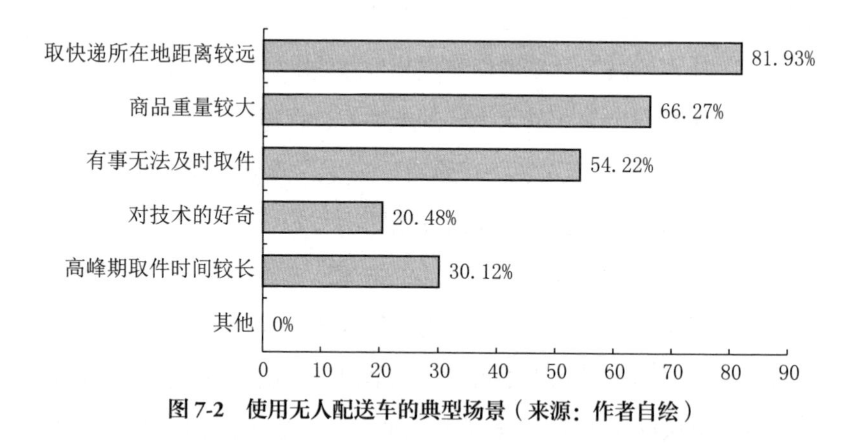

图 7-2　使用无人配送车的典型场景（来源：作者自绘）

就目前状况而言，同济大学的无人车配送服务仍存在不少问题，其中“无法运输大件物品”的反馈占比最高。目前，无人车配

① 宋薇萍：《全国政协委员、上海市经济信息化委主任张英：以发展人工智能为抓手推进新型工业化培育新质生产力》，载《上海证券报》2024 年 3 月 7 日。

送服务在车辆体积、承重等方面存在问题，无法满足用户更高的需求。使用者提出的反馈中，赞同人数比例由高到低的问题依次为：无法运输大件物品、商品误拿后丢失、商品的安全保障问题和商品延误送达。50% 的用户曾遇到无人配送车出现故障，这些问题包括：前方有障碍物无法避开、柜门无法打开、无故停下。未来无人配送车的发展，应着力优化车辆承重容量、取货流程、安全保障、路障识别技术等方面。然而，校园师生对于无人配送的期待较高，希望无人配送在制度规范、数据保护、技术手段方面继续改进。

虽然无人机配送服务尚未普及，但大部分校园受访者表示，无人配送将会成为未来发展趋势。当问及“无人配送是否会成为校园社区配送的常态”时，有超过半数的人员持肯定态度。但这给物流配送人员带来了就业压力。调查显示，有 54.1% 的配送人员认为目前配送人员就业环境不好的主要原因为：待遇欠佳福利较少、人员流失多、职业本身辛苦、无人配送技术有待发展。此外，有近 30% 的配送人员不期待无人配送及智慧物流的普及，其主要理由就是就业替代。

我们还对同济大学建筑与城市规划学院的王德教授、交通工程学院的骆晓副教授进行了访谈。调研问题是：在您看来，未来无人配送会较广范围地代替现有的人工配送吗？“低空经济”在近期成为热门话题，与传统的社区规划相比，其发展需要注重哪些方面？针对无人配送的未来发展趋势及其就业替代问题，两位专家一致认为会有就业替代，而且无人配送的发展将在很大程度上重构即时配送行业，如果技术足够成熟，且成本降到人工成本的大概一半以下，那么无人配送将会很快得到普及，目前面临的主要问题是安全性问题及成本问题。对于“无人配送”的社区规划问题，专家一致认为，深圳拥有较为丰富的尝试与经验，可以发挥示范作用。王德教授指出，无人机路线规划时需要设置几个点位进行集中起降，其到达位置之后可以与无人车进行配合配送，我们要设计总控中心从中调度。他还认为，我们可以大胆地畅想一个未来智慧无人配送社区规模的模型。简言之，无人配送的发展是必然的趋势，会带来就业变动及职业更新，面向未来的探索与思考势在必行。

第八章

系统优化：上海数字递送工人的社会支持

在城市发展的过程中，数字递送工人作为物流行业的主力军，对城市建设发挥着越来越重要的作用，他们是城市建设所必需的一环，如何留住他们成为城市建设的一个重要难题。与之相矛盾的是，通过调查可以发现，他们中的许多人主观上将自己的职业视为一份过渡性工作，定居上海的意愿不强，对城市的归属感和认同感也相对较低，客观上又存在各类制度政策环境因素限制他们的向上流动之路。

我们认为，父辈阶层不高的既存现实、产业分工的现状、社会流动相对停滞的时代环境、早期教育的不足等既定因素是相对难以扭转的，因此要改变数字递送工人的职业发展情况，应从其他方面为其创造有利于发展的环境和机制，以弱化既定因素的消极影响。在科技和社会都在不断发展的同时，我们应当看到，这些骑手不仅仅被困在所谓的技术系统里，束缚他们更多的是工作和生活系统。针对他们的诉求和现状，我们试图提出具有针对性的政策选项和社会支持倡议。更好的社会保障、情感尊重与职业技能培训，才能够有助于这一职业群体在城市中获得更多的发展机会。

一、完善劳动保障与社会保障

平台经济催生了即时配送这一新行业。对该行业中的劳动者来说，一方面，他们可以获得一定劳动自由权，另一方面，劳务派遣等灵活用工方式使得数字递送工人无法享受到传统企业劳动合同下的基本的工作与生活保障。城市户籍制度的刚性隔离也使得数字递送工人难以融入城市。即使落脚于城市，他们也只能蜗居在环境较差、设施相对落后的老旧社区之中，其生活质量难以得到有效的保障。因此，为了使数字递送工人获得更好的发展，应先稳定其发展基础，即满足其基本的工作和生活需求，从落实“四险一金”开始，促进居住证制度的落实和住房环境的改善。

数字递送工人的职业保障相对较低。大多数外卖配送员不享有基本的“四险一金”。在工作性质上，他们属于第三方劳务派遣的员工。作为众包平台的一员，他们缺乏基本的工作和生活保障。反观同样生活在城市的其他外来务工人员，那些从事着生产制造业的青年，尽管也没有过多的保障，但至少具有基本的工作保险。这一平台经济催生的职业群体在为“互联网 + 物流”行业奔波忙碌的同时，却缺乏一份最基本的安全保障。

因此，我们提出如下建议。首先，政府应联合多部门监督企业为员工缴纳“四险一金”。根据《中华人民共和国劳动法》第 72 条、《中华人民共和国社会保险法》第 58 条的强制性规定，社会保险是企业必须为员工缴纳的，这是国家强制性要求的福利。其次，企业应规范并完善为员工缴纳社保的流程，让员工参与其中，或者以书面形式告知员工，以避免员工对企业是否为自己缴纳社保的情况一知半解。最后，在提供社会保险方面，应发挥好社会组织、行业协会的作用。一个运作良好的行业协会能够将行业中各经济主体的利益要求相统一，并集中表达于国家政策的制定过程中，从而有利于数字递送工人群体的权益得到更好的维护和尊重。行业协会的作用不局限于代表数字递送工人发声，也可以通过有效的自律管理对行业起到规范和引导作用，并联合企业，为数字递送工人群体制定基本的工作和生活福利保障体系，这也能在一定程度上减轻政府的财政负担，避免政策倾斜导致的利益冲突问题。除了提供直接保障外，政府、协会和企业也可以起牵头作用，引导第三方加入。鉴于数字递送工人的工作具有高危性，他们在交通和医疗方面的保障需求较高，现有的基本社会保障并不能完全满足他们的需求。因此，应在政府指导下，由协会或企业与第三方保险公司合作，为数字递送工人群体量身定做保险项目。无论是投保金额还是投保内容，都需从数字递送工人的实际情况出发。联合第三方为数字递送工人定制社会服务保障，可以引导这一职业群体更好地发展，给予其更富有前景的职业未来。

在访谈过程中，我们也发现许多数字递送工人因为将配送工作视为过渡性工作而不愿在城市交纳社保，认为当地社保对自己的意义不大，而倾向于在老家购置一份保险。为此，可以考虑异地联保，取消城乡、地区之间的刚性隔离，使社会保险更实质性地用在数字递送工人的身上，也用在那些为了城市建设而辛苦奋斗的外来务工青年们的身上。

二、完善工资增长机制，健全休息休假制度

计件工资是吸引骑手们选择这份职业的主要原因之一。但近年

来，平台价格的不稳定让许多骑手有所退却。当自己的辛苦付出和收获不成正比时，他们容易产生消极的社会心态，对于未来的发展方向也变得更加迷茫。为了扭转他们的消极心态，外卖和快递公司都应该建立一个稳定合理的工资增长机制。首先，通过适当提高底薪、增加每单的提成、增加派单的数量、降低奖励门槛、合理规划奖金设置和分发制度，只要其达到一定的送单量就给予一定数额的奖金。其次，适当加大其他方面的福利力度，如"双十一""双十二"加班补贴、子女补贴、高温补贴、暴雨补贴、交通补贴等，实质性提高其物质收益，实现其心理期望与物质收益的平衡。最后，作为一个庞大的劳工群体，工会应进一步加强与互联网企业的联动，就数字平台递送工人的工资问题展开集体协商，这也是增强数字递送工人社会政治参与的重要手段。

在休息休假制度方面，这些从事体力劳动的青年因为身体素质较好而进入该行业，但缺乏规律的生活和整月无休的工作在慢慢消磨着他们的身体健康。正常的休息休假是外卖、快递从业人员作为劳动者应享有的权利。公司应当结合行业的特殊性，采取灵活多样的工作方式，如轮休制、替班制等，保证其基本休息、休假权利，也可采取"带薪休假"方式，给予其一定的休假补贴。建立健全的休假制度，不仅可以让骑手有假可休，还可以让他们面对严格的休假制度而不得不休，避免出现急于挣钱而损耗健康的情况。

事实上，自2020年"网约配送员"被正式纳入国家职业分类目录起，各行各业已经开始就这一职业群体的工作保障问题展开研究。例如，厦门市工会劳动法律监督委员会在2021年9月向地区范围内的各网络餐饮平台发出提示函，要求各平台企业为劳工科学设置报酬规则，切实保障其安全，营造良好的从业环境。提示函中还提出，对于连续送单超过四个小时的劳工，系统需要求其休息20

分钟，在这20分钟内不再派单给他们。我们也呼吁针对这一职业群体的社会保障能够更完善、更科学。

三、落实企业申诉机制，提高商家入驻标准

在申诉机制方面，多数数字递送工人反映自己不熟悉、不了解公司的申诉机制，当收到恶意投诉或差评时，缺少维护自己切身利益的方式和途径。因此，企业申诉机制的完善和落实可以有效规范行业标准，帮助数字递送工人为自己的利益发声。具体来说，企业之间可以相互合作，开通专门的求助热线或网络互助平台，设立意见箱或投诉箱，为数字递送工人维护自身合法权利提供便捷渠道，并且应及时给予反馈。丢餐（件）、损坏餐（件）等类似纠纷问题的处理，应当具有一套具体细则和流程，划分责任人，改变“收餐（件）有问题就是配送员工作不到位”的惯性思维，让工作环境更清澈有序。进一步规范申诉流程，真正发挥申诉平台的实际作用，对申诉案件及时处理，做到公正公平，短期迅速给以反馈，让配送员真正有地方可以“申冤”，不再满腹委屈。

在提高商家入驻标准方面，尽管物流行业的高速发展助力商业市场的不断壮大，但混乱无序的商业环境无益于物流行业的未来发展。因此，需适当提高商家的入驻标准，从商家角度保障配送员的利益，避免因商家问题导致配送员在工作时遭遇不合理、不公正的待遇。同时，商家入驻标准的提高，也可以对商业的发展和企业的管理产生积极的影响，进一步促进行业的规范。只有健康、正常的商业环境和工作环境才能使劳动者更具有职业认同感和幸福感。

为切实保障数字递送工人的利益，避免其权益因申诉机制的不

完善而受损，企业也应加强行业管理人员培训，提高行业管理人员素养，让站长和相关管理人员真正做到公平公正，根据送餐（件）距离合理派发单量，避免出现欺压新人、拉帮结派等现象。企业也应当对员工加强交通安全法律法规方面的教育，提高该群体的自身安全意识，可以适当延长系统预估的送餐时间，避免配送员因着急送单而出现闯红灯的行为，同时联合交通部门加强交通知识普及。对于优秀员工，要进行正面宣传和典型激励，对于经常闯红灯的配送员则予以惩罚，提高其交规意识和安全意识。当然，随着企业内部专门性骑士运营部等机构的成立，针对数字递送工人的权益保障问题也将得到更全面的解决。

四、解决居住证办理难题

要使数字递送工人留在上海，应在居住证制度方面进行一定的改善，使其获得基本的工作和生活保障。在调查中我们发现，有三成数字递送工人拥有定居城市的意愿。一张有效落实的居住证的背后，是他们解决住房、医疗、子女教育问题的希望。现实却是，不少从业者都表达了对居住证办理难的无奈。长期刚性隔离的户籍制度使得人们在心理上存在本地人与外地人之分，城市居民在认知上也易对外来务工人员产生偏见，这显然不利于城市的和谐与数字递送工人的社会融入。考虑到新业态下新型就业群体的不断扩大，城市应当给这些新时代的奋斗者以一定的便利。

因此，我们提出，在完善积分落户政策的同时，应配套保障相应的社会权益，逐步淡化户籍意识，形成权利一致、地位平等的制度体系，对于符合一定条件的数字递送工人，可以由企业为其开具证明和相关文件，使其能够前往所在社区居委会或由企业协助办理居住证，让他们感受到自己所居住的这座城市的“温度”，感受到自己是这个城市的一员，从而减少疏离感，增强归属感。居住证明的完善，保障的将不仅是从事着外卖快递工作的数字递送工人，更是在城市奋斗的一大批外来务工人员。

五、集中解决安居环境

通过对数字递送工人的生存现状展开研究，我们发现，目前骑手们或集体居住在单位宿舍，或基于实惠和便利性原则居住在离自己工作地点较近的地方。由于租金相对低廉，其居住环境通常不会太好，他们主要住在城中村、城乡接合部或所谓“蚁族式”的群租房。尽管交通相对便利，但此类聚居区通常人员混杂、建筑密度大、绿化率偏低、公共卫生状况不佳，导致数字递送工人群体缺少定居和安居的动力，更多地将城市中的“家”视为一个落脚之地。

为了保障数字递送工人在城市中得到更好的发展，企业或行业协会可以以自身名义租下多套小区公寓或建立单位宿舍，供一线配送人员集体居住，并适当收取合理租金。政府也可以划分片区，盘活既有存量资产，提供集体性长租公寓，以合理价格提供给企业，或予以一定补贴，由企业为数字递送工人进行具体分配，这不仅能为数字递送工人解决居住难题，还能促进工人对企业、政府的认同和支持，并且盘活了既有存量资产，促进资产优化。居住环境的改善也可以避免或减少数字递送工人日益同质化的交往环境，促进其与城市其他人员的交往，而不再局限于家人、亲戚或居住在一起的工友组成的社交环境中。针对嵌入社区的集中长租公寓，上海已经有试点探索。

六、定位社区骑士，加强技能培训

技术发展是一个国家经济发展的重要驱动力。在当前智能化时代，劳动者技能培训和更新问题日益凸显。党的十九大报告提出建设“知识型、技能型、创新型劳动者大军”的改革任务，2018 年 3 月 22 日，中共中央办公厅、国务院办公厅印发了《关于提高技术工人待遇的意见》，进一步明确了建立知识型、技能型、创新型劳动者大军的政策路径，并指出技能形成在产业工人地位提升、产业升级及创新型国家建设中的重要性。① 南开大学王星教授指出，技能形成包括技能知识学得与技能经验积累，前者主要发生在学校，后者主要发生在车间，他认为技能形成是一个整体性的过程，产教融合或工学结合非常重要。②

对于这些职业技能含量不高的数字递送工人来说，早期的教育不足和后期的教育投资匮乏都使其无法得到充分的技能培训。当他们带着较为低含量的技能进入城市，从事的也仅仅是一些低技术含量的工作，人力资本的有限使其未能从根本上获得向上流动或发展的机会。因此，除了获得一定生活和工作上的保障，职业技能的培训和加强或许是他们为数不多的出路之一。通过打造一个全方位的

① 中共中央办公厅国务院办公厅印发《关于提高技术工人待遇的意见》，国务院公报 2018 年第 10 号。

② 王星：《技能形成的多元议题及其跨学科研究》，载《职业教育研究》2018 年第 05 期。

综合服务平台，为骑手提供一个拓宽职业发展路径的可能，再加上工资休假和申诉机制等方面的完善落实，数字递送工人群体或将拥有一个更为完备的综合发展机制。

对于数字递送工人来说，他们渴望向上奋斗，渴望拥有更好的未来，但由于人力资本的不足和社会资本的薄弱，他们难以实现向上流动。为了帮助他们获得前进或上升的可能，政府、行业协会、企业、学校、教育机构等可以根据站点分布范围联手打造一个综合服务平台，为其营造一个温暖的港湾。这一平台的主要功能首先体现在职业技能的培训上。可以通过联合街道、社区工作者和相关教育机构，为数字递送工人提供职业技能培训和素质拓展，如定期邀请学校教师为其开展英语教学，邀请计算机方面的专业人士为其提供基础软件教学，以增强员工的技能，为其今后的发展创造可能。

尽管一线配送业务更多强调体力劳动，但在人才需求不断扩大的上海，员工的职业技能和素质提升仍是重要课题。企业应重视员工的长期可持续发展，在注重经济利益的同时，加强对员工的人文关怀，企业也应重视员工的素质提升，加强员工在智慧物流方面的学习，以帮助其提升自我，创造向上流动的空间。在其本职工作方面，系统而完整的职业培训也有利于他们在短期内较为全面地了解这一新兴职业，通晓工作流程、职业规范等，帮助其更高效地完成工作，从而提升其对工作的适应度。许多外卖骑手都认识到了餐饮外卖 O2O 行业的光明前景，因此，数字递送工人也应该积极利用社会或公司提供的职业培训机会，改善自身人力资本，以获得晋升的可能。一个从员工切身利益出发的企业，也必然能获得员工的认同与信任。而学校和相关机构的加入也使得在当前高职教育创新发展的背景下，院校作为“教”的主体，能够更好地推动培养社会发展所需的高素质技术技能人才。

这样一个平台除了有助于提升数字递送工人的个人能力，还可以为其提供基本的休闲娱乐场所。通过访谈可以发现，数字递送工人对工作环境的改善有着共同的渴望，他们希望能够拥有方便吃饭、喝水和休息的室外场所，而不是“风餐露宿”，连一个可以落脚的地方都没有。具体来说，这样一个平台也可以充当数字递送工人的移动驿站，内部配置相应的休息娱乐设施，比如桌椅床铺、饮水机、空调、卫生间等。企业可以在驿站内与优质饭店合作，固定员工的用餐点，员工凭借工作证可以进行免费用餐或者享受一定的优惠。驿站还可以设立充电点，给员工提供一定的充电设备，避免出现电瓶缺电而无处可充的情况。

此外，可由政府号召社会公益组织、志愿者团体来为数字递送工人提供一些就业、健康方面的惠民服务，以及时解决他们的困难。例如，数字递送工人多因工作繁忙劳累而损耗身体资本，没有时间和精力进行定期体检，在这一方面，相关的医疗机构可以发挥作用，以服务平台为单位，为平台所属劳动者提供基础的健康检查。

七、给予心理支持，增强发展后劲

从城市治理的角度来说，数字递送工人是城市建设的重要一分子，他们为城市发展作出重要贡献，其生活却没有得到很好的保障。为了给予他们更好的呵护，也为了城市的精细化治理，我们认为还应给予其心理支持，从整体营造一个有利于数字递送工人发展的环境。

从社会一般人的角度看，数字递送工人也是一个个独立的社会人，他们拥有基本的社会交往和发展的需求，与过去的外来务工人员相比有着更强烈的城市化需求。因此，首先，企业应该增强文化建设，开展对员工的心理援助，引导员工向社会主流文化靠近，认同自身贡献和价值。其次，依托数字递送工人所在的居委会、街道和相关政府部门和社区机构，为数字递送工人打造一个线下交往的平台，使其切实加入社会生活，增强社会交往。最后，打造一个线上沟通交流的平台，由团市委等机构牵头，协同相关新闻媒体，打造一个促进数字递送工人和社会其他成员双向了解的 APP，引导数字递送工人融入城市，促进其更好地发展。

一个有着良好企业文化的公司更容易留住人才，数字递送工人的高流动性在一定程度也说明其对职业的认同感不高。根据亚伯拉罕・H. 马斯洛（Abraham H. Maslow）的需要层次理论分析，数字递送工人未能从这份职业中获得归属需求、尊重需求和自我需求。其满足感和认同感需要企业来帮助构造，因此增强企业文化不仅有助于企业自身的建设，也有助于数字递送工人的职业发展。

企业可以通过开展员工心理援助（EAP）服务，建立宣泄室，组织集体活动、培训等，为其提供情绪管理、压力应对、职业生涯规划等心理辅导，降低他们的负向体验。在公司内部，也应设置相应的休息娱乐室、微机室、心理咨询室等，提升员工的工作热情和归属感，增强对企业的信任感和凝聚力。我们看到，目前多数企业欠缺团队建设和文化培养，数字递送工人多孤军作战，对周边的人不认识更不亲密。尽管数字递送工人是一个群体，但他们在实际工作或生活中是一个个独立的个体，这些数字递送工人因为职业特殊而呈现一种碎片化的松散状态，缺少一个群体应有的归属感。除了少数的管理人员，多数一线配送员缺乏对企业的认同感，这也使得企业的凝聚力不强，从而导致行业的规范性即使具备，也难以在实际层面得到有效执行。由此，企业应注重强化团队建设和文化培养，形成特有的企业文化，凝聚这些从业者的共识。

八、拓宽交流渠道，增强社会交往

由于受到各种主客观条件的影响，数字递送工人对城市具有过客心态，缺乏和社会主流文化的交流，除了少数骑手有着积极的融入意愿外，多数骑手将自己置身于城市边缘，该群体呈现一种和主流文化隔离的现象。而一个人或一个群体的发展，除了需要人力资本的提升外，社会资本的提升也是重要的一环。通过社会交往，他们可以扩大自己的社交网络，增强社会资本的积累。对于数字递送工人来说，高强度的工作在客观层面将其抽离了所在社区的日常生活，从而进一步加剧数字递送工人的孤独感。

为此，我们认为，除了构建一个全方位的综合服务平台为其提供职业技能培训之外，数字递送工人也需要线下的沟通交流平台，以促进其与社会其他成员的交往和认知。相关党群组织例如共青团、妇联等组织，可以与政府有关部门一同加强对数字递送工人的组织覆盖和工作联系，帮助其参与社区自治，在与居民的相互了解中形成以社区为载体的共建、共管、共享的生活共同体。由于数字递送工人群体的交际圈较为狭小，朋友多为同事和老乡，缺乏结识新朋友、参与社区活动的渠道，所以可以从这一角度为数字递送工人打造线下沟通交流的平台。例如，外卖或快递站点所属居委会可以将骑手纳入社区服务计划，让其和本地居民一起开展各项联欢活动，加深彼此的了解，让城市居民正确认识数字递送工人所作出的社会贡献的同时，消除彼此的隔阂和猜忌，增强数字递送工人对城市的归属感和认同感。数字递送工人也可以以线下平台为渠道，增强社会交往，不断积累社会资本，通过与本地社区居民、其他行业人员的交往来扩大自身社交网络，在与城市居民的交往中进一步认识城市、了解城市、热爱城市。这样既能够给他们提供更多保障，又能让社会多主体承担起相应的社会责任，从多角度、多渠道为数字递送工人打造一个和谐友爱的共生圈。

为了获得进一步向上流动和发展的机会，数字递送工人自身也应该正视自我价值，培养积极社会心态，主动融入城市、拓宽职业发展道路。数字递送工人应认识到自己是城市中重要的一分子，对城市的高速发展，尤其是物流行业的运作起着至关重要的作用。在调查中，我们发现多数青年的自我定位并不高，认为自己疏离于城市之外，难以正确认识个人素质和个人价值。较低的自我定位使得其对自身的职业发展的态度较为消极，多认为自己无法在城市立足，未来更倾向于返乡置业。一个正确的、健康的自我定位有助于减缓数字递送工人们的过客心态，推动其积极主动融入城市。因此，数字递送工人应当在不断的学习和心理疏导中，调整自己的心理状态，正视自我价值，肯定个人贡献，认识到在社会分工不断繁杂和细化的过程中，自己所处的分工层次仍然是必然且应然的，是社会生产和财富创造不可或缺的部分，作为上海的建设者，理应为自己的贡献和成就感到骄傲和自豪。

鉴于互联网技术的快速发展，数字递送工人更倾向于通过线上的方式进行沟通，这也体现在其日常的休闲娱乐活动中。为此，我们认为，除了线下的社会交往之外，还可以从线上沟通平台出发，由相关志愿者团体在政府的帮助下打造一个致力于服务以数字递送工人为代表的新生代外来务工人员的线上沟通平台，以 APP 或公众号的方式向各企业、高校推广。

具体来说，APP 和公众号应兼具宣传政策、提供咨询、处理问题的作用。比如，可设置面向数字递送工人的宣传页面，将其所享有的社会权益以视频、漫画等较为吸引人的形式进行介绍。又如，可设置人工服务页面，通过前期调研，对数字递送工人常有的疑惑进行分析，并提供思考对策、设置答案，在页面内可引入识别关键词以自动回答的功能，从而节省人力资本。

另外，APP 和公众号内也有必要设置一个服务热线专栏，具体应包括团市委、人社局、劳动局等相关单位的服务热线。值得强调的是，APP 和公众号的宣传与投放极为重要，扩大受众群体和影响力才能收集群情众智，更好地服务于数字递送工人群体。但在此过程中，部分企业可能担心员工的负面表达会影响其社会声望与经济效益。因而，为减少企业的担忧，政府也应与企业作真诚而坦率的交谈。同时，可与上观新闻、文汇报、澎湃新闻等上海本地媒体进行合作，共联名，有计划且持续地打造与数字递送工人相关的宣传栏，重点介绍数字递送工人的精彩人生经历，向社会传达正能量。

在宣传过程中，还应注重与读者的互动。可通过微信公众号、市民云、APP 中的投票或留言功能，让读者分享其与外卖或快递人员之间的精彩故事，使其成为宣传数字递送工人正能量的主力军。线上平台除了方便其他社会成员发表观点之外，更应该引导数字递送工人发出自己的声音，从自己的视角分享自己在城市工作生活的喜怒哀乐。这一线上沟通平台的建立，可以增进数字递送工人和社会其他成员之间双向的互动和了解。

数字递送工人是城市发展的重要力量，政府、市场、社会各方都应给予重视。从政府层面来看，劳工的性质需要工会发挥作用，18—35 岁年龄段的劳动者属于共青团重点关注的人群；从市场层面来看，作为数字经济的重要支撑力量，各大平台企业不论是从企业义务角度还是从企业长远发展角度来说，都应着力促进其职业保障的完善；从社会层面来看，数字递送工人已经不仅仅是简单的送餐送货员，他们还是智能社会发展、解决老龄化等诸多问题的重要推手。因此，社会和政治系统应发挥协同力量，合力给予数字递送工人保障和关怀，加强和数字递送工人群体的联系，提高他们的群体行动能力，使其更具有凝聚力、更具留居意愿、更具发展和服务城市的动力。

除了外部力量的共同作用，也可以积极探寻即时配送行业的内部力量，如外卖的站长、调度员、经验丰富的老骑手、快递中的老员工等，这些劳工群体中的积极分子由于从事年限较长、工作经验较为丰富，通常人格魅力较大，社会资本较为丰厚，通过密切联系这些积极分子，可以对联系数字递送工人群体起到积极的促进作用。

附录 1　课题组成员对 73 位外卖从业青年的访谈录音整理

编号：01（JF）

访谈对象	外卖—吴先生	访谈时间	2018 年 7 月 25 日
访谈地点	四平路附近	访谈人	于、徐、杨
具体问题		访谈记录	
1. **被访者的基本信息**（包括性别、年龄、户籍所在地、婚姻状况、受教育程度、薪资、政治面貌、信仰等）。		**性别**：男　**年龄**：27 岁 **户籍**：河南　**受教育程度**：初中 **薪资**：6000—7000 元　**政治面貌**：群众 **信仰**：无	
2. **被访者的工作情况**（如职业发展历程、当前从业时间、日工作量、上岗培训、社会保险、福利待遇、客户态度等）。		**职业发展历程**：初中毕业就离家，去过全国很多地方，在北京待过六年，三年前来到上海，起初在酒吧工作，后来因环境变化改而从事外贸行业，今年五月来到外卖平台。 **日工作量**：35—40 单。 **客户态度**：对客人真诚相待。	
3. **被访者的日常生活**（如休息时间、感情生活、社交网络、娱乐活动等）。		**休息时间**：一个月三四天，早上十点左右上班，中午可休息大约两个小时，每天晚上八九点下班。 **感情生活**：单身，对待感情比较随缘，不会强求。 **娱乐活动**：和朋友吃饭、看书、旅游。	
4. **职业看法**（如服务意识、职业认同、对公司管理的看法、是否期望技能培训、职业荣誉感、对下一份工作的期待等）。		**服务意识**：强，自我评价态度很好，入职两个月没有差评。 **职业认同**：快递行业也注重人人平等，你如何待人则人也会如何待你。 **工作期待**：回到郑州做个小生意。	
5. **文化体验**（文化消费情况，如社会主流文化）。		**文化消费情况**：喜欢看书，不长时间刷手机，会看抖音快手作消遣。	

（续表）

访谈对象	外卖—吴先生	访谈时间	2018年7月25日
访谈地点	四平路附近	访谈人	于、徐、杨
具体问题		访谈记录	
6. **城市印象**（如对上海的整体印象、对自己与城市关系的认知、对城市是否归属感与融入感、对上海人或社区的具体印象、对上海发展的期待等）。		**整体印象**：上海设施很先进。 **当地人印象**：有的好相处，有的难相处。 **归属感**：没有什么归属感。	
7. **政治态度与行为**（如政治认知、政治参与、政治诉求等）。		**政治认知**：对政治没什么概念，也没有怎么参与活动。	
8. **个人诉求**（如提升收入、完善保障、提高社会地位等）。		不清楚。希望自己过得越来越好。	
9. **其他备注**（如有趣的个人故事或人生经历等）。		喜欢读书，到处游历，喜欢自由，广交朋友。 个人成熟稳重，待人真诚。	

编号：02（JG）

访谈对象	外卖—李先生	访谈时间	2018年8月22日
访谈地点	控江路奶茶店门口	访谈人	于
具体问题		访谈记录	
1. **被访者的基本信息**（包括性别、年龄、户籍所在地、婚姻状况、受教育程度、薪资、政治面貌、信仰等）。		**性别**：男　**年龄**：23岁 **户籍**：重庆　**婚姻状况**：未婚 **受教育程度**：初中　**薪资**：7000元 **政治面貌**：团员　**信仰**：无	
2. **被访者的工作情况**（如职业发展历程、当前从业时间、日工作量、上岗培训、社会保险、福利待遇、工作态度等）。		**职业发展历程**：初中毕业后外出打工，在重庆、成都、广东的工地上做过中央空调管道工、塔吊司机，一年多前来到上海，在七宝的小饭馆打工，之后开始到外卖平台送外卖。 **日工作量**：腿脚勤快，业务熟练，一天40单以上没问题。	

（续表）

访谈对象	外卖—李先生	访谈时间	2018年8月22日
访谈地点	控江路奶茶店门口	访谈人	于
具体问题		访谈记录	
3. **被访者的日常生活**（如休息时间、感情生活、社交网络、娱乐活动等）。		**休息时间**：一个月会休息两三天。 **感情生活**：想谈恋爱，但是工作原因没有那么多时间，而且圈子比较小。 **娱乐活动**：喜欢打羽毛球、篮球，苦于所住小区没有相应场地。业余时间不怎么打游戏，主要是去朋友那里玩、吃吃饭，或者一起出去。	
4. **职业看法**（如服务意识、职业认同、对公司管理的看法、是否期望技能培训、职业荣誉感、对下一份工作的期待等）。		**服务意识**：服务意识很强，对于外卖行业的理解也很职业化，会尽量满足客户的要求，也会被客户的一些暖心举止感动。 **职业认同**：公司内部虽然有制度，但是很多制度或者政策无法照顾到基层外卖员利益，现在公司受运营商严格管理，自己的工作质量受到一定影响。 **工作期待**：现在的工作目的就是赚钱，攒够了钱就回重庆老家建个牧场，这是从小就有的理想。	
5. **文化体验**（文化消费情况，如社会主流文化）。		**文化消费情况**：喜欢看财经新闻，以及和腾讯、阿里有关的互联网新闻，虽然不是很懂，但是认为这些都会和自己将来的生活有关系。	
6. **城市印象**（如对上海的整体印象、对自己与城市关系的认知、对城市是否归属感与融入感、对上海人或社区的具体印象、对上海发展的期待等）。		**整体印象**：国际化大都市，很繁华，消费水平、房价都太高。 **当地人印象**：没有印象。 **归属感**：没有什么归属感，自己还是喜欢自由一点，想回家开牧场。	
7. **政治态度与行为**（如政治认知、政治参与、政治诉求等）。		**政治认知**：不足。	
8. **个人诉求**（如提升收入、完善保障、提高社会地位等）。		赚钱回家开牧场，娶媳妇。	
9. **其他备注**（如有趣的个人故事或人生经历等）。		出过交通意外，撞了别人没有逃逸，付了对方医药费，很负责任。	

编号：03（FE）

访谈对象	外卖—王先生	访谈时间	2018年8月11日
访谈地点	彰武路奶茶店	访谈人	李
具体问题		访谈记录	
1. **被访者的基本信息**（包括性别、年龄、户籍所在地、婚姻状况、受教育程度、薪资、政治面貌、信仰等）。		**性别**：男 **年龄**：21岁 **户籍**：安徽 **婚姻状况**：未婚 **受教育程度**：初中 **薪资**：7000元 **政治面貌**：群众 **信仰**：无	
2. **被访者的工作情况**（如职业发展历程、当前从业时间、日工作量、上岗培训、社会保险、福利待遇、工作态度等）。		**职业发展历程**：高中毕业后从老家来到上海，送过外卖、快递，卖过房子。 **日工作量**：最多35单，少的时候十几单。	
3. **被访者的日常生活**（如休息时间、感情生活、社交网络、娱乐活动等）。		**休息时间**：一个月会休息两天。 **感情生活**：女朋友在上海。 **娱乐活动**：和外卖员同事打游戏。	
4. **职业看法**（如服务意识、职业认同、对公司管理的看法、是否期望技能培训、职业荣誉感、对下一份工作的期待等）。		**服务意识**:强。 **职业认同**：认同感强，为社会发展贡献了很多。 **工作期待**：就那样吧，对公司也没有归属感。 **对下一份工作的期待**：继续在上海发展。	
5. **文化体验**（文化消费情况，如社会主流文化、互联网或公司内部的亚文化等）。		**文化消费情况**：不怎么参与文化消费，也没这个概念。感觉对生活意义不大。公司内部没有什么文化建设。	
6. **城市印象**（如对上海的整体印象、对自己与城市关系的认知、对城市是否归属感与融入感、具体到对上海人或社区的印象、对上海发展的期待等）。		**整体印象**：不是上海人，没有什么归属感。 **当地人印象**：每座城市都有好人也有坏人。 **归属感**：没有。	
7. **政治态度与行为**（如政治认知、政治参与、政治诉求等）。		**政治认知**:主要看看手机上推送的消息。	
8. **个人诉求**（如提升收入、完善保障、提高社会地位等）。		给我们加点工资，一单多加点钱，不光是我们，很多行业我想都希望这样吧。来点儿实际的最好了。	
9. **其他备注**（如有趣的个人故事或人生经历等）。		没什么好分享的，每天的生活都差不多，没有什么变化。	

编号：04（FF）

访谈对象	饿了么—陈先生	访谈时间	2018年8月19日
访谈地点	联合广场	访谈人	李
具体问题		访谈记录	
1. **被访者的基本信息**（包括性别、年龄、户籍所在地、婚姻状况、受教育程度、薪资、政治面貌、信仰等）。		**性别：**男　**年龄：**26岁 **户籍：**浙江　**婚姻状况：**未婚 **受教育程度：**大专　**薪资：**4000—5000元 **政治面貌：**群众　**信仰：**无	
2. **被访者的工作情况**（如职业发展历程、当前从业时间、日工作量、上岗培训、社会保险、福利待遇、工作态度等）。		**职业发展历程：**高中毕业出来工作，在浙江做过销售类工作。平时穿工服（公司要求）。 **日工作量：**多的时候五六十单，少的时候十多单。	
3. **被访者的日常生活**（如休息时间、感情生活、社交网络、娱乐活动等）。		**休息时间：**10:00—22:00工作，其他时间休息。 **感情生活：**无。 **娱乐活动：**有，生日、纪念日都有活动。	
4. **职业看法**（如服务意识、职业认同、对公司管理的看法、是否期望技能培训、职业荣誉感、对下一份工作的期待等）。		**服务意识：**自我评价态度很好。 **职业认同：**很好，打算继续干下去，未来当站长。希望为上海作贡献。 **工作期待：**当站长，在上海买房子。	
5. **文化体验**（文化消费情况，如社会主流文化、互联网或公司内部的亚文化等）。		**文化消费情况：**看抖音视频。对社会主流针对外卖行业的评价不满意。	
6. **城市印象**（如对上海的整体印象、对自己与城市关系的认知、对城市是否归属感与融入感、具体到对上海人或社区的印象、对上海发展的期待等）。		**整体印象：**很好，挣钱多。 **当地人印象：**挣钱多。 **归属感：**有目标，认为自己是上海人，将继续在上海发展。	
7. **政治态度与行为**（如政治认知、政治参与、政治诉求等）。		**政治认知：**没参加过选举，以前觉得党员才有票，普通人没有票。但如果有票，可以投一下。希望可以把房价调低一点。	
8. **个人诉求**（如提升收入、完善保障、提高社会地位等）。		房价降低。	
9. **其他备注**（如有趣的个人故事或人生经历等）。		平时挺开心的，有的商家老板比较好，你看就是这家老板娘，在外面摆几把椅子，我们累了就可以坐这儿休息一下，有时候渴了，她也会给我们做几杯奶茶或者饮料喝。有的商家老板人很好的，没事的时候我们大家都可以坐着聊聊天，挺好的。	

编号：05（FE）

访谈对象	饿了么—余先生	访谈时间	2018年8月19日
访谈地点	联合广场	访谈人	李

具体问题	访谈记录
1. **被访者的基本信息**（包括性别、年龄、户籍所在地、婚姻状况、受教育程度、薪资、政治面貌、信仰等）。	**性别：**男　**年龄：**20岁 **户籍：**江苏　**婚姻状况：**未婚 **受教育程度：**初中　**薪资：**4000元 **政治面貌：**群众　**信仰：**无
2. **被访者的工作情况**（如职业发展历程、当前从业时间、日工作量、上岗培训、社会保险、福利待遇、工作态度等）。	**职业发展历程：**2017年出来工作，在杭州地区做过相关工作。 **日工作量：**主要在店里，工作量大，有时候也负责送货。
3. **被访者的日常生活**（如休息时间、感情生活、社交网络、娱乐活动等）。	**休息时间：**主要在奶茶店里工作，送外卖期间没有单子就休息。 **感情生活：**还小，不搞这些。 **娱乐活动：**没有。
4. **职业看法**（如服务意识、职业认同、对公司管理的看法、是否期望技能培训、职业荣誉感、对下一份工作的期待等）。	**服务意识：**好。 **职业认同：**还挺好，认为作出了贡献。 **工作期待：**先干着，以后立业成家。
5. **文化体验**（文化消费情况，如社会主流文化、互联网或公司内部的亚文化等）。	**文化消费情况：**一个月工资在还完贷款后基本花光了。对公司文化的体验就是奶茶店老板带着大家吃饭。
6. **城市印象**（如对上海的整体印象、对自己与城市关系的认知、对城市是否归属感与融入感、具体到对上海人或社区的印象、对上海发展的期待等）。	**整体印象：**还挺好的。 **当地人印象：**挺好的，朋友中有上海人，老板也是上海人，人都不错。 **归属感：**来了一年，也有点归属感。
7. **政治态度与行为**（如政治认知、政治参与、政治诉求等）。	**政治认知：**偶尔看看新闻。投过票，选的是组长，有机会可以去参加，看看投谁。
8. **个人诉求**（如提升收入、完善保障、提高社会地位等）。	消费水平太高了，物价方面希望控制一下。
9. **其他备注**（如有趣的个人故事或人生经历等）。	曾经被采访，接受了很多提问，以为提出的问题可以被解决，结果没有。

编号： 06（FH）

访谈对象	外卖—陆先生	访谈时间	2018 年 8 月 19 日
访谈地点	联合广场	访谈人	李
具体问题		访谈记录	
1. **被访者的基本信息**（包括性别、年龄、户籍所在地、婚姻状况、受教育程度、薪资、政治面貌、信仰等）。		**性别**：男　**年龄**：31 岁 **户籍**：河南　**婚姻状况**：未婚 **受教育程度**：小学　**薪资**：6000 元 **政治面貌**：群众　**信仰**：无	
2. **被访者的工作情况**（如职业发展历程、当前从业时间、日工作量、上岗培训、社会保险、福利待遇、工作态度等）。		**职业发展历程**：以前在四川做过游乐场工作人员。去年腊月二十八来上海做外卖员。 **日工作量**：多的时候三四十单，最少 11 单。	
3. **被访者的日常生活**（如休息时间、感情生活、社交网络、娱乐活动等）。		**休息时间**：中午可以休息两个小时。 **感情生活**：哈哈哈。 **娱乐活动**：喝小酒。	
4. **职业看法**（如服务意识、职业认同、对公司管理的看法、是否期望技能培训、职业荣誉感、对下一份工作的期待等）。		**服务意识**：非常好。 **职业认同**：还可以，专职骑手比“众包”骑手强，对公司有归属感，我们就是上海一块砖，哪里需要哪里搬。 **工作期待**：挣点儿钱。	
5. **文化体验**（文化消费情况，如社会主流文化、互联网或公司内部的亚文化等）。		**文化消费情况**：一个月 2000 元左右，参加同学聚会，公司也有组织活动。	
6. **城市印象**（如对上海的整体印象、对自己与城市关系的认知、对城市是否归属感与融入感、对上海人或社区的具体印象、对上海发展的期待等）。		**整体印象**：挺好，挣钱多。 **归属感**：并不认为自己是上海的一分子。 **当地人印象**：很好，店家就是上海人。	
7. **政治态度与行为**（如政治认知、政治参与、政治诉求等）。		**政治认知**：参加过，选过一次队长，村里共有 8 个队。平时看看新闻。	
8. **个人诉求**（如提升收入、完善保障、提高社会地位等）。		希望公司加长配送时间，不然平时配送任务太赶了。	
9. **其他备注**（如有趣的个人故事或人生经历等）。		有一次站点人多，我被分配去支援其他地方，就在虹口龙之梦那边，那边骑手少，常常爆单，一个人手里同时有六七单要送，就会经常超时，就有人给差评。还有一次下雨，我也不是故意闯红灯，一辆出租车差点撞到我还骂我，当时很委屈，差点就要不干了，后来也是生活所迫，我觉得算了，服务行业嘛，态度很重要，也只能继续干着。	

编号：07（CD）

访谈对象	饿了么一陶先生	访谈时间	2018 年 7 月 25 日
访谈地点	普陀区礼泉路附近	访谈人	胡、王、王、邓

具体问题	访谈记录
1. **被访者的基本信息**（包括性别、年龄、户籍所在地、婚姻状况、受教育程度、薪资、政治面貌、信仰等）。	**性别：**男　**年龄：**36 岁 **户籍所在地：**安徽　**婚姻状况：**未婚 **受教育程度：**初中　**薪资：**5000—10000 元 **政治面貌：**群众　**信仰：**无
2. **被访者的工作情况**（如职业发展历程、当前从业时间、日工作量、上岗培训、社会保险、福利待遇、工作态度等）。	**职业发展历程：**做过厨师、理发师，还在冷冻食品厂工作过，于 2000 年来到上海，来上海之前还在浙江待过。2015 年至今做骑手。有上岗培训，包括路线问题、安全问题还有网上 APP 操作的注意事项。社会保险有公司帮买，福利待遇方面有高温补贴、夜宵补贴、雨天补贴等，每周有优秀员工评比，前三名有奖金。 **日工作量：**一天 25 到 30 单，最高 60 单。
3. **被访者的日常生活**（如休息时间、感情生活、社交网络、娱乐活动等）。	**休息时间：**早上八点半起床，中午休息两三个小时，晚上九点下班，还要打打游戏，一两点睡觉。一个月工作 26 天左右，可以休息 4 天。 **感情生活：**没有对象，有相亲经历，想得更多的还是事业。 **娱乐活动：**打游戏。
4. **职业看法**（如服务意识、职业认同、对公司管理的看法、是否期望技能培训、职业荣誉感、对下一份工作的期待等）。	**服务意识：**对于这样的为人民服务是有一种荣誉感的；同时也是为了自己服务，挣钱需要。 **职业认同：**（对公司）必须得有一个归属感，肯定在开始找工作的时候就对公司有过了解，在公司了解你的同时，你自己也在了解公司，大家一起工作的时候都很融洽。 **工作期待：**我自己还是打算做个小生意，不可能一辈子打工，毕竟像我们一般没有文化的人只能自己去做一些小生意维持生活，如果做好了还能做点投资，不过这个还要看个人能力。想做餐饮，即便有厨师经验还是想获得餐饮方面的培训，餐饮行业是不会倒闭的。

（续表）

访谈对象	饿了么—陶先生	访谈时间	2018年7月25日
访谈地点	普陀区礼泉路附近	访谈人	胡、王、王、邓
具体问题		访谈记录	
5. **文化体验**（文化消费情况，如社会主流文化、互联网或公司内部的亚文化等）。		**文化消费情况**：无，工资主要开销于吃饭与住宿，爱好都被工作剥夺了。	
6. **城市印象**（如对上海的整体印象、对自己与城市关系的认知、对城市是否归属感与融入感、对上海人或社区的具体印象、对上海发展的期待等）。		**整体印象**：自己和城市关联度不高。 **当地人印象**：有一部分人文化涵养很高，但是素质低，看不起外地人，也有一部分人很喜欢外地人。现在外地人占比大概60%。我是实际感受到、看出来的，有时候送外卖，你和他说句话，有些人根本不理你，有的人很热心，你不知道路，他会带你过去。现在来看，大家基本上都能玩到一块儿。 **归属感**：在上海待久了，回去会有点不习惯。	
7. **政治态度与行为**（如政治认知、政治参与、政治诉求等）。		**政治认知**：偶尔会看热点新闻。	
8. **个人诉求**（如提升收入、完善保障、提高社会地位等）。		没什么个人诉求，只希望工资多一点，平时轻松一点就好了。	
9. **其他备注**（如有趣的个人故事或人生经历等）。		这个基本没有。	

编号：08（CE）

访谈对象	饿了么—刘先生	访谈时间	2018年8月18日
访谈地点	杨浦区百联又一城	访谈人	邓

具体问题	访谈记录
1. **被访者的基本信息**（包括性别、年龄、户籍所在地、婚姻状况、受教育程度、薪资、政治面貌、信仰等）。	**性别：**男 **年龄：**27岁 **户籍所在地：**江苏 **婚姻状况：**未婚 **受教育程度：**初中 **薪资：**8000—10000元 **政治面貌：**群众 **信仰：**无
2. **被访者的工作情况**（如职业发展历程、当前从业时间、日工作量、上岗培训、社会保险、福利待遇、工作态度等）。	**职业发展历程：**快递/外卖，2018年开始。 **日工作量：**30单以上。
3. **被访者的日常生活**（如休息时间、感情生活、社交网络、娱乐活动等）。	**休息时间：**早上九点上班晚上九点下班，一个月满勤28天，可休息3天。 **感情生活：**没有对象，有相亲经历。相亲也看情况，因为相亲后老不在一起，异地不好。买房子有压力。 **娱乐活动：**打游戏。
4. **职业看法**（如服务意识、职业认同、对公司管理的看法、是否期望技能培训、职业荣誉感、对下一份工作的期待等）。	**服务意识：**强。 **职业认同：**认同感低，认为从事外卖是自己在上海发展得不好的表现。 **工作期待：**未提及。
5. **文化体验**（文化消费情况，如社会主流文化、互联网或公司内部的亚文化等）。	**文化消费情况：**无，工资主要开销于吃饭与租房。
6. **城市印象**（如对上海的整体印象、对自己与城市关系的认知、对城市是否归属感与融入感、对上海人或社区的具体印象、对上海发展的期待等）。	**整体印象：**整体上感觉还行。 **当地人印象：**比较冷淡，东西拿了就走了。 **归属感：**过客心态就是我的心态。
7. **政治态度与行为**（如政治认知、政治参与、政治诉求等）。	**政治认知：**偶尔看时事新闻，更多地在手机上刷社会新闻。
8. **个人诉求**（如提升收入、完善保障、提高社会地位等）。	房租过高，希望有房租补贴或提供公租房。
9. **其他备注**（如有趣的个人故事或人生经历等）。	记忆深刻的事没什么。送到的时候人家说声谢谢、给个好评就感觉还不错了。

编号：09（BA）

访谈对象	外卖—秦先生	访谈时间	2018年8月6日
访谈地点	大连路宝地广场	访谈人	孙

具体问题	访谈记录
1. **被访者的基本信息**（包括性别、年龄、户籍所在地、婚姻状况、受教育程度、薪资、政治面貌、信仰等）。	**性别**：男　**年龄**：19岁 **户籍所在地**：河南　**受教育程度**：大学 **薪资**：5000元　**政治面貌**：预备党员 **宗教信仰**：无
2. **被访者的工作情况**（如职业发展历程、当前从业时间、日工作量、上岗培训、社会保险、福利待遇、工作态度等）。	**职业发展历程**：高考结束以后，去模具公司工作过，作为一名大专生，没有想过专升本，以后想做模具相关工作，因为学的是这个专业。从七月才开始来做盒马的外卖工作，早上8点开工，晚上10点回去； **日工作量**：每日基本上有40单左右，被投诉过一次。
3. **被访者的日常生活**（如休息时间、感情生活、社交网络、娱乐活动等）。	**休息时间**：早上8点上班，晚上10点下班，中午不休息，七月没有休息。 **感情生活**：没有女朋友，觉得花钱多。 **娱乐活动**：有朋友在嘉定，如果八月有一天假，就上午睡觉，下午看电视剧，如果八月有1000单就去找朋友玩，玩个一两天，这个朋友也在做模具。下班回家就是睡觉。
4. **职业看法**（如服务意识、职业认同、对公司管理的看法、是否期望技能培训、职业荣誉感、对下一份工作的期待等）。	**服务意识**：还可以。 **职业认同**：不会长久做这个职业，做到月底就不做了，觉得分单不合理，不是很认同这个职业，所以只是暑假兼职。觉得这个工作属于危险工作，也没有什么职业荣誉感。 **工作期待**：希望以后做模具相关工作，目前的工作太累了，希望以后做一份工资可以有提升的工作。
5. **文化体验**（文化消费情况，如社会主流文化、互联网或公司内部的亚文化等）。	**文化消费情况**：手机上网。

（续表）

访谈对象	外卖—秦先生	访谈时间	2018年8月6日
访谈地点	大连路宝地广场	访谈人	孙
具体问题		访谈记录	
6. **城市印象**（如对上海的整体印象、对自己与城市关系的认知、对城市是否归属感与融入感、对上海人或社区的具体印象、对上海发展的期待等）。		**整体印象**：上海设施很先进。 **当地人印象**：有的好相处，有的很难。 **归属感**：没有什么归属感。自己只是来这里兼职，没有什么归属感与融入感。来的时间短，和上海人也没有什么接触，自己和周围的人很少讲话，对在上海的发展也没有啥期待。	
7. **政治态度与行为**（如政治认知、政治参与、政治诉求等）。		**政治认知**：目前是预备党员，政治参与不足。	
8. **个人诉求**（如提升收入、完善保障、提高社会地位等）。		没有什么诉求，希望有多点收入、多点假期。	
9. **其他备注**（如有趣的个人故事或人生经历等）。		无。希望可以多收到好评，这就是很好的经历。	

编号：10（BB）

访谈对象	外卖—赵先生	访谈时间	2018年8月6日
访谈地点	大连路宝地广场	访谈人	孙
具体问题		访谈记录	
1. **被访者的基本信息**（包括性别、年龄、户籍所在地、婚姻状况、受教育程度、薪资、政治面貌、信仰等）。		**性别**：男　**年龄**：29岁 **户籍所在地**：江苏　**受教育程度**：初中 **薪资**：8000元　**政治面貌**：共青团员 **宗教信仰**：无	
2. **被访者的工作情况**（如职业发展历程、当前从业时间、日工作量、上岗培训、社会保险、福利待遇、工作态度等）。		**职业发展历程**：之前做水电安装，来盒马做了一个半月，一般早上9点到岗，晚上10点下班。工作制度没有那么严格，有上岗培训。 **日工作量**：30—40单。	

（续表）

访谈对象	外卖—赵先生	访谈时间	2018年8月6日
访谈地点	大连路宝地广场	访谈人	孙
具体问题		访谈记录	
3. **被访者的日常生活**（如休息时间、感情生活、社交网络、娱乐活动等）。		**休息时间**：上个月休了一天假，出去和父亲干活了（电器方面）。 **感情生活**：主要是家人，父母都在上海，舅舅、姑姑都在上海。有玩得比较好的朋友，和朋友住得比较近。 **娱乐活动**：平常没有什么娱乐活动。	
4. **职业看法**（如服务意识、职业认同、对公司管理的看法、是否期望技能培训、职业荣誉感、对下一份工作的期待等）。		**服务意识**：自我评价态度很好。 **职业认同**：没有什么特别的职业荣誉感，这份工作不会长久做下去。 **工作期待**：希望做一份工资与现在相差不大，但相对轻松一点的工作。	
5. **文化体验**（文化消费情况，如社会主流文化、互联网或公司内部的亚文化等）。		**文化消费情况**：会玩手机，看网上的东西。公司文化体验主要是公司聚餐。	
6. **城市印象**（如对上海的整体印象、对自己与城市关系的认知、对城市是否归属感与融入感、对上海人或社区的具体印象、对上海发展的期待等）。		**整体印象**：上海很有钱。 **当地人印象**：好相处。 **归属感**：来上海8年，但是也没有什么特别的归属感，和上海人接触不多。	
7. **政治态度与行为**（如政治认知、政治参与、政治诉求等）。		**政治认知**：在学校时有想过入党，但后来没入成。诉求的话，觉得外地小孩上学太困难，希望政府可以有所帮助。	
8. **个人诉求**（如提升收入、完善保障、提高社会地位等）。		希望可以解决自己小孩的上学问题。外地人在上海上学太困难了。	
9. **其他备注**（如有趣的个人故事或人生经历等）。		这个没有。	

编号：11（BC）

访谈对象	饿了么—胡先生	访谈时间	2018年8月8日
访谈地点	大连路宝地广场	访谈人	孙

具体问题	访谈记录
1. **被访者的基本信息**（包括性别、年龄、户籍所在地、婚姻状况、受教育程度、薪资、政治面貌、信仰等）。	**性别：**男　**年龄：**22岁 **户籍所在地：**安徽　**受教育程度：**初中 **薪资：**4000—5000元　**政治面貌：**共青团员 **宗教信仰：**无
2. **被访者的工作情况**（如职业发展历程、当前从业时间、日工作量、上岗培训、社会保险、福利待遇、工作态度等）。	**职业发展历程：**早上9点起床，晚上10点下班，中午不休息，都是自愿工作。之前在浙江慈溪工厂工作，每天在工厂太枯燥。目前这个工作有上岗前的培训，比如注意礼貌用语等。 **日工作量：**一天30—40单，客户们都蛮好讲话，每单好评多加1元，如果有投诉就扣200元。
3. **被访者的日常生活**（如休息时间、感情生活、社交网络、娱乐活动等）。	**休息时间：**喜欢出去溜达溜达、唱唱歌，休息日会去黄浦江另一边。有哥哥嫂子在上海，也有朋友在这边，差不多五六个，会大家一起出去玩，都是吃饭喝酒。 **感情生活：**单身。 **娱乐活动：**吃吃喝喝，没有什么其他娱乐项目了。
4. **职业看法**（如服务意识、职业认同、对公司管理的看法、是否期望技能培训、职业荣誉感、对下一份工作的期待等）。	**服务意识：**没有什么特别的服务意识，就是做自己分内的事情。 **职业认同：**一般般。 **工作期待：**多赚钱。
5. **文化体验**（文化消费情况，如社会主流文化、互联网或公司内部的亚文化等）。	**文化消费情况：**没有体验过什么特别的文化，平时会玩玩手机，看腾讯的新闻。
6. **城市印象**（如对上海的整体印象、对自己与城市关系的认知、对城市是否归属感与融入感、对上海人或社区的具体印象、对上海发展的期待等）。	**整体印象：**上海工作节奏太快。 **当地人印象：**没有什么接触。 **归属感：**没有什么归属感。
7. **政治态度与行为**（如政治认知、政治参与、政治诉求等）。	**政治认知：**认知不足。

（续表）

访谈对象	饿了么—胡先生	访谈时间	2018年8月8日
访谈地点	大连路宝地广场	访谈人	孙
具体问题		访谈记录	
8. **个人诉求**（如提升收入、完善保障、提高社会地位等）。		还是想提高工资，自己没有什么技能，也没有什么学历，没办法只能做外卖行业。	
9. **其他备注**（如有趣的个人故事或人生经历等）。		有过很感动的事情，比如不小心外卖洒了，人家也会很体谅，不会有什么特别的不满，因此觉得很感动。	

编号：12（ED）

访谈对象	饿了么—钱先生	访谈时间	2018年8月8日
访谈地点	紫荆广场	访谈人	杨
具体问题		访谈记录	
1. **被访者的基本信息**（包括性别、年龄、户籍所在地、婚姻状况、受教育程度、薪资、政治面貌、信仰等）。		**性别**：男 **户籍**：河南 **受教育程度**：初中 **政治面貌**：群众	**年龄**：23岁 **婚姻状况**：未婚 **薪资**：10000元 **信仰**：无
2. **被访者的工作情况**（如职业发展历程、当前从业时间、日工作量、上岗培训、社会保险、福利待遇、工作态度等）。		**职业发展历程**：之前在老家帮亲戚餐馆送外卖，后来去广东投靠亲戚，在一家厂里做了一段时间，2014年来到上海后一直送外卖。公司偶尔组织聚餐，节假日有礼品，极端恶劣天气每送一单有补贴。 **日工作量**：五十多单。	
3. **被访者的日常生活**（如休息时间、感情生活、社交网络、娱乐活动等）。		**休息时间**：一个月休两三天，也可以选择不休息。 **感情生活**：没有对象。 **娱乐活动**：基本没有，有时候玩玩游戏，但不上瘾。	
4. **职业看法**（如服务意识、职业认同、对公司管理的看法、是否期望技能培训、职业荣誉感、对下一份工作的期待等）。		**服务意识**：乐意服务。 **职业认同**：目前比较满意，虽然累了点，但是职业门槛低，收入也不错，并且我们超时不扣钱。 **工作期待**：准备回老家省会城市发展。	

（续表）

访谈对象	饿了么—钱先生	访谈时间	2018年8月8日
访谈地点	紫荆广场	访谈人	杨
具体问题		访谈记录	
5. **文化体验**（文化消费情况，如社会主流文化、互联网或公司内部的亚文化等）。		**文化消费情况：**主要是餐饮费、通讯费、房租。	
6. **城市印象**（如对上海的整体印象、对自己与城市关系的认知、对城市是否归属感与融入感、对上海人或社区的具体印象、对上海发展的期待等）。		**整体印象：**喜欢上海这座城市，但是不考虑长期发展，压力太大。 **当地人印象：**上海人有好有坏，语言不通。 **归属感：**没有很大的归属感。	
7. **政治态度与行为**（如政治认知、政治参与、政治诉求等）。		**政治认知：**看看手机新闻，关心台风等天气状况，因为与自己送外卖相关。	
8. **个人诉求**（如提升收入、完善保障、提高社会地位等）。		提高社会地位，加强各种保障。	
9. **其他备注**（如有趣的个人故事或人生经历等）。		没有。	

编号：13（EE）

访谈对象	饿了么—王先生	访谈时间	2018年8月10日
访谈地点	彰武路上	访谈人	杨
具体问题		访谈记录	
1. **被访者的基本信息**（包括性别、年龄、户籍所在地、婚姻状况、受教育程度、薪资、政治面貌、信仰等）。		**性别：**男 **户籍：**安徽 **受教育程度：**高中 **政治面貌：**群众	**年龄：**27岁 **婚姻状况：**未婚 **薪资：**7000元 **信仰：**无
2. **被访者的工作情况**（如职业发展历程、当前从业时间、日工作量、上岗培训、社会保险、福利待遇、工作态度等）。		**职业发展历程：**之前在酒吧做过保安，后来去过很多城市漂泊，今年年初开始在饿了么送外卖一直到现在。 **日工作量：**四五十单。	

（续表）

访谈对象	饿了么—王先生	访谈时间	2018 年 8 月 10 日
访谈地点	彰武路上	访谈人	杨
具体问题		访谈记录	
3. **被访者的日常生活**（如休息时间、感情生活、社交网络、娱乐活动等）。		**休息时间**：一个月休息两天左右。平时下午 2 点到 4 点、晚上 8 点之后休息，没有单子的时候就休息了。 **感情生活**：之前谈过几个女朋友，现在单身。 **娱乐活动**：唱唱歌，喜欢四处旅游。	
4. **职业看法**（如服务意识、职业认同、对公司管理的看法、是否期望技能培训、职业荣誉感、对下一份工作的期待等）。		**服务意识**：强。 **职业认同**：辛苦，但是目前看来比较稳定和赚钱，没有太大的荣誉感。 **工作期待**：开店赚钱。	
5. **文化体验**（文化消费情况，如社会主流文化）。		**文化消费情况**：喜欢唱歌和旅游，去过很多地方。会参加公司组织的聚会。	
6. **城市印象**（如对上海的整体印象、对自己与城市关系的认知、对城市是否归属感与融入感、对上海人或社区的具体印象、对上海发展的期待等）。		**整体印象**：上海是最喜欢的城市，也有一些上海朋友。 **当地人印象**：有的好相处，有的很难。 **归属感**：有一点归属感。	
7. **政治态度与行为**（如政治认知、政治参与、政治诉求等）。		**政治认知**：偶尔关注，看看手机新闻。	
8. **个人诉求**（如提升收入、完善保障、提高社会地位等）。		提高工资和补助。	
9. **其他备注**（如有趣的个人故事或人生经历等）。		有一次送外卖，因为商家包装不当漏出来了，我就打电话给客户说："外卖漏了，你不要的话，我就把这一单的钱退给你，你要的话我就给你送上来。"客户说："没事你送来吧。"结果我送过去，她又找我赔钱，还不把外卖给我，哪有这样的，又要钱又要饭。她把外卖要走了，我就不能找商家赔了，遇到这样的无赖也是没有办法。	

编号：14（DA）

访谈对象	饿了么—景先生	访谈时间	2018年8月10日
访谈地点	南京东路	访谈人	徐
具体问题		访谈记录	
1. **被访者的基本信息**（包括性别、年龄、户籍所在地、婚姻状况、受教育程度、薪资、政治面貌、信仰等）。		**性别：**男 **户籍：**山东 **受教育程度：**高中 **政治面貌：**群众	**年龄：**33岁 **婚姻状况：**离异 **薪资：**5000元 **信仰：**无
2. **被访者的工作情况**（如职业发展历程、当前从业时间、日工作量、上岗培训、社会保险、福利待遇、工作态度等）。		**职业发展历程：**高中毕业后在老家厂里上过班，自己开过店（网吧、小厂），去年来到上海后干过快递，后来经朋友介绍，做了饿了么外卖员。上班时间是上午九点到晚上十点，高峰期是上午十一点到一点，以及下午五点到七点。配送范围在南京东路三公里以内。福利待遇有年终奖，一个月200元，一年2400元。高温补贴一个月200元。节假日有礼品和三倍工资。客户大部分挺好的，但也有个别态度差。社会保险无“五险一金”。 **日工作量：**三四十单。	
3. **被访者的日常生活**（如休息时间、感情生活、社交网络、娱乐活动等）。		**休息时间：**没单子就休息，一个月休息三四天，回家玩玩游戏就睡，作息规律。 **感情生活：**和前妻有一个男孩，十岁，读三年级，学习挺好。离异后净身出户，又认识一个河南姑娘，正在努力挣钱准备结婚。前妻在厂里上班，一个月3000元。 **娱乐活动：**玩游戏（《和平精英》《王者荣耀》）、看电影、逛街。	
4. **职业看法**（如服务意识、职业认同、对公司管理的看法、是否期望技能培训、职业荣誉感、对下一份工作的期待等）。		**服务意识：**强。 **职业认同：**满意，既然做了就要做好。 **工作期待：**不会一直做外卖员，但暂时没有其他目标。	
5. **文化体验**（文化消费情况，如社会主流文化、互联网或公司内部的亚文化等）。		**文化消费情况：**公司内部会组织大家一起吃饭或给一部分补贴。	

（续表）

访谈对象	饿了么—景先生	访谈时间	2018 年 8 月 10 日
访谈地点	南京东路	访谈人	徐
具体问题		访谈记录	
6. **城市印象**（如对上海的整体印象、对自己与城市关系的认知、对城市是否归属感与融入感、对上海人或社区的具体印象、对上海发展的期待等）。		**整体印象**：环境好，人比较文明，工作压力大，消费水平高。很喜欢上海。 **当地人印象**：不认识本地朋友。 **归属感**：一点没有归属感，会感觉到孤单。	
7. **政治态度与行为**（如政治认知、政治参与、政治诉求等）。		**政治认知**：看看新闻。参与过几届村委会选举。	
8. **个人诉求**（如提升收入、完善保障、提高社会地位等）。		涨工资。	
9. **其他备注**（如有趣的个人故事或人生经历等）。		送餐过程中遇到过偷餐情况。送餐过程中因为闯红灯，被交警罚了 30 元。	

编号：15（DB）

访谈对象	饿了么—邹先生	访谈时间	2018 年 8 月 10 日
访谈地点	南京东路	访谈人	徐
具体问题		访谈记录	
1. **被访者的基本信息**（包括性别、年龄、户籍所在地、婚姻状况、受教育程度、薪资、政治面貌、信仰等）。		**性别**：男 **户籍**：河南 **受教育程度**：初中 **政治面貌**：群众	**年龄**：44 岁 **婚姻状况**：已婚 **薪资**：7000 元 **信仰**：无
2. **被访者的工作情况**（如职业发展历程、当前从业时间、日工作量、上岗培训、社会保险、福利待遇、工作态度等）。		**职业发展历程**：来上海之前做过一些小生意，在上海七八年间在城隍庙、五丰路开过饭店，卖过水果，水果利润低，于是后来经朋友介绍做外卖员。配送范围是南京东路三公里以内。工作时间是上午九点到晚上十点，高峰期是上午十一点到十二点半，以及下午四五点。公司有奖惩，好评加 2 元，差评扣 20 元，投诉扣 200 元。社会保险无“五险一金”。福利待遇有年终奖，一个月 200 元，一年 2400 元。高温补贴一个月 200 元。节假日有礼品和三倍工资。客户态度比较好，和外国人沟通存在问题。 **日工作量**：三四十单、最少也有 25 单。	

（续表）

访谈对象	饿了么—邹先生	访谈时间	2018年8月10日
访谈地点	南京东路	访谈人	徐
具体问题		访谈记录	
3. **被访者的日常生活**（如休息时间、感情生活、社交网络、娱乐活动等）。		**休息时间：**一个月四天假期，实际上最多两天。 **感情生活：**有妻子和两个孩子（大的17岁，女孩，高二，学习很好；小的是个男孩，初一，学习一般）。 **娱乐活动：**喝茶、和朋友聊天、玩《斗地主》。	
4. **职业看法**（如服务意识、职业认同、对公司管理的看法、对下一份工作的期待等）。		**服务意识：**自己要给客户服务好，要对客户微笑。 **职业认同：**比较满意。认为作出了贡献。 **工作期待：**再待两年就回家了。	
5. **文化体验**（如文化消费情况）。		**文化消费情况：**公司内部组织聚会。	
6. **城市印象**（如对上海的整体印象、对自己与城市关系的认知、对城市是否归属感与融入感、对上海人或社区的具体印象、对上海发展的期待等）。		**整体印象：**上海好，治安好，经济好，环境好。 **当地人印象：**邻居多为本地人，交流较多，感觉他们挺好的。 **归属感：**对上海有归属感。	
7. **政治态度与行为**（如政治认知、政治参与、政治诉求等）。		**政治认知：**只参加过一次村委会选举。	
8. **个人诉求**（如提升收入、完善保障、提高社会地位等）。		提高工资，多点福利。	
9. **其他备注**（如有趣的个人故事或人生经历等）。		无。	

编号：16（DC）

访谈对象	饿了么—李先生	访谈时间	2018年8月10日
访谈地点	百联又一城附近	访谈人	徐
具体问题		访谈记录	
1. **被访者的基本信息**（包括性别、年龄、户籍所在地、婚姻状况、受教育程度、薪资、政治面貌、信仰等）。		**性别：**男 **户籍：**河南 **受教育程度：**高中 **政治面貌：**群众	**年龄：**30岁 **婚姻状况：**未婚 **薪资：**7000元 **信仰：**无

（续表）

访谈对象	饿了么—李先生	访谈时间	2018年8月10日
访谈地点	百联又一城附近	访谈人	徐
具体问题		访谈记录	
2. **被访者的工作情况**（如职业发展历程、当前从业时间、日工作量、上岗培训、社会保险、福利待遇、工作态度等）。		**职业发展历程：**高中毕业后学过电工，开过出租车，经熟人介绍来到上海，做过电工、电焊工，现在做外卖员。 **上班时间：**上午十点到晚上十点，高峰期是十一点到一点，晚上基本没有用餐高峰。配送范围是百联又一城三公里以内的小区、办公楼、学校。公司管理结构包括渠道经理、站长、配送人员。奖惩措施是超时扣一半，差评扣50元，投诉扣200元，好评加2元。没有社会保险，没有福利待遇。客户态度都差不多。 **日工作量：**30多单。	
3. **被访者的日常生活**（如休息时间、感情生活、社交网络、娱乐活动等）。		**休息时间：**一个月会休息一两天，休息时玩手机、睡觉。 **感情生活：**结婚十年，爱人做销售，每月收入两千多元；有一个男孩，三岁。 **娱乐活动：**玩游戏、看电影。	
4. **职业看法**（如服务意识、职业认同、对公司管理的看法、是否期望技能培训、职业荣誉感、对下一份工作的期待等）。		**服务意识：**还可以。 **职业认同：**生活所迫，没有什么满意不满意，只要有更好的工作，肯定会换。 **工作期待：**就做几个月外卖员，然后自己做生意，今年年底回老家。	
5. **文化体验**（如文化消费情况）。		**文化消费情况：**一个月两千多。	
6. **城市印象**（如对上海的整体印象、对自己与城市关系的认知、对城市是否归属感与融入感、对上海人或社区的具体印象、对上海发展的期待等）。		**整体印象：**工资高。 **当地人印象：**邻居都是上海人，偶尔打招呼，没有深入交流。 **归属感：**没有归宿感。	
7. **政治态度与行为**（如政治认知、政治参与、政治诉求等）。		**政治认知**：较少关注政治新闻。	
8. **个人诉求**（如提升收入、完善保障、提高社会地位等）。		涨工资，工作越轻松越好。	
9. **其他备注**（如有趣的个人故事或人生经历等）。		被车撞了，撞得很厉害，腿受伤了，休息了好几天。小车全责，赔我2000元，包括医疗费。	

编号：17（DD）

访谈对象	饿了么—马先生	访谈时间	2018 年 8 月 10 日
访谈地点	百联又一城	访谈人	徐
具体问题		访谈记录	
1. **被访者的基本信息**（包括性别、年龄、户籍所在地、婚姻状况、受教育程度、薪资、政治面貌、信仰等）。		**性别：**男　**年龄：**21 岁 **户籍：**四川　**婚姻状况：**未婚 **受教育程度：**小学　**薪资：**8000 元 **政治面貌：**群众　**信仰：**无	
2. **被访者的工作情况**（如职业发展历程、当前从业时间、日工作量、上岗培训、社会保险、福利待遇、客户态度等）。		**职业发展历程：**初三肄业就出来学修车，学了三年，之后在厂里做了两年，做过外汇期货，因为公司涉嫌诈骗被查封，现在做外卖员。 **当前从业时长：**干了一个月。 **上岗培训：**时间要把握和态度要礼貌。 **配送范围：**百联又一城五公里以内。 **奖惩措施：**超时扣一半，好评加 2 元，差评扣 20 元，基本没有投诉。社会保险有“五险一金”。福利待遇偶尔有高温补贴，还有等级奖，按照单量有奖金。 **上下班时间：**早十点至晚十点。客户态度都差不多。 **日工作量：**30 单左右。	
3. **被访者的日常生活**（如休息时间、感情生活、社交网络、娱乐活动等）。		**休息时间：**一个月有时间就休息，没有时间就不休息。主要是吃饭睡觉。 **感情生活：**和女朋友交往一年，居住在浦东。女朋友是江苏人，信用卡办卡专员。今年年底订婚。 **娱乐活动：**和女朋友去广场抓娃娃，打羽毛球，或去野生动物园玩。	
4. **职业看法**（如服务意识、职业认同、对公司管理的看法、是否期望技能培训、职业荣誉感、对下一份工作的期待等）。		**服务意识：**不错。 **职业认同：**外卖员比我想象中还要难做。职业荣誉感还可以。 **工作期待：**做外卖“众包”，积攒资金回老家镇上开奶茶店。	
5. **文化体验**（文化消费情况，如社会主流文化、互联网或公司内部的亚文化等）。		**文化消费情况：**刷手机。	

（续表）

访谈对象	饿了么—马先生	访谈时间	2018 年 8 月 10 日
访谈地点	百联又一城	访谈人	徐
具体问题		访谈记录	
6. **城市印象**（如对上海的整体印象、对自己与城市关系的认知、对城市是否归属感与融入感、对上海人或社区的具体印象、对上海发展的期待等）。		**整体印象**：很好，很喜欢。 **当地人印象**：哪里都有排外的人。 **归属感**：喜欢上海，很有归属感。	
7. **政治态度与行为**（如政治认知、政治参与、政治诉求等）。		**政治认知**：会看政治新闻，但政治参与不足。 **政治诉求**：有的地方太穷了，有的地方太富了。	
8. **个人诉求**（如提升收入、完善保障、提高社会地位等）。		收入要平等一些。希望我们工资可以多一点。	
9. **其他备注**（如有趣的个人故事或人生经历等）。		特别生气的一件事情是，有一个人打游戏不来拿外卖，让我等一会儿，出来之后却又凶我，莫名其妙。	

编号：18（DE）

访谈对象	饿了么—陈先生	访谈时间	2018 年 8 月 10 日
访谈地点	百联又一城	访谈人	徐
具体问题		访谈记录	
1. **被访者的基本信息**（包括性别、年龄、户籍所在地、婚姻状况、受教育程度、薪资、政治面貌、信仰等）。		**性别**：男 **户籍**：浙江 **受教育程度**：中专 **政治面貌**：群众	**年龄**：19 岁 **婚姻状况**：未婚 **薪资**：5000 元 **信仰**：无
2. **被访者的工作情况**（如职业发展历程、当前从业时间、日工作量、上岗培训、社会保险、福利待遇、客户态度等）。		**职业发展历程**：中专毕业后，在杭州做了三个月服务员，来上海之后，做了一年后厨。之后，自己找的外卖员工作。 **当前从业时间**：两个月。 **上岗培训**：时间要把握和态度要礼貌。 **配送范围**：百联又一城五公里以内。	

（续表）

访谈对象	饿了么—陈先生	访谈时间	2018年8月10日
访谈地点	百联又一城	访谈人	徐
具体问题		访谈记录	
2. **被访者的工作情况**（如职业发展历程、当前从业时间、日工作量、上岗培训、社会保险、福利待遇、客户态度等）。		**奖惩措施：**超时扣4.5元左右，好评加2元，差评扣100元，基本没有收到投诉。社会保险有"五险一金"。福利待遇偶尔有高温补贴，还有等级奖，按照单量有奖金。上班时间是早十点到晚十点。午高峰是中午11点到下午1点，晚高峰是晚上7点左右。客户态度都挺好的。 **日工作量：**三四十单。	
3. **被访者的日常生活**（如休息时间、感情生活、社交网络、娱乐活动等）。		**休息时间：**不忙的话都可以休息。 **感情生活：**年龄还小，没有女朋友。未来找对象结婚的话还是要看眼缘。 **娱乐活动：**会打游戏，偶尔逛街。 **社交网络：**父母都在老家，无兄弟姐妹。没有亲戚在上海，有老乡和朋友在上海。	
4. **职业看法**（如服务意识、职业认同、对公司管理的看法、下一份工作的期待等）。		**服务意识：**强。 **职业认同：**还可以。 **工作期待：**做几个月外卖员再看看。	
5. **文化体验**（如文化消费情况）。		**文化消费情况：**不喜欢看书。	
6. **城市印象**（如对上海的整体印象、对城市是否归属感与融入感、对上海人或社区的具体印象、对上海发展的期待等）。		**整体印象：**还好，没有什么特别之处。 **当地人印象：**不太与上海人交流。 **归属感：**还可以。	
7. **政治态度与行为**（如政治认知、政治参与、政治诉求等）。		**政治认知：**会看政治新闻，但很少。	
8. **个人诉求**（如提升收入、完善保障、提高社会地位等）。		没有。	
9. **其他备注**（如有趣的个人故事或人生经历等）。		第一次送错了，道歉了，第二次没送错，还等了他一分钟，还是给了我一个差评。	

编号: 19(DF)

访谈对象	饿了么—黄先生	访谈时间	2018年8月11日
访谈地点	南京东路	访谈人	徐
具体问题		访谈记录	
1. **被访者的基本信息**(包括性别、年龄、户籍所在地、婚姻状况、受教育程度、薪资、政治面貌、信仰等)。		**性别**: 男　**年龄**: 24岁 **户籍**: 江西　**婚姻状况**: 未婚 **受教育程度**: 初中　**薪资**: 5000元 **政治面貌**: 群众　**信仰**: 无	
2. **被访者的工作情况**(如职业发展历程、当前从业时间、日工作量、上岗培训、社会保险、福利待遇、客户态度等)。		**职业发展历程**: 以前在浦东电子厂做过,也开过门窗店。开店开得不行,就来上海,在58同城上面找的外卖员工作。当前从业时间是一个月。上岗没有经过什么培训,会做就行了。配送范围是南京东路三公里以内。 **奖惩措施**: 全勤或者跑单量达到多少就可以给奖励;迟到的话会扣二三十元;工装也要穿,不穿会扣钱。社会保险没有,福利待遇没有。 **上下班时间**: 早上九点四十到晚上八点。客户态度都挺好的,也有个别差的。 **日工作量**: 20单左右。	
3. **被访者的日常生活**(如休息时间、感情生活、社交网络、娱乐活动等)。		**休息时间**: 跑"众包"。 **感情生活**: 现在单身,之前有两段感情经历。还要看缘分,打算二十七八岁结婚。 **娱乐活动**: 主要是吃饭睡觉,打打《英雄联盟》,喜欢下象棋。 **社交网络**: 爸妈和弟弟,弟弟八岁。上海没有亲戚朋友,不过有老乡和同学。	
4. **职业看法**(如服务意识、职业认同、对公司管理的看法、是否期望技能培训、职业荣誉感、对下一份工作的期待等)。		**服务意识**: 把工作做好,就要服务好。 **职业认同**: 就看公司对自己怎么样了,对自己好,肯定会有认同感。职业荣誉感还可以。 **工作期待**: 外卖工作不会一直做,等付出和回报不能达成正比后就不做了。以后可能会开店。	
5. **文化体验**(如文化消费情况)。		**文化消费情况**: 玩手机。	
6. **城市印象**(如对上海的整体印象、对城市是否归属感与融入感)。		**整体印象**: 没有什么感觉。 **当地人印象**: 印象一般。 **归属感**: 没有归属感。	

（续表）

访谈对象	饿了么—黄先生	访谈时间	2018年8月11日
访谈地点	南京东路	访谈人	徐
具体问题		访谈记录	
7. **政治态度与行为**（如政治认知、政治参与、政治诉求等）。		**政治认知：**会看政治新闻。	
8. **个人诉求**（如提升收入、完善保障、提高社会地位等）。		没有。	
9. **其他备注**（如有趣的个人故事或人生经历等）。		有一次特别感动的是，给客户送去外卖，她让她儿子送给我一支冰棍。	

编号：20（AA）

访谈对象	外卖—王先生	访谈时间	2018年8月23日
访谈地点	鞍山路附近	访谈人	王
具体问题		访谈记录	
1. **被访者的基本信息**（包括性别、年龄、户籍所在地、婚姻状况、受教育程度、薪资、政治面貌、信仰等）。		**性别：**男　**年龄：**23岁 **籍贯：**江苏　**婚姻状况：**未婚 **受教育程度：**高中毕业　**薪资：**6000元 **政治面貌：**群众　**信仰：**无	
2. **被访者的工作情况**（如职业发展历程、当前从业时间、日工作量、上岗培训、社会保险、福利待遇、客户态度等）。		**职业经历：**厨师、奶茶店员工。 **从业时间：**三个月。 **入行原因：**觉得做外卖是按单赚钱的，来钱快，比（在奶茶店）熬时间有意思。保险自己买，每月65元。 **工作现状：**人多，分的单少，工资也就少了。 **客户态度：**整体不错，交流也不多。 **日工作量：**每天40单。	
3. **被访者的日常生活**（如休息时间、感情生活、社交网络、娱乐活动等）。		**休息情况：**这就是做这行的唯一好处，也就是你想休息了就申请一下，那就可以休息了，除非是恶劣天气。 **感情生活：**有个上海本地的女朋友，现在大四了在实习。以前我在奶茶店工作，她对我说喜欢我，我说行，就在一起了。女友有提过房子之类的现实问题，父母表示“你们自己处，处得来就处，处不来就算了”。还好，没太大压力。	

（续表）

访谈对象	外卖一王先生	访谈时间	2018年8月23日
访谈地点	鞍山路附近	访谈人	王
具体问题		访谈记录	
3. **被访者的日常生活**（如休息时间、感情生活、社交网络、娱乐活动等）。		**社交情况**：平时会和朋友聚餐，主要是同行，也有送餐认识的或是家里的朋友。 **娱乐活动**：和朋友吃饭。	
4. **职业看法**（如服务意识、职业认同、对公司管理的看法、是否期望技能培训、职业荣誉感、对下一份工作的期待等）。		**服务意识**：强。 **职业认同**：（外卖）多跑多送，比较自由，但是长期来说这个行业不能干，干久了什么都没有，就是跑多少挣多少。还要考虑社保，而现在在上海什么保障都没有。干这个什么都学不到，也就是拿到东西，就送到客人手上，这个谁都会。你不要态度恶劣就行了，态度好一点，一单单送，谁都可以做到。 **工作期待**：不想干太久，就想过渡一下，想朝着比较有保障的职业方向发展，有考虑再进修学习，但具体类型还没想好。可能回老家，跟爸妈一起干点小买卖，有机会的话就试一下做调度员或者升站长。	
5. **文化体验**（文化消费情况，如社会主流文化、互联网或公司内部的亚文化等）。		**文化消费情况**：看新闻。以前不看，买了房子之后就有看。看腾讯新闻，会关注时政板块。	
6. **城市印象**（如对上海的整体印象、对自己与城市关系的认知、对城市是否归属感与融入感、对上海人或社区的具体印象、对上海发展的期待等）。		**整体印象**：共享单车和外卖行业都发展起来了，城市便利度提高了。 **当地人印象**：听不懂他们讲的话。 **归属感**：没有什么归属感。	
7. **政治态度与行为**（如政治认知、政治参与、政治诉求等）。		**政治认知**：知道现在中国跟美国在打贸易战，但大家还是该吃吃该喝喝，不过贸易行业会受到一定影响。	
8. **个人诉求**（如提升收入、完善保障、提高社会地位等）。		**改进系统**：要改进对恶意差评和申诉的处理模式，不要乱扣我们的钱。 **早发工资**：每个月25号才发工资，压了将近一个月才发。	
9. **其他备注**（如有趣的个人故事或人生经历等）。		**负面经历**：客人点错却给我差评；一对夫妇吵架了，也给了我一个差评；某所大学某栋楼的几个男生，一超时就找我们要红包，要退配送费。	

编号：21（GA）

<table>
<tr><td>访谈对象</td><td>饿了么一黄先生</td><td>访谈时间</td><td>2018 年 8 月 13 日</td></tr>
<tr><td>访谈地点</td><td>杨浦区旭辉广场</td><td>访谈人</td><td>杨</td></tr>
<tr><td colspan="2">具体问题</td><td colspan="2">访谈记录</td></tr>
<tr><td colspan="2">1. 被访者的基本信息（包括性别、年龄、户籍所在地、婚姻状况、受教育程度、薪资、政治面貌）。</td><td colspan="2">性别：男　年龄：20 岁
户籍：江西　婚姻状况：未婚
受教育程度：大学本科在读　薪资：4000 元
政治面貌：群众　信仰：无</td></tr>
<tr><td colspan="2">2. 被访者的工作情况（如职业发展历程、当前从业时间、日工作量、上岗培训、社会保险、福利待遇、客户态度等）。</td><td colspan="2">职业发展历程：大学本科在读，暑期工。
日工作量：三十多单 / 天。</td></tr>
<tr><td colspan="2">3. 被访者的日常生活（如休息时间、感情生活、娱乐活动等）。</td><td colspan="2">休息时间：还未休息过。
感情生活：无女友。
娱乐活动：一般看手机，自娱自乐，玩手游《和平精英》。</td></tr>
<tr><td colspan="2">4. 职业看法（如服务意识、职业认同、对公司管理的看法、对下一份工作的期待等）。</td><td colspan="2">服务意识：自我评价态度很好。
职业认同：长期做肯定不愿意，暂时做做，但是该有的规章制度你必须得遵守。
工作期待：多赚钱。</td></tr>
<tr><td colspan="2">5. 文化体验（文化消费情况，如社会主流文化）。</td><td colspan="2">文化消费情况：主要还是花在吃上了，其他的花费都比较少。</td></tr>
<tr><td colspan="2">6. 城市印象（如对上海的整体印象、对自己与城市关系的认知、对城市是否归属感与融入感、对上海人或社区的具体印象、对上海发展的期待等）。</td><td colspan="2">整体印象：生活压力很大，开销很大，挣钱不够花。没来之前，上海给人的感觉很时尚，到处是高楼大厦。但是跑了一段时间发现这边也有破旧小区、破旧街道。
当地人印象：不认识上海朋友，没什么接触。
归属感：没有，这个地方不属于我。没有我的地方。</td></tr>
<tr><td colspan="2">7. 政治态度与行为（如政治认知、政治参与、政治诉求等）。</td><td colspan="2">政治认知：认知不足。</td></tr>
<tr><td colspan="2">8. 个人诉求（如提升收入、完善保障、提高社会地位等）。</td><td colspan="2">个人诉求：现在肯定是希望工资越高越好。</td></tr>
<tr><td colspan="2">9. 其他备注（如有趣的个人故事或人生经历等）。</td><td colspan="2">上回送到一所大学那边，下着大雨，那边的学生喜欢点蜀地源冒菜，下大雨的时候尤其喜欢点，单子特别多，商家做得比较慢，拿到商品的时候可能时间已经不是很多了，送过去我也没超时，但他就不开心，然后那个盒子可能洒了一点汤，他就更不开心了，非得说是我的原因，虽然我也没超时，他却坚持说他等了多久多久，然后我就说“这个东西你不要的话，我买了吧”，微信付完钱以后，他却转手给我一个差评。你说我亏得多大，一个差评扣 50 元。</td></tr>
</table>

编号：22（GB）

访谈对象	饿了么—黄先生	访谈时间	2018年8月13日
访谈地点	杨浦区旭辉广场	访谈人	杨

具体问题	访谈记录
1. **被访者的基本信息**（包括性别、年龄、户籍所在地、婚姻状况、受教育程度、薪资、政治面貌、信仰等）。	**性别：**男　**年龄：**23岁 **户籍：**江西　**婚姻状况：**未婚 **受教育程度：**初中毕业　**薪资：**5000元 **政治面貌：**群众　**信仰：**无
2. **被访者的工作情况**（如职业发展历程、当前从业时间、日工作量、上岗培训、社会保险、福利待遇、客户态度等）。	**职业发展历程：**先在深圳做不锈钢相关工作，后回老家冷库做搬运工，之后在上海百果园卖水果。 **日工作量：**20—30单/天
3. **被访者的日常生活**（如休息时间、感情生活、社交网络、娱乐活动等）。	**休息时间：**还未休息过。 **感情生活：**无女友。 **娱乐活动：**看小说，和朋友聊聊天。
4. **职业看法**（如服务意识、职业认同、对公司管理的看法、是否期望技能培训、职业荣誉感、对下一份工作的期待等）。	**服务意识：**强。 **职业认同：**这个先做吧，挣到钱再说，这个不是长久的。公司管理倒不是很严格，也就天天开一些早会，说一点基本的要求。总体来说还是相对自由的。送外卖没什么很大的成就感，也就是个服务行业，看你服务态度怎么样。反正好说话的人，他会笑嘻嘻地跟你说；不好说话的人，他会板着个脸，你晚一点，他还会说你。 **工作期待：**没有。
5. **文化体验**（文化消费情况，如社会主流文化、互联网或公司内部的亚文化等）。	**文化消费情况：**玩手机。
6. **城市印象**（如对上海的整体印象、对自己与城市关系的认知、对城市是否归属感与融入感、对上海人或社区的具体印象、对上海发展的期待等）。	**整体印象：**不怎么样。 **当地人印象：**大多数人还好，个别比较刁蛮。 **归属感：**没有归属感。
7. **政治态度与行为**（如政治认知、政治参与、政治诉求等）。	**政治认知：**没有参加过民主选举，平时不怎么看时事新闻。
8. **个人诉求**（如提升收入、完善保障、提高社会地位等）。	**个人诉求：**扣钱太多了，一个差评扣50元，一个投诉扣200元，希望把这些问题稍微解决一下，因为有些是客户或者其他因素导致的，希望能稍微体谅一下我们，这个就差不多了。补贴点话费。

（续表）

访谈对象	饿了么—黄先生	访谈时间	2018 年 8 月 13 日
访谈地点	杨浦区旭辉广场	访谈人	杨
具体问题		访谈记录	
9. **其他备注**（如有趣的个人故事或人生经历等）。		感动的事情是曾经被客户打赏过红包，都是我走了之后打赏的，我就发短信回复“非常感谢”。生气的事情也记不了那么多，会有点印象，但是也不可能每次都能送到他，毕竟这么多人。 记得昨天有一个客户，我跟他谈好了，说快超时了，麻烦他先点一下送达，他说可以。到了小区，保安不让进，要通知好才让进去，在那一下子拖了十多分钟，那个客户总打电话给我，好不容易给他送了过去，最后他还是投诉我了。	

编号：23（GC）

访谈对象	饿了么—李先生	访谈时间	2018 年 8 月 13 日
访谈地点	杨浦区旭辉广场	访谈人	杨
具体问题		访谈记录	
1. **被访者的基本信息**（包括性别、年龄、户籍所在地、婚姻状况、受教育程度、薪资、政治面貌、信仰等）。		**性别：**男 **户籍：**广西 **受教育程度：**大学本科在读 **政治面貌：**群众	**年龄：**20 岁 **婚姻状况：**未婚 **薪资：**2000 元 **信仰：**无
2. **被访者的工作情况**（如职业发展历程、当前从业时间、日工作量、上岗培训、社会保险、福利待遇、客户态度等）。		**职业发展历程：**没有。 **日工作量：**一般 20 单 / 天。	
3. **被访者的日常生活**（如休息时间、感情生活、社交网络、娱乐活动等）。		**休息时间：**中间休息过一天。 **感情生活：**无女友。 **娱乐活动：**打游戏。 **社会网络：**名字说不上，但是看脸认识的还是有一些吧，估计有二十多个。比较熟的有五六个，就是一起在那里等单，一起聊聊天这种。每天早上我们就那个点在那里等单，就那几个人，然后下午就在那里休息等单。	

（续表）

访谈对象	饿了么—李先生	访谈时间	2018 年 8 月 13 日
访谈地点	杨浦区旭辉广场	访谈人	杨
具体问题		访谈记录	
4. **职业看法**（如服务意识、职业认同、对公司管理的看法、是否期望技能培训、职业荣誉感、对下一份工作的期待等）。		**服务意识**：还可以。 **职业认同**：怎么说呢，成就感也不是很多，送医院的时候会有成就感。有一次我送入手术室，他们点的是早餐，我第一次走进手术室的等候室，感觉大家心情有点沉闷，这一次送餐，确实有点成就感。 **工作期待**：多赚钱。	
5. **文化体验**（文化消费情况，如社会主流文化、互联网或公司内部的亚文化等）。		**文化消费情况**：玩手机。	
6. **城市印象**（如对上海的整体印象、对自己与城市关系的认知、对城市是否归属感与融入感、对上海人或社区的具体印象、对上海发展的期待等）。		**整体印象**：这城市和我关系不大。 **当地人印象**：上海人和外地人也没什么区别。 **归属感**：没有什么归属感。	
7. **政治态度与行为**（如政治认知、政治参与、政治诉求等）。		**政治认知**：自己应该参与但不知道在哪里参与，希望有更多参与机会。	
8. **个人诉求**（如提升收入、完善保障、提高社会地位等）。		**个人诉求**：我一般午休时间都是不会休息的，因为没有地方可以休息，站点只是一个点，没有具体的设施给你休息，而且站点环境比较简陋，空间也没有那么大，如果站点环境好，有个休息的地方也挺好的。	
9. **其他备注**（如有趣的个人故事或人生经历等）。		让我印象最深刻的就是曾得到一个差评，当时正好遇到一个脾气不好着急等餐的人，系统派给我三个单，两单已经出来了，一单还没出，所以在等最后一单，有一单已经快要超时了。我前面送了一单，又碰到红绿灯，还有两分钟超时，我就点了一个确认送达，不过我也没打电话问他，就点了确认送达。送到以后，一般都是放那个桌子上嘛，我就放上去了，因为我三个全点确认送达嘛，我就依次给他们打电话，打到那一单的时候他没接，另外两个女生人也是挺好，说没事，等会儿下去拿。我第二天再打给那个人，他就开始骂，说“你凭什么点确认送达，你还差两百米，我还没收到，怎么能这样，这样能不赔吗”，然后他就挂了。但是我也很无奈，收到差评也没办法，是我做得不好，我知道。	

编号：24（GD）

访谈对象	饿了么—刘先生	访谈时间	2018年8月13日
访谈地点	杨浦区旭辉广场	访谈人	杨

具体问题	访谈记录
1. **被访者的基本信息**（包括性别、年龄、户籍所在地、婚姻状况、受教育程度、薪资、政治面貌、信仰等）。	**性别：**男　**年龄：**23岁 **户籍：**江西　**婚姻状况：**未婚 **受教育程度：**大学本科在读　**薪资：**4000元 **政治面貌：**群众　**信仰：**无
2. **被访者的工作情况**（如职业发展历程、当前从业时间、日工作量、上岗培训、社会保险、福利待遇、客户态度等）。	**职业发展历程：**没有。 **日工作量：**三十多单/天。
3. **被访者的日常生活**（如休息时间、感情生活、社交网络、娱乐活动等）。	**休息时间：**工作时间有明确规定，一般是必须要每天出行的，除非有特殊情况。所以我们没请过假，而且就这么几天，想着多赚点儿钱回去。 **感情生活：**无女友。 **娱乐活动：**几乎没有，这段时间感觉太忙了。 **社会网络：**有三个一起来做暑期工的在同一团队的大学同学。
4. **职业看法**（如服务意识、职业认同、对公司管理的看法、是否期望技能培训、职业荣誉感、对下一份工作的期待等）。	**服务意识：**不想管这些。 **职业认同：**长期干我肯定不会的，做个一两年还可能，时间再长我就不清楚了。看总体能赚多少钱吧，但我感觉还是能赚到钱，总比进厂子工作的那些初中生要好一些吧，这个还挺自由的。 **工作期待：**赚钱。
5. **文化体验**（文化消费情况，如社会主流文化、互联网或公司内部的亚文化等）。	**文化消费情况：**玩手机。
6. **城市印象**（如对上海的整体印象、对自己与城市关系的认知、对城市是否归属感与融入感、对上海人或社区的具体印象、对上海发展的期待等）。	**整体印象：**这一个月感觉消费太大。 **当地人印象：**有的好相处，有的很难。 **归属感：**有归属感。有些人在那种很高的楼里工作，爬上爬下的很累的，我们给他送一下，方便了很多。
7. **政治态度与行为**（如政治认知、政治参与、政治诉求等）。	**政治认知：**认知不足。

（续表）

访谈对象	饿了么—刘先生	访谈时间	2018年8月13日
访谈地点	杨浦区旭辉广场	访谈人	杨
具体问题		访谈记录	
8. **个人诉求**（如提升收入、完善保障、提高社会地位等）。		**个人诉求：**多点收入、少点扣钱。	
9. **其他备注**（如有趣的个人故事或人生经历等）。		刚来的时候对某所大学的单印象不太好，曾经遇到一个外国学生订餐到留学生楼，他打电话讲中文，讲也讲不明白，把我折腾得半死，还超时了。那天我是走路进去的，因为车开不进去，只能放门口，还是晚上。那天晚上真的把我折腾死了。	

编号：25（GE）

访谈对象	饿了么—王先生	访谈时间	2018年8月13日
访谈地点	杨浦区旭辉广场	访谈人	杨
具体问题		访谈记录	
1. **被访者的基本信息**（包括性别、年龄、户籍所在地、婚姻状况、受教育程度、薪资、政治面貌、信仰等）。		**性别：**男 **户籍：**江西 **受教育程度：**大学本科在读 **薪资：**4000元	**年龄：**23岁 **婚姻状况：**未婚 **政治面貌：**共青团员 **信仰：**无
2. **被访者的工作情况**（如职业发展历程、当前从业时间、日工作量、上岗培训、客户态度等）。		**职业发展历程：**没有。 **日工作量：**一般20—30单/天	
3. **被访者的日常生活**（如休息时间、感情生活、社交网络、娱乐活动等）。		**休息时间：**没有休息，暑假工拼一下就过去了。 **感情生活：**无女友。 **娱乐活动：**几乎没有。	
4. **职业看法**（如服务意识、职业认同、对公司管理的看法、是否期望技能培训、职业荣誉感、对下一份工作的期待等）。		**服务意识：**强。 **职业认同：**不打算长期干，说实话，这行业留不住人，真的辛苦。工资可以，但社会地位不太高，不太被人看好，而且蛮辛苦，风里来雨里去。这个活相当于苦力活，做多少赚多少。职业荣誉感还可以，觉得每一个外卖人员都作了很大贡献。像这种又苦又累的活，都算有贡献。虽然没有国家科研人员贡献大，但也算很辛苦。 **工作期待：**不做了。	

（续表）

访谈对象	饿了么—王先生	访谈时间	2018年8月13日
访谈地点	杨浦区旭辉广场	访谈人	杨
具体问题		访谈记录	
5. **文化体验**（文化消费情况，如社会主流文化、互联网或公司内部的亚文化等）。		**文化消费情况**：喜欢看手机。	
6. **城市印象**（如对上海的整体印象、对自己与城市关系的认知、对城市是否归属感与融入感、对上海人或社区的具体印象、对上海发展的期待等）。		**整体印象**：上海消费高。 **当地人印象**：没交流。感觉有一些上海人对外地人有一定的排斥感。在他们讲上海话的时候感觉到有疏离感。 **归属感**：对上海算有点归属感吧。待多了都有感情。	
7. **政治态度与行为**（如政治认知、政治参与、政治诉求等）。		**政治认知**：通过一些APP看一些时事新闻。	
8. **个人诉求**（如提升收入、完善保障、提高社会地位等）。		**个人诉求**：收入高一点、配送时间宽松一些。	
9. **其他备注**（如有趣的个人故事或人生经历等）。		下雨天送外卖，出餐慢但是没超时，客户直接发脾气，说“我不要了退回去”。后来老板帮忙买单，花了60多元。后面还是收到了差评。	

编号：26（GF）

访谈对象	饿了么—吴先生	访谈时间	2018年8月11日
访谈地点	杨浦区旭辉广场	访谈人	杨
具体问题		访谈记录	
1. **被访者的基本信息**（包括性别、年龄、户籍所在地、婚姻状况、受教育程度、薪资、政治面貌、信仰等）。		**性别**：男 **户籍**：江西 **受教育程度**：初中毕业 **政治面貌**：群众	**年龄**：22岁 **婚姻状况**：未婚 **薪资**：7000元 **信仰**：无
2. **被访者的工作情况**（如职业发展历程、当前从业时间、日工作量、上岗培训、社会保险、福利待遇、客户态度等）。		**职业发展历程**：一开始在湖南做室内设计，后来在浙江卖五金，现在在上海做外卖员。 **日工作量**：每月最少1000单/月。	

（续表）

访谈对象	饿了么—吴先生	访谈时间	2018年8月11日
访谈地点	杨浦区旭辉广场	访谈人	杨
具体问题		访谈记录	
3. **被访者的日常生活**（如休息时间、感情生活、社交网络、娱乐活动等）。		**休息时间**：有事就休息，最近这几个月都休息两三天。 **感情生活**：无女友。 **娱乐活动**：电脑游戏，如《英雄联盟》《QQ飞车》。每天晚上骑公路车，喜欢骑自行车。有一个老家的发小，一起租房。	
4. **职业看法**（如服务意识、职业认同、对公司管理的看法、是否期望技能培训、职业荣誉感、对下一份工作的期待等）。		**服务意识**：还可以。 **职业认同**：就是赚点儿钱吧，可能作出了一定贡献，毕竟为很多人送饭。 **工作期待**：继续做好。	
5. **文化体验**（文化消费情况，如社会主流文化、互联网或公司内部的亚文化等）。		**文化消费情况**：游戏。	
6. **城市印象**（如对上海的整体印象、对自己与城市关系的认知、对城市是否归属感与融入感、对上海人或社区的具体印象、对上海发展的期待等）。		**整体印象**：还好吧，和江西没什么差别，和浙江没什么差别。 **当地人印象**：没有认识的，没什么交流。 **归属感**：就那样吧，也没怎么多想。	
7. **政治态度与行为**（如政治认知、政治参与、政治诉求等）。		**政治认知**：会看一些时事新闻，但不会特别关注。	
8. **个人诉求**（如提升收入、完善保障、提高社会地位等）。		多赚钱、少扣钱。希望有申诉平台维护外卖员权益。	
9. **其他备注**（如有趣的个人故事或人生经历等）。		印象最深刻的事就是爆胎，送到半路车胎爆了。这种情况下我会和公司沟通，找团队或就近的人帮忙分担一下，公司会进行调配。我遇到的那回还好，爆胎推到修车摊修，修好继续送，也没有错过配送时间。	

编号： 27（GG）

访谈对象	美团—张先生	访谈时间	2018 年 8 月 13 日
访谈地点	杨浦区旭辉广场	访谈人	杨

具体问题	访谈记录
1. **被访者的基本信息**（包括性别、年龄、户籍所在地、婚姻状况、受教育程度、薪资、政治面貌、信仰等）。	**性别：**男　**年龄：**22 岁 **户籍：**安徽　**婚姻状况：**未婚 **受教育程度：**高中毕业　**薪资：**6000 元 **政治面貌：**群众　**信仰：**无
2. **被访者的工作情况**（如职业发展历程、当前从业时间、日工作量等）。	**职业发展历程：**外卖员。 **日工作量：**三十多单 / 天。
3. **被访者的日常生活**（如休息时间、感情生活、社交网络、娱乐活动等）。	**休息时间：**基本没休息。规定一个月上满 28 天班。一般上午跑单，下午休息。 **感情生活：**无女友。 **娱乐活动：**游戏，如《绝地求生》《英雄联盟》。
4. **职业看法**（如服务意识、职业认同、对公司管理的看法、是否期望技能培训、职业荣誉感、对下一份工作的期待等）。	**服务意识：**强。 **工作期待：**暂时没有想过。 **职业认同：**服务行业嘛，当然以客户为主。要是受到什么不公平对待，也只能憋着，私底下发发牢骚。也不能当面说，那样客户就会投诉你。你看网上现在不是很多负面的新闻，比如客户要求你帮忙带垃圾，还有那种要你帮忙买烟的客户，但是如果找不到地方，手里又有好几单，就浪费了时间。别的客户催你，你也觉得麻烦，也心虚，送慢点又可能会被投诉。所以说各种各样的问题都有。先跑着吧，等有合适的工作机会或有熟人介绍就转行。
5. **文化体验**（文化消费情况，如社会主流文化等）。	**文化消费情况：**有时同行会聚在一起讲讲遇到的奇葩客户。
6. **城市印象**（如对上海的整体印象、对自己与城市关系的认知、对城市是否归属感与融入感、对上海人或社区的具体印象、对上海发展的期待等）。	**整体印象：**看你怎么想吧。感觉还行，反正说得过去。 **当地人印象：**跟本地人接触少。也就在居住的地方才有很多本地人，但我上下班都比较晚，也基本没有交流。 **归属感：**就那样吧。

（续表）

访谈对象	美团—张先生	访谈时间	2018 年 8 月 13 日
访谈地点	杨浦区旭辉广场	访谈人	杨
具体问题		访谈记录	
7. **政治态度与行为**（如政治认知、政治参与、政治诉求等）。		**政治认知**：没有参加过选举，偶尔看一下时事新闻，微信会推送。	
8. **个人诉求**（如提升收入、完善保障、提高社会地位等）。		**个人诉求**：政府提供行业支持。	
9. **其他备注**（如有趣的个人故事或人生经历等）。		在特殊天气送餐的时候，有客户会给你倒杯水喝。但很少，一般拿了就走。	

编号：28（GH）

访谈对象	饿了么—陈先生	访谈时间	2018 年 7 月 26 日
访谈地点	杨浦区旭辉广场	访谈人	杨
具体问题		访谈记录	
1. **被访者的基本信息**（包括性别、年龄、户籍所在地、婚姻状况、受教育程度、薪资、政治面貌、信仰等）。		**性别**：男 **户籍**：安徽 **受教育程度**：初中毕业 **政治面貌**：群众	**年龄**：23 岁 **婚姻状况**：未婚 **薪资**：7000—8000 元 **信仰**：无
2. **被访者的工作情况**（如职业发展历程、当前从业时间、日工作量等）。		**职业发展历程**：一开始在老家工厂做包，后在上海做水电装修，现在在上海做外卖员。 **日工作量**：三十多单 / 天。	
3. **被访者的日常生活**（如休息时间、感情生活、社交网络、娱乐活动等）。		**休息时间**：大概平均一个星期休一天。 **感情生活**：无女友。 **娱乐活动**：休息的时候可以玩游戏，比如《吃鸡战场》《王者荣耀》《消消乐》。	
4. **职业看法**（如服务意识、职业认同、对公司管理的看法、是否期望技能培训、职业荣誉感、对下一份工作的期待等）。		**服务意识**：不错。 **职业认同**：肯定有，干一段看一下嘛！有的能干下来，比如觉得这个圈可以的话就继续干，前途不行的话就继续换，年轻人可以闯一闯。 **工作期待**：暂时没有想过，先干着，多拼一点儿钱就行，多挣点儿饭钱就可以了，没什么打算。以后有了新的打算的时候，钱到位就行了，对吧，说的是实话嘛。	

（续表）

访谈对象	饿了么—陈先生	访谈时间	2018 年 7 月 26 日
访谈地点	杨浦区旭辉广场	访谈人	杨
具体问题		访谈记录	
5. **文化体验**（文化消费情况，如社会主流文化）。		**文化消费情况**：有团建，比如出去吃饭唱歌，或是聚在一起打牌。	
6. **城市印象**（如对上海的整体印象、对自己与城市关系的认知、对城市是否归属感与融入感、对上海发展的期待等）。		**整体印象**：大都市。 **当地人印象**：不认识上海本地人，基本没有交流。 **归属感**：不算上海人，有疏离感，不是很亲近。	
7. **政治态度与行为**（如政治认知、政治参与、政治诉求等）。		**政治认知**：新闻看得少。	
8. **个人诉求**（如提升收入、完善保障、提高社会地位等）。		没有。	
9. **其他备注**（如有趣的个人故事或人生经历等）。		有的时候给人家送过去，说“不好意思洒餐了”，然后给他赔钱，他没有计较，也没有要赔钱，这种情况也是有的。	

编号：29（IE）

访谈对象	饿了么—冯先生	访谈时间	2018 年 8 月 7 日
访谈地点	紫荆广场	访谈人	姚
具体问题		访谈记录	
1. **被访者的基本信息**（包括性别、年龄、户籍所在地、婚姻状况、受教育程度、薪资、政治面貌、信仰等）。		**性别**：男 **户籍**：河南 **受教育程度**：高中 **政治面貌**：群众	**年龄**：40 岁 **婚姻状况**：已婚 **月薪**：8000—9000 元 **信仰**：无
2. **被访者的工作情况**（如职业发展历程、当前从业时间、日工作量、上岗培训、社会保险、福利待遇、客户态度等）。		**发展历程**：来上海之前在很多城市都打过工（温州、台州……），在上海打工七八年，之前在酒店做服务方面的工作，2018 年年初开始做外卖员。当前从业时间为半年左右。 **日工作量**：每天 40—50 单，日平均收入为 300 元，最多为 400 元（下雨天、高温），最少为 200 元。	

（续表）

访谈对象	饿了么—冯先生	访谈时间	2018年8月7日
访谈地点	紫荆广场	访谈人	姚
具体问题		访谈记录	
3. **被访者的日常生活**（如休息时间、感情生活、社交网络、娱乐活动等）。		**休息时间**：早上6点半起，工作到晚上八九点，基本每天工作，没有休息日。 **感情生活**：有妻子，因生活压力大，两周前回老家开始做个体户，小孩现在在上海（塘沽路）念小学。 **娱乐活动**：无，若休息则在家睡觉。	
4. **职业看法**（如服务意识、职业认同、对公司管理的看法、是否期望技能培训、职业荣誉感、对下一份工作的期待等）。		**服务意识**：做得还可以。 **职业认同**：累，工作量大，有很多不可控因素。公司的数据监管很严格，每天会不定时检查服饰装备的规范情况。如果有差评则一单白做，有投诉则一天白做，有时候明明不是自己的问题，却要承担相应的后果，不是很公平。公司每天早上都有晨训。投诉处理需要改进，如果客户投诉，即使之后撤诉，公司也会扣除300元，这对外卖配送员而言很不公平。会有高温补贴和下雨补贴。温度超过35度的话，每单多加1元。如果下暴雨的话每单也多加1元。现在天气比较热，有时候站长也会请吃西瓜。 **工作期待**：未知，走一步算一步。	
5. **文化体验**（文化消费情况，如社会主流文化、互联网或公司内部的亚文化等）。		**文化消费情况**：没有团建等活动。	
6. **城市印象**（如对上海的整体印象、对自己与城市关系的认知、对城市是否归属感与融入感、对上海人或社区的具体印象、对上海发展的期待等）。		**整体印象**：生活压力大。 **当地人印象**：之前的工作性质使我认识了一些上海的本地朋友，人不错。 **归属感**：一般。	
7. **政治态度与行为**（如政治认知、政治参与、政治诉求等）。		**政治认知**：偶尔听新闻，会关注和行业相关的时事。	
8. **个人诉求**（如提升收入、完善保障、提高社会地位等）。		**个人诉求**：提升社会地位。希望大家对外卖员态度好一点。	

（续表）

访谈对象	饿了么—冯先生	访谈时间	2018 年 8 月 7 日
访谈地点	紫荆广场	访谈人	姚
具体问题		访谈记录	
9. **其他备注**（如有趣的个人故事或人生经历等）。		总有一些人可能心情不太好或者什么别的原因，莫名其妙给差评，我们遇到时也是有苦说不出。也会遇到很好的人，比如提早从家里出来，或者给杯水、送把伞什么的。	

编号：30（IF）

访谈对象	饿了么—王先生	访谈时间	2018 年 8 月 7 日
访谈地点	紫荆广场	访谈人	姚
具体问题		访谈记录	
1. **被访者的基本信息**（包括性别、年龄、户籍所在地、婚姻状况、受教育程度、薪资、政治面貌、信仰等）。		**性别：**男 **户籍：**江西 **受教育程度：**初中 **政治面貌：**群众	**年龄：**34 岁 **婚姻状况：**已婚 **薪资：**8000 元 **信仰：**无
2. **被访者的工作情况**（如职业发展历程、当前从业时间、日工作量、上岗培训、社会保险、福利待遇、客户态度等）。		**职业发展历程：**初中毕业以后出来打工，今年三四月份刚来上海做外卖配送员（堂哥介绍），之前在广东做理发行业。 **工作量：**40—50 单。	
3. **被访者的日常生活**（如休息时间、感情生活、社交网络、娱乐活动等）。		**休息时间：**早上 6 点半起，晚上 12 点睡，基本没有休息日。 **感情生活：**有妻子，现在在老家开理发店。有两个女儿，一个 4 岁，一个 10 岁，都在老家读书。目前上海认识的人还有堂哥一家、堂哥的朋友们、老乡、同事。 **娱乐活动：**主要玩手机。	
4. **职业看法**（如服务意识、职业认同、对公司管理的看法、是否期望技能培训、职业荣誉感、对下一份工作的期待等）。		**服务意识：**态度很好。 **职业认同：**薪水较高，自由，但工作强度大，每天都很累，遇到形形色色的人多。 **工作期待：**赚够了钱回家和妻子一起开店，做小老板。	

（续表）

访谈对象	饿了么—王先生	访谈时间	2018年8月7日
访谈地点	紫荆广场	访谈人	姚
具体问题		访谈记录	
5. **文化体验**（文化消费情况，如社会主流文化、互联网或公司内部的亚文化等）。		**文化消费情况**：无团建活动。	
6. **城市印象**（如对上海的整体印象、对自己与城市关系的认知、对城市是否归属感与融入感、对上海人或社区的具体印象、对上海发展的期待等）。		**整体印象**：大城市，机会多，发展空间大，压力也大。 **当地人印象**：认识几个本地朋友，一般般。 **归属感**：一般。	
7. **政治态度与行为**（如政治认知、政治参与、政治诉求等）。		**政治认知**：偶尔看腾讯新闻。	
8. **个人诉求**（如提升收入、完善保障、提高社会地位等）。		收入能更高。	
9. **其他备注**（如有趣的个人故事或人生经历等）。		**经历描述**：最怕遇到差评或投诉，不过我做到现在还没有收到投诉。有时候会遇到一些莫名其妙心情不好的人给差评，这样也没办法。有时候会被派到一些不好做的单子，比如几十斤水果、几十份饭甚至上百份饭，单子的价格都是一样的，一单7元，这时候只能咬咬牙。对了，我们还特别怕碰到没有密封的奶茶，一不小心可能洒出来，然后收到差评。 感动的事情也有。我记得前段时间我要送两大桶水到六楼，结果那个人在我到楼底的时候已经下来了，然后把水自己提了回去。其实他不需要那样做的，因为我们的服务要求是把东西送到客户手上，所以遇到这样的人还是蛮感动的。还有就是“打赏”，不过也不多，也就几元钱，遇到了还挺开心的。	

编号：31（EF）

访谈对象	饿了么—孙先生	访谈时间	2018年8月8日
访谈地点	紫荆广场	访谈人	姚

具体问题	访谈记录
1. **被访者的基本信息**（包括性别、年龄、户籍所在地、婚姻状况、受教育程度、薪资、政治面貌、信仰等）。	**性别：**男　**年龄：**19岁 **户籍：**四川　**婚姻状况：**未婚 **受教育程度：**本科在读　**月收入：**4000元 **政治面貌：**团员　**信仰：**无
2. **被访者的工作情况**（如职业发展历程、当前从业时间、日工作量、上岗培训、社会保险、福利待遇、客户态度等）。	**职业发展历程：**大学生（大一），暑假来上海陪女朋友，顺便来饿了么做兼职外卖配送员（一个月左右的时间）。 **日工作量：**35—40单。
3. **被访者的日常生活**（如休息时间、感情生活、社交网络、娱乐活动等）。	**休息时间：**早上七点起来，做到晚上八点左右，因为是兼职，一个月会调休好几天。 **感情生活：**有女友，暑假在上海陪女友。 **娱乐活动：**逛街、看电影、玩手机。
4. **职业看法**（如服务意识、职业认同、对公司管理的看法、是否期望技能培训、职业荣誉感、对下一份工作的期待等）。	**服务意识：**不错，很重要。 **职业认同：**优点是工时比较有弹性，可以自己调休，缺点就是真的很累，早上六点多就要起来了，晚上十点才能结束工作，尤其在送餐忙的时候很难调配好时间。每天三餐不能按时吃，已经瘦了七八斤，胃也没以前好了。 **工作期待：**以更好的精神面貌回归校园生活。
5. **文化体验**（文化消费情况，如社会主流文化、互联网或公司内部的亚文化等）。	**文化消费情况：**手机游戏氪金。
6. **城市印象**（如对上海的整体印象、对自己与城市关系的认知、对城市是否归属感与融入感、对上海人或社区的具体印象、对上海发展的期待等）。	**整体印象：**生活节奏快，压力大，物价水平高（尤其租房）。 **当地人印象：**有的好相处。 **归属感：**没有什么归属感。
7. **政治态度与行为**（如政治认知、政治参与、政治诉求等）。	**政治认知：**会关注最新的新闻。
8. **个人诉求**（如提升收入、完善保障、提高社会地位等）。	收入更高。

（续表）

访谈对象	饿了么—孙先生	访谈时间	2018 年 8 月 8 日
访谈地点	紫荆广场	访谈人	姚
具体问题		访谈记录	
9. **其他备注**（如有趣的个人故事或人生经历等）。		**个人经历：**我发现学生做外卖员还是有优势的。有一次我去到一个结构很复杂的小区，那个送餐点还在六楼，稍微送晚了一点，那个五十多岁的阿姨本来想给我差评的，但是我一直求情，说自己还是学生，本来也不抱什么希望的，但是说了蛮久，没想到阿姨也感动了，体会到我们确实不容易，后来也没给我差评。	

编号：32（IG）

访谈对象	外卖—张先生	访谈时间	2018 年 8 月 8 日
访谈地点	紫荆广场	访谈人	姚
具体问题		访谈记录	
1. **被访者的基本信息**（包括性别、年龄、户籍所在地、婚姻状况、受教育程度、薪资、政治面貌、信仰等）。		**性别：**男　**年龄：**27 岁 **户籍：**山东　**婚姻状况：**未婚 **受教育程度：**专科肄业　**薪资水平：**6000 元 **政治面貌：**群众　**信仰：**无	
2. **被访者的工作情况**（如职业发展历程、当前从业时间、日工作量、上岗培训、社会保险、福利待遇、客户态度等）。		**职业发展历程：**专科肄业后回老家做贴广告牌的工作，后来通过哥哥介绍来上海闵行的一个厂里打工，因为觉得工作太单调乏味而辞职，今年三四月份开始做外卖配送员的工作。 **日工作量：**40 单。	
3. **被访者的日常生活**（如休息时间、感情生活、社交网络、娱乐活动等）。		**休息时间：**从早上 9 点半到晚上 8 点左右。 **感情生活：**单身。 **娱乐活动：**看剧、打游戏。	
4. **职业看法**（如服务意识、职业认同、对公司管理的看法、是否期望技能培训、职业荣誉感、对下一份工作的期待等）。		**服务意识：**很好。 **职业认同：**累，但是自由度大，薪资比较满意。公司管理挺严格的，主要是通过数据管理，看好评率还有是不是准时送达，如果有差评或者没有送达，这单就白做了。我到现在共有两单差评，一个是因为门牌号太隐蔽了，连保安都不知道，找不到，对方也说不清楚，结	

（续表）

访谈对象	外卖—张先生	访谈时间	2018年8月8日
访谈地点	紫荆广场	访谈人	姚
具体问题		访谈记录	
4. **职业看法**（如服务意识、职业认同、对公司管理的看法、是否期望技能培训、职业荣誉感、对下一份工作的期待等）。		果莫名其妙给我一个差评；还有一个客户可能当时心情不好，我按门铃她也不理，最后还给了我一个差评。遇到这种事真的很窝心，不过这样的情况毕竟少。如果有客户投诉的话就要罚300元，一天都白做了，不过我没有遇到过。还有要求我们工作时要买全所有装备，包括车、箱子、雨衣等，都要自费，花了将近500元，挺贵的。 **工作期待**：先做一年外卖配送工作，等攒够了钱可能会做“包工头”，搞工程承包。	
5. **文化体验**（文化消费情况，如社会主流文化、互联网或公司内部的亚文化等）。		**文化消费情况**：公司无团建活动，听闻美团最近组织了野炊活动。	
6. **城市印象**（如对上海的整体印象、对自己与城市关系的认知、对城市是否归属感与融入感、对上海人或社区的具体印象、对上海发展的期待等）。		**整体印象**：繁华，机会多，生活压力大，生活节奏快。 **当地人印象**：以前工作的同事有上海人，人都还不错。 **归属感**：没有什么归属感。	
7. **政治态度与行为**（如政治认知、政治参与、政治诉求等）。		**政治认知**：不怎么看新闻。	
8. **个人诉求**（如提升收入、完善保障、提高社会地位等）。		提高收入，交通方面能够给予帮助。	
9. **其他备注**（如有趣的个人故事或人生经历等）。		**送外卖的挑战**：有些小区的门牌号真的很难找，比如控江小区有好多楼，都建得一模一样，路也建得一模一样，一开始我没经验，直接找楼，根本找不到，后来学聪明了，进小区都会先看一下小区门口的地图。另外有些小区不让外卖车进，我只好把车停在外面，自己跑进去送，天热时还是挺糟心的，下雨天的时候手机拿着特别不方便，容易进水。还有做外卖员时，三餐特别不规律，中饭要在下午两三点吃，晚饭没空基本上就不吃了，体重没称过，不过应该瘦了。	

（续表）

访谈对象	外卖—张先生	访谈时间	2018年8月8日
访谈地点	紫荆广场	访谈人	姚
具体问题		访谈记录	
9. **其他备注**（如有趣的个人故事或人生经历等）。		**给外国人送餐的趣闻**：之前给一个韩国人送外卖，给她打电话，她第一次接了就挂，之后怎么打都不接。后来发短信，可能看不懂中文，她也不回复，敲门也没用。后来还是她隔壁的邻居看到我，帮我一起喊，那个女生才出来。这个女生中文不太好，不知道我是送外卖的，对我戒备心比较强，最后耗费了挺久时间才把这单送掉，过程也挺波折的。	

编号：33（IH）

访谈对象	饿了么—江先生	访谈时间	2018年8月9日
访谈地点	紫荆广场	访谈人	姚
具体问题		访谈记录	
1. **被访者的基本信息**（包括性别、年龄、户籍所在地、婚姻状况、受教育程度、薪资、政治面貌、信仰等）。		**性别**：男 **户籍**：安徽 **受教育程度**：高中肄业 **政治面貌**：群众	**年龄**：19岁 **婚姻状况**：未婚 **薪资水平**：6000元 **信仰**：无
2. **被访者的工作情况**（如职业发展历程、当前从业时间、日工作量、上岗培训、社会保险、福利待遇、客户态度等）。		**职业发展历程**：高中肄业以后先去南京做餐饮业（和府捞面的店助），后来到上海投靠父母（父母在宝山开生煎店），做外卖配送员的工作。 **日工作量**：50单。	
3. **被访者的日常生活**（如休息时间、感情生活、社交网络、娱乐活动等）。		**休息时间**：早上十点工作到晚上十点，一个月工作将近28天，其余时间休息。 **感情生活**：单身。 **娱乐活动**：和同龄老乡打篮球、聚餐、打游戏。	
4. **职业看法**（如服务意识、职业认同、对公司管理的看法、是否期望技能培训、职业荣誉感、对下一份工作的期待等）。		**服务意识**：强。 **职业认同**：工作强度大，但是自由，不受管束。	

（续表）

访谈对象	饿了么—江先生	访谈时间	2018年8月9日
访谈地点	紫荆广场	访谈人	姚
具体问题		访谈记录	
4. **职业看法**（如服务意识、职业认同、对公司管理的看法、是否期望技能培训、职业荣誉感、对下一份工作的期待等）。		**对公司管理的看法：**对服务质量的要求高，准点配送的压力大；站长和调度人都不错。 **工作期待：**再做一年的外卖配送工作，攒够钱自己创业，未来不一定会在上海发展。	
5. **文化体验**（文化消费情况，如社会主流文化、互联网或公司内部的亚文化等）。		**文化消费情况：**公司没有组织过团建活动。	
6. **城市印象**（如对上海的整体印象、对自己与城市关系的认知、对城市是否归属感与融入感、对上海人或社区的具体印象、对上海发展的期待等）。		**整体印象：**很繁华，但压力大，在上海如果没有父母的支持可能很难生活下去。 **当地人印象：**还可以，有些人挺"闷骚"。 **归属感：**一般。	
7. **政治态度与行为**（如政治认知、政治参与、政治诉求等）。		**政治认知：**会关注和军事相关的新闻（如战斗机相关的新闻），也会关注最近社会上发生的大事。	
8. **个人诉求**（如提升收入、完善保障、提高社会地位等）。		提升收入。	
9. **其他备注**（如有趣的个人故事或人生经历等）。		遇到一些要求很刁钻的客户。前两天中午汉堡王爆单，跟客户求情延迟10分钟送单，但客户态度很强硬，后来拼尽全力才送到，差点就要有差评了。	

编号：34（WB）

访谈对象	饿了么—宋站长	访谈时间	2018年7月25日
访谈地点	饿了么某站点	访谈人	王、王、胡
具体问题		访谈记录	
1. **被访者的基本信息**（包括性别、年龄、户籍所在地、婚姻状况、受教育程度、薪资、政治面貌、信仰等）。		**性别：**男 **户籍：**江苏 **受教育程度：**大专 **政治面貌：**群众	**年龄：**33岁 **婚姻状况：**已婚 **薪资：**7000—8000元 **信仰：**无

（续表）

访谈对象	饿了么—宋站长	访谈时间	2018 年 7 月 25 日
访谈地点	饿了么某站点	访谈人	王、王、胡
具体问题		访谈记录	
2. **被访者的工作情况**（如职业发展历程、当前从业时间、日工作量、上岗培训、社会保险、福利待遇、客户态度等）。		**职业发展**：在北京、沈阳、盐城等地分别做过洗车工、保险员、烟店员、司机。2014 年 10 月份入职饿了么，2015 年 6 月份当了站长。择业是自己在网上找的，当初也不了解这个行业，算是误打误撞吧。接触之后挣得比以前多，觉得这个行业还是比较有前途的。培训时，公司为了提高我们的管理水平，会定期进行时间管理、专业方面的一些培训，一个月一次，一次一天，地点有时候在总部，就是近铁城市广场。像我们骑手的话会有一个新入职骑手的培训，涉及企业文化、服务质量、公司制度方面的培训。站点管理方面我会在制度框架下做好关怀，为骑手解决一些困难。就是各司其职吧，他们把各自的订单送好、数据搞好，有困难我就帮帮忙，想办法给点便利，这样的话骑手就会信任自己，就算有时候分配一些要求比较高的工作，他们也会配合去做。骑手们在配送过程中遇到一些不愉快，也可以在群里随便吐槽，只要不进行人身攻击，也可以抱怨抱怨、发泄一下，情绪会好一些。而且，公司每天早上九点半有晨会，我们会在兰溪路的取餐点按公司的要求喊喊口号、讲一些注意事项，或和骑手聊聊天，了解一下他们有什么问题，相互沟通，以解决问题。公司负责制定战略方针，站点的工作则更细致，必须得到骑手的配合来执行公司的方针，否则难以开展工作。 **日工作量**：每天出勤的大概有 18 人，共 400 单左右。	
3. **被访者的日常生活**（如休息时间、感情生活、社交网络、娱乐活动等）。		**休息时间**：一般每周休息一天，不固定。如果这个月站点订单量很多，那可能这个月都不能休息，得坚守在岗位上。早上六点起床，大概晚上六点多下班。回家后用手机或者家里的电脑盯下跑单数据，一般八点之后单子少了，比较轻松了，可以去做一些自己的事情。 **感情生活**：和家人一起。	

（续表）

访谈对象	饿了么—宋站长	访谈时间	2018年7月25日
访谈地点	饿了么某站点	访谈人	王、王、胡
具体问题		访谈记录	
3. **被访者的日常生活**（如休息时间、感情生活、社交网络、娱乐活动等）。		**娱乐活动**：一般晚上去校区边上的宜川中学体育馆，和妻子、朋友打羽毛球，早上五六点走路去公园，走一两个小时。我妻子平时还会练瑜伽。此外，互助网上有一些户外活动，比如爬山、漂流，就是想多运动运动。之前一直想去登黄山、九华山，但一方面时间比较紧，赶不上，另一方面费用要高一些。我还会提前做好计划，比如为了国庆出游，我会提前几个月或者更长时间就先把行程定好、机票订好、酒店订好。之前每年都想着去泰国玩一下，或者去马来西亚，因为去这些地方比较便宜，消费水平较低，比去三亚便宜，而且那边的人比较随和，我去玩过两三趟，对那边印象不错。我还通过一些户外活动，例如城市定向赛、看话剧认识了一些朋友，平时也有联系，偶尔会出来聚一下餐。我们有一个连云港人在上海的群，平时自发组织一些聚餐，钓钓鱼什么的，平时两三个月聚一次，AA制。我们的活动算是比较松散，平时聚会也不聊工作，大多是闲聊。	
4. **职业看法**（如服务意识、职业认同、对公司管理的看法、是否期望技能培训、职业荣誉感、对下一份工作的期待等）。		**服务意识**：强。 **职业认同**：外卖是一个新兴行业，经历了从无到有的过程，虽然公司存在一些我们不理解或者认为不合理的制度安排，大家还是会去执行。公司的管理和制度整体上还是好的，比如公司刚成立时给的薪资很高，但随着公司的壮大，骑手人员的增多，薪资压力越来越大，之前每月发工资有一千万元，后来工资下调，走了一批人。我们有时候也会站在骑手的角度去思考，认为这个下调接受不了，毕竟算是降薪。但后来了解更多，听了一些讲座，明白公司控制成本是一种发展趋势，如果不控制的话，没准这个公司和整个行业都没有了。	

（续表）

访谈对象	饿了么—宋站长	访谈时间	2018 年 7 月 25 日
访谈地点	饿了么某站点	访谈人	王、王、胡
具体问题		访谈记录	
4. **职业看法**（如服务意识、职业认同、对公司管理的看法、是否期望技能培训、职业荣誉感、对下一份工作的期待等）。		**对市场竞争的看法（更多公司在做外卖业务）：** 这个没什么大影响，无非是单量会发生些波动，可能会下降一些。但是，大部分客户都是看着优惠力度来点餐的，并不会忠于某一个平台。另外，对于点必胜客、避风塘等较为高档的餐食的客户来说，他们在乎的是品质和服务，就比较不在乎优惠了。 **工作期待：** 我觉得这个行业的发展前景还是很好的。有时候我也会跟同事感慨，别看饿了么的一些制度看起来不太合理，但它给这么多人创造了如此多的就业机会，养活了不少人，救活了不少餐厅，这些贡献是不容置疑的。我个人很感谢饿了么，毕竟工作稳定，收入也比较稳定，这也是比较幸福的地方。 我想，未来外卖行业会朝着安全、卫生的方面发展。如果要做大做强，就要往高端方向发展，毕竟每年“315”都怕出现安全问题。饿了么若是想更进一步，就需要在餐品质量上把控得更严格一些，这样的话，整个行业还是可以不断向上的。我现在在自学，想考本科。我也在学英语，因为妻子希望我能在出国玩的时候给她当导游，只要能跟外国人进行正常的口语交流就可以了。关于职业规划现在还没想太多，就还是先盯着数据。公司新转入了一个代理商，我先慢慢适应，后期尝试往上面走一走，比如做管理站长的区域主管。我们所处的是西部区域，分为长宁和普陀两块，各有一个主管负责，这也为我们提供了晋升的渠道。	
5. **文化体验**（文化消费情况，如社会主流文化、互联网或公司内部的亚文化等）。		**文化消费情况：** 在上海的生活比较精彩，可以看电影，有玩的地方，我和妻子比较喜欢看话剧、戏剧之类，上海话剧中心的一些戏比较精彩，可以说是每年必看。这两年我们在上海参加的活动比较多，包括看电影、看戏、看话剧、舞台剧。这些演出都会对我有所启发，演员把许多东西都放大了，包括人生的七情六欲都在里面。我和妻子在看完演出之后都会讨论这些问题。	

（续表）

访谈对象	饿了么—宋站长	访谈时间	2018 年 7 月 25 日
访谈地点	饿了么某站点	访谈人	王、王、胡
具体问题		访谈记录	
6. **城市印象**（如对上海的整体印象、对自己与城市关系的认知、对城市是否归属感与融入感、对上海人或社区的具体印象、对上海发展的期待等）。		**整体印象**：上海设施很先进；有买房打算，打算看看上海周边。我这边是有公积金的，一个月一千多元，站长以上职位才有。 **当地人印象**：有的好相处，有的很难。 **归属感**：现在上海对我来说其实也是第二故乡吧。无论是在物质上还是精神上，我都对上海有特殊感情。具体来说，如果你让我现在回老家待着的话，我可能会有一些不适应，因为这边的生活比较精彩，可以看电影、话剧、戏剧。回到老家可能精神生活方面匮乏一些。毕竟连云港那边经济条件相对落后一点，要看这些的话肯定要到上海。现在打算一直在上海发展，后期看能不能进行一些投资。这样的话，哪怕后面不工作了，也能够获得足够的收入，以承担我们出去游玩的费用。	
7. **政治态度与行为**（如政治认知、政治参与、政治诉求等）。		**政治认知**：会看新闻，我比较关注海峡两岸的新闻和经济类新闻，没事也会炒炒股票。公司有时候组织与政府相关的活动，如果需要我们去参与，我们就会过去。我曾经受到总工会的嘉奖，代表饿了么和整个外卖行业，获得了上海市的五一劳动奖章。	
8. **个人诉求**（如提升收入、完善保障、提高社会地位等）。		**帮骑手解决住宿问题**：因为许多骑手刚来的时候都比较缺钱，而上海住宿的费用又比较高。希望政府能利用一个片区，建些公租房、小公寓，以较低的价格把他们租给外卖人员。	
9. **其他备注**（如有趣的个人故事或人生经历等）。		**Q：请问您与骑手之间有没有发生过一些令您印象比较深刻的事情？** A：我自己做过骑手，所以我现在的想法都是从骑手的角度出发的。比如夏天比较热，我会在中午高峰期过后，也就是下午两三点的时候，为骑手买点西瓜之类的水果吃。虽然说没太大作用，但起码他们心理上会舒服一些，提供一些人文关怀。	

（续表）

访谈对象	饿了么—宋站长	访谈时间	2018年7月25日
访谈地点	饿了么某站点	访谈人	王、王、胡
具体问题		访谈记录	
9. **其他备注**（如有趣的个人故事或人生经历等）。		我偶尔也会出去跑跑单，在他们跑不过来的时候帮他们分担压力，比如帮他们送一些太远的单，也算是回味一下，直接面对客户，向他们要好评。像要好评这件事就要当面做，无论客户有没有听到，都要先把这句话说出来，客户有印象的话就会点好评。这样，我的技术技能要先到位，再去要求骑手，这样他们的接受度也会高一些。 **Q：您认为您来上海至今的最大变化是什么？** A：一个是我的人生感官吧，一开始是“做一天和尚撞一天钟”的心态，得过且过，比较没有目标。现在有明确的目标，一方面是优质的生活，无忧无虑的，想去哪就去哪，想买什么就买什么，另一方面就是看戏、看话剧，跟妻子四处转一转，过好我们两个人的小日子就可以了。 **丁克：**不要孩子，一个原因是岁数大了，高龄产妇比较危险，我的妻子比较在意这些吧，生小孩会让整个人变得憔悴，生完小孩就感觉半条命没了。我是比较喜欢小孩的，但还是尊重妻子的意愿。双方家庭都想要，但我们还没告诉他们，先拖着，最后就不了了之了。	

编号：35（GI）

访谈对象	饿了么—朱先生	访谈时间	2018年8月26日
访谈地点	杨浦公园对面	访谈人	杨
具体问题		访谈记录	
1. **被访者的基本信息**（包括性别、年龄、户籍所在地、婚姻状况、受教育程度、薪资、政治面貌、信仰等）。		**性别：**男 **户籍：**江苏 **受教育程度：**初中毕业 **政治面貌：**群众	**年龄：**21岁 **婚姻状况：**未婚 **薪资：**9000元 **信仰：**无
2. **被访者的工作情况**（如职业发展历程、当前从业时间、日工作量、上岗培训、社会保险、福利待遇、客户态度等）。		**职业发展历程：**一开始跟父亲做生意，后来在江苏某物流仓库做点货员，之后跟叔叔学，在混凝土搅拌站当学徒工，现在在上海当外卖员。 **日工作量：**中午跑跑单，其他时间做调度。	

（续表）

访谈对象	饿了么—朱先生	访谈时间	2018年8月26日
访谈地点	杨浦公园对面	访谈人	杨
具体问题		访谈记录	
3. **被访者的日常生活**（如休息时间、感情生活、社交网络、娱乐活动等）。		**休息时间**：正常十五天休息一天，休息日什么也不干，睡到自然醒，吃吃喝喝、出去转转，然后回来，晚上继续上班了，这也没办法。 **感情生活**：有女友在南京，半个月左右见一次。还有两个舅舅、一个表姐在上海。 **娱乐活动**：想挣钱的骑手都没有业余时间，从早上九点跑到夜里十二点。中午空闲时间只有十几分钟，我们就赶紧吃个饭。	
4. **职业看法**（如服务意识、职业认同、对公司管理的看法、是否期望技能培训、职业荣誉感、对下一份工作的期待等）。		**服务意识**：个人觉得很好。 **职业认同**：工作没什么吸引力，单纯因为工资高，因为只要你有能力，这个单子在那里，你能跑到单，这个钱你就能拿到，不会说你跑了这个单而拿不到这个钱，没有的。每个月20日准时打卡、核对工资，跟客户要到好评，好评有奖励。你服务到位，客户有时候也会给你发红包。公司管理有一个硬性规定，早上九点四十五开晨会，越是恶劣天气越要保证出勤。刚开始工作时对于准时送餐有一定责任感，做多了就发现工作只是为了挣钱，在有限的时间内挣更多的钱才是我的目标。以前愿意跑很远的单，后面就不愿意接了，觉得耽误挣钱。 **工作期待**：在这边干，当上站长或调度员，积累些人脉，然后自己包个站点。	
5. **文化体验**（文化消费情况，如社会主流文化、互联网或公司内部的亚文化等）。		**文化消费情况**：谈恋爱开销较大，有时候入不敷出。	
6. **城市印象**（如对上海的整体印象、对自己与城市关系的认知、对城市是否归属感与融入感、对上海人或社区的具体印象、对上海发展的期待等）。		**整体印象**：之前有段时间入不敷出，都想离开上海去我女朋友那边干了，可能想离她更近一些吧。我一个月一万元左右，都不够花，而且现在已经不用掏房租了。 **当地人印象**：好相处。 **归属感**：没有什么归属感。	

（续表）

访谈对象	饿了么—朱先生	访谈时间	2018年8月26日
访谈地点	杨浦公园对面	访谈人	杨
具体问题		访谈记录	
7. **政治态度与行为**（如政治认知、政治参与、政治诉求等）。		**政治认知**：不怎么关注时事新闻，没太多时间看。	
8. **个人诉求**（如提升收入、完善保障、提高社会地位等）。		**个人诉求**：个人保险，我们需要一份保障。有时候不仅会遇到交通事故，如果送餐途中中暑，算工伤还是什么呢。像下雨下雪天，我们也要做好防寒，有时候也只能吃点药预防。像我有一次扁桃体发炎，吊了三天水，花了一千多元。学生有校医院，我们什么都没有，社保卡也没有，都要自费去看。我们不敢得病，也怕得病，真的看不起。	
9. **其他备注**（如有趣的个人故事或人生经历等）。		**Q：可以给我们分享一个有趣或者难忘的事情吗？** 我印象最深刻的就是去年大雪天，配送一个单子超时六十多分钟。配送距离很近，但就是过不去，我车子没电，只能用两腿划过去，到了那边，人家客户没让我赔，还给我倒了一杯热水，说“你先喝杯水吧，我也不急”。他点的是阜新路东北大饼那边的餐，好在没点饺子，要是点了饺子我都不知道怎么办。 我还遇到过一个商家，他那边可能有一个新来的服务员。他不是做的外卖嘛，客户点了一百多元的餐，我当时核对订单、菜品确认无误，把餐给客户送过去，客户说：“我买了一百多元，怎么就这几份饭、几份菜。”后来客人打电话问我：“你拿错餐了，少拿了东西。”我说：“没有，我按照订单号，核对餐品给你送过去的。”然后商家问我：“你是不是把袋子拆开了，把餐拿走了。”说回去就调监控。那时候我就是一个骑手，还没遇到这种事情，这就是侮辱我嘛，作为一个外卖员，我们会偷客户的餐吃吗，对吧。后面我找到站长，我们拉了一群人，先堵了店家的大门。因为这件事使得我们骑手都很生气，我们站点到现在为止都没有发生骑手吃客户餐的情况，更别提商家说我们偷他餐。	

（续表）

访谈对象	饿了么—朱先生	访谈时间	2018年8月26日
访谈地点	杨浦公园对面	访谈人	杨
具体问题		访谈记录	
9. **其他备注**（如有趣的个人故事或人生经历等）。		我们带一群人堵他们大门，然后调监控，没有发现偷餐的事。就是他们服务员做的东西少，客户觉得花的这个钱不值。客人最后也没有打电话给我，而是给商家打的电话，商家却打电话给我说东西少了，我们才堵的他们大门。说真的，这个事情传出去，一个外卖员，连客户的外卖都偷吃了，这件事如果真的背在身上，你说你还能做什么呢，你不要说送外卖，做什么你都做不起来，对吧。这个事是让我印象比较深刻的，反正我现在是不去那个餐厅了。	

编号：36（HA）

访谈对象	美团—谭先生	访谈时间	2018年8月22日
访谈地点	鞍山路	访谈人	胡
具体问题		访谈记录	
1. **被访者的基本信息**（包括性别、年龄、户籍所在地、婚姻状况、受教育程度、薪资、政治面貌、信仰等）。		**性别：**男　**年龄：**22岁 **户籍所在地：**重庆　**受教育程度：**初中 **薪资：**5000—7000元　**政治面貌：**群众 **宗教信仰：**无	
2. **被访者的工作情况**（如职业发展历程、当前从业时间、日工作量、上岗培训、社会保险、福利待遇、客户态度等）。		**职业发展历程：**在浙江、江苏待过两三年，从事后厨工作，后来在火锅店、电子厂工作过，后回家跟父亲在工地上干活，结束后来上海从事外卖配送工作。 **日工作量：**跑团队，无底薪，8.5元每单，晚上9点以后增加到10.5元每单，最近两个月有200元高温奖励，一个星期午高峰为10:30—13:30，如果累计超过90单，超过的部分每单加4.5元，觉得这个奖励好少。	
3. **被访者的日常生活**（如休息时间、感情生活、社交网络、娱乐活动等）。		**休息时间：**早上8点起床，9点开早会，主要内容为清理餐箱。晚上有时候需要值班到12点，值晚班的话不用开早会，3天左右值一次班，基本无娱乐活动。吃饭方面也比较随意。	

（续表）

访谈对象	美团—谭先生	访谈时间	2018 年 8 月 22 日
访谈地点	鞍山路	访谈人	胡
具体问题		访谈记录	
3. **被访者的日常生活**（如休息时间、感情生活、社交网络、娱乐活动等）。		住在平凉路许昌路那一块的回迁房，据说 9 月 1 日会拆迁；所租房屋面积为七八平方米，分为两层，自己独住一间，同租的室友基本从事的是出租车行业。 **感情生活**：无对象及恋爱经历，家里人对于找对象这件事会催促，但感觉自己没什么机会。计划二十五六岁结婚。 **娱乐活动**：主要的社会交往对象为同事，这些同事同时也都是重庆老乡，是从小玩到大的朋友。在上海无亲戚。	
4. **职业看法**（如服务意识、职业认同、对公司管理的看法、是否期望技能培训、职业荣誉感、对下一份工作的期待等）。		**服务意识**：强。 **职业认同**：对于差评没什么感觉，因为无法避免，印象深刻的一件事是某所大学的学生在下雨天给了 2 元小费。就是有的时候外卖商家打包盒质量不一，遇到一些汤类的东西，完全密封不了，配送过程中难免会洒出来，这个损失也只能由骑手承担，我最讨厌这种情况。职业方面认为每个职业都一样，同乡人似乎对外卖这一行业不太理解，但自己觉得反正都没保障，自己注意一点就好，没想过政府会对外卖配送员提供帮助。 **工作期待**：做好工作，多赚钱。	
5. **城市印象**（如对上海的整体印象、对自己与城市关系的认知、对城市是否归属感与融入感、对上海人或社区的具体印象、对上海发展的期待等）。		**整体印象**：上海还好，反正待了就不想走了，总体还挺好的。大城市嘛，和其他城市不一样，学的东西也比较多。 **当地人印象**：没什么接触。 **归属感**：没有什么归属感。	
6. **政治态度与行为**（如政治认知、政治参与、政治诉求等）。		**政治认知**：平时不刷新闻，很少关心国家大事。	

编号: 37（HB）

访谈对象	美团—张先生	访谈时间	2018年8月28日
访谈地点	鞍山路	访谈人	胡

具体问题	访谈记录
1. **被访者的基本信息**（包括性别、年龄、户籍所在地、婚姻状况、受教育程度、薪资、政治面貌、信仰等）。	**性别：**男　**年龄：**26岁 **户籍所在地：**安徽　**婚姻状况：**已婚 **受教育程度：**初中　**薪资：**6000—10000元 **政治面貌：**群众　**宗教信仰：**无
2. **被访者的工作情况**（如职业发展历程、当前从业时间、日工作量、上岗培训、社会保险、福利待遇、客户态度等）。	**职业发展历程：**初中毕业便跟着隔壁邻居学做汽修，干了两年左右；后来自己通过中介介绍来到南京一电子厂上班，虽然能带徒弟，待遇有八千多元一个月，工厂也百般挽留，但因加班太多，休假也不安生，冬天吃的饭都是冷的，把胃饿坏了，身体吃不消，便辞职了。回家以后和表亲合开了一家汽修厂。而后在同村人的介绍下，来到上海从事餐饮服务业，成为一名服务员，干了一年后便来到美团，在美团工作已有一年半时间。 **日工作量：**20—30单。
3. **被访者的日常生活**（如休息时间、感情生活、社交网络、娱乐活动等）。	**感情生活：**妻子是幼师，与她相识是朋友牵的线，谈了不到四个月就结婚，结婚时是一家汽修厂的老板。 **休息时间：**早上八点多起床，丈母娘休息的话会做早餐，平时都是自己吃，一般没什么事不请假，休假的话一般都是玩玩手机、打打游戏，很爱刷抖音，平时都在晚上十二点左右休息。 **娱乐活动：**上海朋友多，有酒肉朋友，也有真心朋友。关注过芜湖在上海的老乡，进了一个老乡群，但是从没有彼此见过，曾经建议出来聚聚，但没成功。
4. **职业看法**（如服务意识、职业认同、对公司管理的看法、是否期望技能培训、职业荣誉感、对下一份工作的期待等）。	**服务意识：**自己满意。 **职业认同：**认为美团外卖做得还可以，心都是很齐的。这个行业比较自由，想干就干，累了我就不干了，就回家呗。觉得外卖这个行业有发展潜力，上升渠道还是很通畅的，只是自己目前没有这个想法。 **工作期待：**把工作做好。

（续表）

访谈对象	美团—张先生	访谈时间	2018年8月28日
访谈地点	鞍山路	访谈人	胡
具体问题		访谈记录	
5. **城市印象**（如对上海的整体印象、对自己与城市关系的认知、对城市是否归属感与融入感、对上海人或社区的具体印象、对上海发展的期待等）。		**整体印象**：还行，以后肯定不在上海干，上海这边花销这么大，哪有那么多钱。上海空气质量不好。 **当地人印象**：沟通没问题。 **归属感**：没有什么归属感。	
6. **政治态度与行为**（如政治认知、政治参与、政治诉求等）。		**政治认知**：认知不足。	
7. **其他备注**（如有趣的个人故事或人生经历等）。		**生气的事**：送过一次外卖，他说没收到餐，我自己掏钱赔给他，毕竟不赔就要被投诉，结果第二次又遇上了他。	

编号：38（HC）

访谈对象	饿了么—叶先生	访谈时间	2018年8月19日
访谈地点	紫荆广场	访谈人	杨、胡
具体问题		访谈记录	
1. **被访者的基本信息**（包括性别、年龄、户籍所在地、婚姻状况、受教育程度、薪资、政治面貌、信仰等）。		**性别**：男　**年龄**：30岁 **户籍**：安徽　**婚姻状况**：未婚 **受教育程度**：中专　**薪资**：9000元 **政治面貌**：群众　**信仰**：无	
2. **被访者的工作情况**（如职业发展历程、当前从业时间、日工作量、上岗培训、社会保险、福利待遇、客户态度等）。		**职业发展历程**：一开始在矿上干活，干了八年多，在那边觉得时间久了，想出来看看，一直在一个地方待着，也不知道其他地方怎么样，能不能生存得下去。后来在朋友的推荐下来到上海，准备干个两三年后离开。 **日工作量**：虽然从事外卖工作的时间不长，才四个月，但一个月能跑一千两百单左右，成绩很好，在整个站点排前十（整个站点共有七八十号骑手），每个月工资有九千多元。 **工作时间**：想多干点就多干点，早上十点到晚上十点开号，平时工作到十点多。	

（续表）

访谈对象	饿了么一叶先生	访谈时间	2018 年 8 月 19 日
访谈地点	紫荆广场	访谈人	杨、胡
具体问题		访谈记录	
3. **被访者的日常生活**（如休息时间、感情生活、社交网络、娱乐活动等）。		**休息时间**：一般凌晨两三点睡觉，早上九点多一点起床，看有没有事情来决定休不休假，能不休就不休。 **感情生活**：不想谈恋爱，想玩够了再说。以前矿厂工作时的朋友也在上海；此外认识十几个同事。 **娱乐爱好**：会抽烟，很少朋友聚餐出来玩。	
4. **职业看法**（如服务意识、职业认同、对公司管理的看法、是否期望技能培训、职业荣誉感、对下一份工作的期待等）。		**服务意识**：强。 **职业认同**：之前工作的时间短，但任务比较累，这边工作不累，但危险性比较大，时间比较自由。每天忙着干活，很少关注配送圈是否有小团体，认为这个行业流动性还是挺大的。觉得饿了么和美团相比还是饿了么更好一点，但具体差异其实不大。觉得公司管理还行，不算严格。 **工作期待**：干个两三年外卖，具体干什么看机会，没什么想法。	
5. **城市印象**（如对上海的整体印象、对自己与城市关系的认知、对城市是否归属感与融入感、对上海人或社区的具体印象、对上海发展的期待等）。		**整体印象**：来上海之前没有抱太好的打算，也没有想得多好。 **当地人印象**：不打算在上海长期待下去，这边打工者的节奏比较快，但当地人比较悠闲。 **归属感**：没有什么归属感。	
6. **政治态度与行为**（如政治认知、政治参与、政治诉求等）。		**政治认知**：了解不多，自己还是关注日常生活多一点。	
7. **其他备注**（如有趣的个人故事或人生经历等）。		态度正常一点，别人不会为难你，如果遇到那种难缠的客户也没办法，毕竟跑的单多，见的人多，什么样的人都有。	

编号：39（HD）

访谈对象	美团—赵先生	访谈时间	2018 年 8 月 22 日
访谈地点	鞍山路	访谈人	胡

具体问题	访谈记录
1. **被访者的基本信息**（包括性别、年龄、户籍所在地、婚姻状况、受教育程度、薪资、政治面貌、信仰等）。	**性别：**男　**年龄：**24 岁 **户籍所在地：**河南　**婚姻状况：**已婚 **受教育程度：**初中　**薪资：**8000 元 **政治面貌：**群众　**宗教信仰：**无
2. **被访者的工作情况**（如职业发展历程、当前从业时间、日工作量、上岗培训、社会保险、福利待遇、客户态度等）。	**职业发展历程：**高中没读完便在亲戚的介绍下到北京打拼，但因工资太低（一千多元）便辞职不干，因为这么点钱都养不活自己。回到家乡后成为蛋糕店学徒，长达三四年，而后到宁波按摩椅厂工作，当时的待遇有四千多元一个月，干了不到一年便回家结婚，之后又操起了老本行——做蛋糕，但因工资太低不得不到大城市打拼，才有了今天外卖小哥的身份，目前才干两个月。 **日工作量：**根据单量来，8.5 元一单，满勤奖 200—300 元，底薪暂时没有，满一年了好像有底薪 3000 元，有底薪的话送单费不一样，每单的钱分阶段，每个阶段不一样，送得越多每单的钱就越多。无房补或者餐补，高温费有 300 元。好评不给钱，投诉一个扣 500 元。
3. **被访者的日常生活**（如休息时间、感情生活、社交网络、娱乐活动等）。	**休息时间：**一个月会休息一两天，基本都是去看妻子。早上起床八九点，晚上回去差不多 10 点，再洗洗澡、洗洗衣服，差不多 1 点睡觉。 **感情生活：**妻子是经朋友介绍，然后自己谈的，谈一年多后结婚。 **娱乐活动：**室友都是跑外卖的，河南、安徽人居多，下班后会聊聊天，聊聊碰见什么人。上海公司这边没有活动。

（续表）

访谈对象	美团一赵先生	访谈时间	2018年8月22日
访谈地点	鞍山路	访谈人	胡
具体问题		访谈记录	
4. **职业看法**（如服务意识、职业认同、对公司管理的看法、是否期望技能培训、职业荣誉感、对下一份工作的期待等）。		**服务意识**：强。 **职业认同**：觉得自己的工作跟服务员差不多，就是给客户送东西，超时了这罚钱那罚钱的。觉得外卖里有圈子文化，有些老手会排斥新手，觉得新手会抢了他们的单，有时候老手看见新人都特别烦，你问他他都爱理不理。送外卖风险高，自己有几次差点出事，吓一身冷汗。觉得有“五险一金”的工作不好找，所以也没考虑。会觉得饿了么平台更好一点，送单时间能延时，没有美团抠得这么死，美团超时都不行。有过餐被偷的经历，损失都是自己承担。 **工作期待**：少一点不顺利的事情。	
5. **城市印象**（如对上海的整体印象、对自己与城市关系的认知、对城市是否有归属感与融入感、对上海人或社区的具体印象、对上海发展的期待等）。		**整体印象**：觉得上海还好，反正工资高一点，消费也高。觉得上海下雨太多。 **当地人印象**：有的好相处，有的很难。 **归属感**：没有什么归属感。	
6. **政治态度与行为**（如政治认知、政治参与、政治诉求等）。		**政治认知**：不看新闻。	
7. **其他备注**（如有趣的个人故事或人生经历等）。		**生气的事**：有特别不好沟通的，你告诉他他地址没写对，给他打电话他又特别烦你不想接电话，你拿着单子又找不到人，客户会觉得你送外卖的找不到地方那是你的事，我就在那小区里转啊转，结果他地址写的就不对。	

编号：40（HE）

访谈对象	达达—徐先生	访谈时间	2018年8月18日
访谈地点	同济大学附近	访谈人	胡

具体问题	访谈记录
1. **被访者的基本信息**（包括性别、年龄、户籍所在地、婚姻状况、受教育程度、薪资、政治面貌、信仰等）。	**性别：**男 **年龄：**47岁 **户籍所在地：**江苏 **婚姻状况：**已婚 **受教育程度：**初中 **薪资：**8000元 **政治面貌：**群众 **宗教信仰：**无
2. **被访者的工作情况**（如职业发展历程、当前从业时间、日工作量、上岗培训、社会保险、福利待遇、客户态度等）。	**职业发展历程：**一开始卖菜，大概干了8年，后来在亚马逊送快递（收入为3000—8000元），但是最近快递公司纷纷倒闭，于是转行达达外卖兼职，在马路上看到咨询后加入的，才干2天（当时采访在下午2点左右，已挣80多元）。 **日工作量：**觉得亚马逊快递很正规，待遇很好，有全勤奖（300元）、工龄奖（150元）、高温费（200元多一点）等，无底薪，多劳多得，重要的是有"五险一金"。
3. **被访者的日常生活**（如休息时间、感情生活、社交网络、娱乐活动等）。	**休息时间：**早上六点多起床，吃点早饭，有活就干活，没活就跑到哪里就是哪里，以前干快递的时候晚上八点多回家，晚上十点多睡觉。 **感情生活：**不和上海的亲戚走动。 **娱乐活动：**和朋友吃饭。
4. **职业看法**（如服务意识、职业认同、对公司管理的看法、对下一份工作的期待等）。	**服务意识：**自己态度很好。 **职业认同：**国内企业福利保障需改善，职业认同感不高。不那么认同自己的公司。 **工作期待：**公司更关心自己。
5. **城市印象**（如对上海的整体印象、对自己与城市关系的认知、对城市是否归属感与融入感、对上海发展的期待等）。	**整体印象：**觉得上海治安越来越好，只有治安好了，老百姓才能安心挣点钱过小日子。 **当地人印象：**有的好相处，有的很难。 **归属感：**还可以。
6. **政治态度与行为**（如政治认知、政治参与、政治诉求等）。	**政治认知：**会看新闻。

（续表）

访谈对象	达达—徐先生	访谈时间	2018 年 8 月 18 日
访谈地点	同济大学附近	访谈人	胡
具体问题		访谈记录	
7. **其他方面**。		（1）保安不需要使用年轻劳动力，年轻人应该多学习，国家应该出台某些政策来规制这种现象。 （2）人总会有老的时候，“五险一金”很重要，国内企业比如四通一达很少有交“五险一金”的，老板很有钱，但是员工福利很差，未来想当大学的保安也是因为有“五险一金”，比较稳定。 （3）现在人的亲情感比较弱，因为都在外面打工，除非家里面有大事才回去，家里面只剩老人小孩，没有人情味，现在见了面也只会说什么买了房买了车。	

编号：41（CH）

访谈对象	美团—周先生	访谈时间	2018 年 8 月 18 日
访谈地点	杨浦区百联又一城	访谈人	邓
具体问题		访谈记录	
1. **被访者的基本信息**（包括性别、年龄、户籍所在地、婚姻状况、受教育程度、薪资、政治面貌、信仰等）。		**性别**：男　　**年龄**：28 岁 **户籍**：江西　　**婚姻状况**：已婚 **受教育程度**：高中辍学 **薪资**：最高 10000+ 元 **政治面貌**：群众　　**信仰**：无	
2. **被访者的工作情况**（如职业发展历程、当前从业时间、日工作量、上岗培训、社会保险、福利待遇、客户态度等）。		**职业发展历程**：在老家开店、开挖掘机、开烟酒店、开饭店。 **当前从业时间**：2018 年年初开始从业，未安排上岗培训，就靠别人带。 **日工作量**：早上 8 点到晚上 9 点，一直开着手机能接三十多单，一天有一百多单，一单 8.5 元。	

（续表）

访谈对象	美团一周先生	访谈时间	2018年8月18日
访谈地点	杨浦区百联又一城	访谈人	邓
具体问题		访谈记录	
3. **被访者的日常生活**（如休息时间、感情生活、社交网络、娱乐活动等）。		**休息时间**：想休息就休息。 **感情生活**：已婚，结婚两三年，自由恋爱认识，妻子从事美容行业，小孩刚过周岁，由老家父母养育。 **社交网络**：叔叔是装修师，姑妈是建筑师，有时候会聚一下；此外会和同事在休息日交流交流。 **娱乐活动**：公司每个月都有聚会，发完工资一起玩、唱歌，个人没有什么娱乐活动。	
4. **职业看法**（如服务意识、职业认同、对公司管理的看法、是否期望技能培训、职业荣誉感、对下一份工作的期待等）。		**服务意识**：比较认真、也很耐心。 **职业认同**：干这行比较自由，不想做就收工，每天做满十几单就可以了，不满勤工资低一点就是了。外卖工作只是暂时做做，不想一直做下去，将来还是想开店，靠自己打拼。在上海开店不行，开店要人脉，在上海没人脉。现在的工作没什么发展前途。科技越来越发达，希望行业到时能发展下去。 **对公司管理的看法**：工作制度每个公司都有，我们就是没有那么严，只要求穿工服工帽，大热天就没什么硬性要求了。 **工作期待**：多发点工资。	
5. **文化体验**（文化消费情况，如社会主流文化、互联网或公司内部的亚文化等）。		**文化消费情况**：无，公司会有聚餐。	
6. **城市印象**（如对上海的整体印象、对自己与城市关系的认知、对城市是否归属感与融入感、对上海人或社区的具体印象、对上海发展的期待等）。		**整体印象**：租房贵、大城市。 **对自己与城市关系的认知**：非长期关系，计划下半年回去，上海都是有文化水平的人，在上海没文化不行的。 **当地人印象**：平时与上海本地人交流不多，几乎不交流。 **归属感**：城市归属感与融入感低。	
7. **政治态度与行为**（如政治认知、政治参与、政治诉求等）。		**政治认知**：政治认知不足，政治新闻、社会新闻及娱乐新闻看得都比较少。	

（续表）

访谈对象	美团—周先生	访谈时间	2018年8月18日
访谈地点	杨浦区百联又一城	访谈人	邓
具体问题		访谈记录	
8. **个人诉求**（如提升收入、完善保障、提高社会地位等）。		我想成为上海政府扶贫对象，虽不太清楚哪些人应该成为扶贫对象，但我觉得我应该被扶贫。	
9. **其他备注**（如有趣的个人故事或人生经历等）。		无，生活都差不多，就是在不停地送餐，也没个头。	

编号：42（CI）

访谈对象	美团—严先生	访谈时间	2018年8月18日
访谈地点	杨浦区百联又一城	访谈人	邓
具体问题		访谈记录	
1. **被访者的基本信息**（包括性别、年龄、户籍所在地、婚姻状况、受教育程度、薪资、政治面貌、信仰等）。		**性别**：男 **户籍**：江西 **受教育程度**：初中 **政治面貌**：群众	**年龄**：30岁 **婚姻状况**：已婚 **薪资**：7000—8000元 **信仰**：无
2. **被访者的工作情况**（如职业发展历程、当前从业时间、日工作量、上岗培训、社会保险、福利待遇、客户态度等）。		**职业发展历程**：电子厂，开始当前从业的时间是2018年5月。 **日工作量**：早上八点半起床，不上晚班，九点多下班。	
3. **被访者的日常生活**（如休息时间、感情生活、社交网络、娱乐活动等）。		**休息时间**：一个月休息3天。 **感情生活**：与妻子异地，妻子在江西，有事就回去看一下，有一个五岁的小孩，在上幼儿园。 **娱乐活动**：没什么娱乐活动，除了吃就是睡。	
4. **职业看法**（如服务意识、职业认同、对公司管理的看法、是否期望技能培训、职业荣誉感、对下一份工作的期待等）。		**服务意识**：强。 **职业认同**：送外卖就累那么一会，有得是其他更累的职业。今后不一定一直送外卖，哪天感觉不想做就不做了。 **工作期待**：希望自己多赚钱。	

（续表）

访谈对象	美团—严先生	访谈时间	2018年8月18日
访谈地点	杨浦区百联又一城	访谈人	邓
具体问题		访谈记录	
5. **文化体验**（文化消费情况，如社会主流文化、互联网或公司内部的亚文化等）。		**文化消费情况**：无，工资仅用于吃住。公司内部有骑士节，就开开会、拔拔河，搞个抽奖。	
6. **城市印象**（如对上海的整体印象、对自己与城市关系的认知、对城市是否归属感与融入感、对上海人或社区的具体印象、对上海发展的期待等）。		**整体印象**：交通方便，消费高。但又觉得没有浙江杭州好，在杭州待过一段时间，感觉杭州好。 **当地人印象**：有的好相处，有的很难。 **归属感**：没有什么归属感。非长期关系，以后要回江西。	
7. **政治态度与行为**（如政治认知、政治参与、政治诉求等）。		**政治认知**：政治认知不足。	
8. **个人诉求**（如提升收入、完善保障、提高社会地位等）。		无，就靠自己多赚钱。	
9. **其他备注**（如有趣的个人故事或人生经历等）。		感觉下雨天不安全，别的没什么，生气的点主要就是商家出餐慢，别的没什么。	

编号：43（CG）

访谈对象	顺丰—汤先生	访谈时间	2018年8月20日
访谈地点	杨浦区彰武路	访谈人	邓
具体问题		访谈记录	
1. **被访者的基本信息**（包括性别、年龄、户籍所在地、婚姻状况、受教育程度、薪资、政治面貌、信仰等）。		**性别**：男　　**年龄**：26岁 **户籍**：安徽　　**婚姻状况**：已婚 **受教育程度**：高中 **薪资**：刚入职自己也不清楚 **政治面貌**：群众　　**信仰**：无	
2. **被访者的工作情况**（如职业发展历程、当前从业时间、日工作量、上岗培训、社会保险、福利待遇、客户态度等）。		**职业发展历程**：酒吧、KTV、工厂、工地都干过。 **当前从业时间**：今年8月15日。 **日工作量**：刚开始，自己也不了解。	

（续表）

访谈对象	顺丰一汤先生	访谈时间	2018 年 8 月 20 日
访谈地点	杨浦区彰武路	访谈人	邓
具体问题		访谈记录	
2. **被访者的工作情况**（如职业发展历程、当前从业时间、日工作量、上岗培训、社会保险、福利待遇、客户态度等）。		（Q：一天大概能送多少单呢？ A：这个说不准，看待在哪个地方，送什么东西。） **上岗培训**：一天，主要是普及配送要求、安全知识等	
3. **被访者的日常生活**（如休息时间、感情生活、社交网络、娱乐活动等）。		**休息时间**：工作时间为早上十点到晚上十点，周六休息一天，一个月休四天。 **感情生活**：已婚，有一个小孩，但夫妻二人不住在一起，也不了解妻子目前在做什么工作。 （Q：您妻子也在上海吗？ A：她在嘉定，没和我住在一起。 Q：您妻子在从事什么职业呢？ A：这个我真不清楚，因为我来的时候她没上班，后来听说找到工作了。） 主要和同事来往，另外有亲戚在上海，但平时和亲戚联系不多。 **娱乐活动**：每天都有，喝喝酒、打打牌，有时候去唱唱歌。	
4. **职业看法**（如服务意识、职业认同、对公司管理的看法、是否期望技能培训、职业荣誉感、对下一份工作的期待等）。		**服务意识**：自己很热心，很好。 **职业认同**：一般，认为从事外卖工作很自由。 （Q：您觉得自己送外卖的过程中有没有对上海的发展起到一定的作用？ A：对懒人有作用。 Q：您觉得您目前从事的外卖行业如何？发展潜力如何？ A：我们是顺丰外卖，只送奶茶咖啡披萨，发展前景如何这个问题不好说。） **工作期待**：所处行业发展得更好。	
5. **文化体验**（文化消费情况，如社会主流文化、互联网或公司内部的亚文化等）。		**文化消费情况**：无，平时只是玩玩手机什么的。	

（续表）

访谈对象	顺丰一汤先生	访谈时间	2018 年 8 月 20 日
访谈地点	杨浦区彰武路	访谈人	邓
具体问题		访谈记录	
6. **城市印象**（如对上海的整体印象、对自己与城市关系的认知、对城市是否有归属感与融入感、对上海人或社区的具体印象、对上海发展的期待等）。		**整体印象**：上海设施很先进、很有钱。 **当地人印象**：觉得沟通不了。 **归属感**：没有什么归属感，还有疏远感。	
7. **政治态度与行为**（如政治认知、政治参与、政治诉求等）。		**政治认知**：政治参与少，政治认知不足。	
8. **个人诉求**（如提升收入、完善保障、提高社会地位等）。		没有明确诉求。	
9. **其他备注**（如有趣的个人故事或人生经历等）。		没什么，工作都很平淡。	

编号：44（BD）

访谈对象	饿了么一周先生	访谈时间	2019 年 1 月 17 日
访谈地点	紫荆广场	访谈人	邓、吴
具体问题		访谈记录	
1. **被访者的基本信息**（包括性别、年龄、户籍所在地、受教育程度、薪资、政治面貌、信仰等）。		**性别**：男　**年龄**：25 岁 **户籍**：四川　**受教育程度**：中专 **薪资**：10000+ 元　**政治面貌**：团员 **信仰**：无	
2. **被访者的生活境况**（如工作时间安排、休闲娱乐活动、婚姻感情状况、社会交往情况等）。		**工作时间安排**：一周七天，基本不休息。 **休闲娱乐活动**：不是高峰期就找个地方坐着刷手机，下午基本一个人独处。平时偶尔跟朋友晚上出去玩，逛一下街或者去唱歌。每天生活都差不多，循规蹈矩。 **婚姻感情状况**：单身，但家里人在催。前两天父亲打电话让回家，说在老家那边，别人 25 岁孩子都有两个了。自己家里还有个妹妹，已经结婚了，孩子都上幼儿园了。现在还没有遇到对的人，以前可能遇到过对的人，但可能错过了。自己其实也挺急的，感觉老大不小了。目前没想过几岁结婚，没有设限制，要看缘分。2012 年跟女朋友到了谈婚论嫁的地步，但对方家让在无锡买房就搁置了。因为自己老家兄弟姐妹两个，妹妹嫁出去了，父亲不希望自己儿子在外面，未来还是希望定居在老家。	

（续表）

访谈对象	饿了么一周先生	访谈时间	2019年1月17日
访谈地点	紫荆广场	访谈人	邓、吴
具体问题		访谈记录	
2. **被访者的生活境况**（如工作时间安排、休闲娱乐活动、婚姻感情状况、社会交往情况等）。		**社会交往情况：**很多亲戚朋友都在上海，二零零几年来上海亲戚家待过，但跟他们联系不太多。跟朋友来往更多，几个人基本上住在一起，合租房。不过上海租房子太贵了，3000元一个月也租不到什么好房子，原来在长宁那边随便问都是五六千元一个月，房子还不怎么样，现在跟几个朋友合租感觉好很多。	
3. **被访者的工作情况和职业发展**（如从业年限，工作时间，工作量，工作压力，工作认同感，公司管理情况，如工作要求、奖惩制度、就业培训、工作保障、福利待遇、申诉解决机制，对公司的归属感，工作经历，对下一份工作的期待等）。		**从业年限：**两个月。 **工作时间：**早上七八点出来，晨会10点开始，保证出勤即可，中间比较空闲的时候自己想跑单就可以跑，晚上没有规定下班时间，忙过8点之后可以自行安排时间，一般9:30或10:00回家。每天11:30—1:30及5:00—8:30时间段最忙，因为是用餐高峰期。 **工作量：**一天四五十单，一单7元。 **工作压力：**工作辛苦程度还好，商家出餐速度会影响辛苦程度，出餐慢就会比较累。工作压力还可以，说大也蛮大的，年轻人懒，天气冷不想起床，手机又放不下。每天跑单压力大。老骑手要养家糊口，早上8点出门，一天单量很大。钱都是辛苦赚来的。 **工作认同感：**待了两个月，工资不太理想，扣得太多。 **奖惩制度：**公司一般罚钱比较多。一些老骑手跑单多，没有投诉，没有差评，数据比较好，公司会相对应地给一些奖励算到工资里去。 **就业培训：**岗前培训可以借助APP，站点里也有站长，调度员讲注意事项。觉得培训对于个人而言容易上手，因为之前做过，算老骑手，比较熟练。新人不知道APP怎么操作，要站长讲解。 **工作保障：**有基本社会保险、三方责任险，比较周全。出了事故打电话给站长，站长会立马派人来处理。站点的管理方面比较宽松，感觉挺好的。 **申诉机制：**不清楚具体情况，可能可以用来查询配送距离，配送时间等信息。	

（续表）

访谈对象	饿了么—周先生	访谈时间	2019年1月17日
访谈地点	紫荆广场	访谈人	邓、吴
具体问题		访谈记录	
3. **被访者的工作情况和职业发展**（如从业年限，工作时间，工作量，工作压力，工作认同感，公司管理情况，如工作要求、奖惩制度、就业培训、工作保障、福利待遇、申诉解决机制，对公司的归属感，工作经历，对下一份工作的期待等）。		**工作经历：**本来在成都工作，也做外卖配送工作。来上海是因为之后在苏州做销售的时候工作不太顺利，上海这边有朋友打电话叫我过来。两个人有共同话题，发现外卖这行也挺不错的，抱着试一试的态度，待了两个月感觉还行，打算做个小一年看看怎么样。自己没有文化，出门在外就做苦力，能赚到钱就行，赚不到就另谋出路。 **工作计划：**未来一段时间至少再工作到10月份，后面如果有好的项目就攒点钱创业。外卖工作是一个过渡，不可能是一个长久工作，虽然一个月工资还挺可观的，但太辛苦了。风里来雨里去，尤其下雨天，路上本来就慢，餐也多，遇到不好说话的客户就更辛苦了。未来收入希望越高越好。	
4. **社会心态**（如对上海的整体印象、自己与城市关系的认知、归属感融入感、定居意愿、政治参与、政治态度等）。		**定居意愿：**未来还是希望定居在老家，不管有没有经济能力，在外面多多少少都有不适应的地方，自己之前在上海待过六七年，但现在还是不习惯。上海本地菜吃不惯，西红柿炒鸡蛋都是甜的。成都、四川工作节奏慢，生活节奏慢。上海生活节奏太快了。 **对上海的态度和认知：**觉得上海这边的人有的挺好的，也有些人不怎么样。上海毕竟是一线城市，感觉还可以，但这边环境没有绵阳好。我老家是绵阳的，但我基本待在成都。 **社会参与：**来上海之后没有参加过小区、社区、居委会活动。虽然住在那个地方，但白天基本在外面，就算有活动也找不到人，基本不跟他们联系。	
5. **主要诉求**（如提升收入、完善保障、提高社会地位等）。		**工资收入：**觉得工资提高什么的可有可无，做这一行本来就是多劳多得。像我们老家有保底工资，这里没有，从你来开始就是一单7元这样算。喜欢有保底的工资、阶梯形工资计算方式，单量越高，工资越高。在这里总觉得没跑够单。除了保底工资，没有什么特别诉求。 **奖惩制度：**公司扣得太多，奖励太少。	

（续表）

访谈对象	饿了么一周先生	访谈时间	2019年1月17日
访谈地点	紫荆广场	访谈人	邓、吴
具体问题		访谈记录	
5. **主要诉求**（如提升收入、完善保障、提高社会地位等）。		**其他方面：** 比如说平时吃饭，我们老家就做得特别好，所有骑手在自己那一片的商家点餐都有优惠，特别便宜。平时客户花20元，我们只要花十来元。但上海这边就没有，吃饭自己安排，附近的商家也没有什么优惠。觉得这个东西特别有必要。在我们老家那边，类似汉堡王这种，里面的饮料可以拿杯子随便接，一点点、CoCo也是一样，这种老家特别多。那边用自带的杯子，免费续杯。这个东西特别有必要。我们那边夏天，有很多商家给我们冰水、红糖水、绿豆汤，免费让你喝，解渴也防止中暑。在这边，我自己带个大的保温水杯，从早上倒进去一直到晚上下班，一直丢车里，一杯水够一个人喝一天了。	
6. **其他备注**（如有趣的个人故事或人生经历等）。		印象深刻的事就是迟到后被客户劈头盖脸一顿骂，被投诉，公司罚款直接罚到外卖员头上。有的客户配送时间还没到就一直催，态度不好。上海汇聚世界各地的人，什么样的人都有。碰到不好说话、故意搞事的客户，没办法，自认倒霉。有一天餐出得慢，用微波炉加热，送过去餐又凉了，虽然在规定时间内，客户还是直接给我差评，站点审核后直接扣钱，我只能自认倒霉。外卖被偷只能自己赔，新华医院、君欣广场附近容易掉餐，曾经碰到过餐被偷的情况，遇到几十元的餐被偷还好，上百元的就会很生气。对方基本是一些上了年纪的老年人，抓到了最多退餐，抓不到报警也没办法。	

编号：45（BE）

访谈对象	蜂鸟专送—胡先生	访谈时间	2019年1月18日
访谈地点	同济联合广场	访谈人	邓、马
具体问题		访谈记录	
1. **被访者的基本信息**（包括性别、年龄、户籍所在地、受教育程度、薪资、政治面貌、信仰等）。		**性别：**男　**年龄：**34岁 **户籍：**陕西　**受教育程度：**初中 **薪资：**10000+元　**政治面貌：**群众 **信仰：**无	
2. **被访者的生活境况**（如工作时间安排、休闲娱乐活动、婚姻感情状况、社会交往情况等）。		**工作时间安排：**兼职，工作时间自己安排，基本是早上八九点到晚上九点。 **休闲娱乐活动：**没什么休闲娱乐，就玩玩手机。有空就睡觉，太累了。 **婚姻感情状况：**单身，没有谈恋爱的想法。但考虑过这个问题，因为父母年纪大了，我上面有个哥哥，但他不管父母的。我比较顾家，怕父母年纪大了我还没结婚。 **社会交往情况：**朋友不多，也不太想跟他们来往。因为以前事业比较成功，自尊心不允许自己再去跟他们来往了。自己租房子在控江路那里，平时就工作休息再工作。	
3. **被访者的工作情况和职业发展**（如从业年限，工作时间，工作量，工作压力，工作认同感，公司管理情况，如工作要求、奖惩制度、就业培训、工作保障、福利待遇、申诉解决机制，对公司的归属感，工作经历，对下一份工作的期待等）。		**从业年限：**一年。 **工作时间：**早上八九点到晚上九点，十三个小时左右。 **工作量：**一天四五十单。 **工作压力：**工作压力大。2000年左右在上海工作，月薪可达10000元，同龄人当中算是成功者，现在身份地位有落差了。而且总有种中年危机，现在90后、00后新鲜血液的进入给人压力。 **工作认同感：**就这样吧。 **公司管理情况：**不了解，我兼职。 **工作经历：**反正就以前在上海混得还挺成功的，后来不珍惜，给挥霍掉了。现在就回上海继续挣钱。 **工作计划：**打算再工作一年左右回去，或者在上海创业，还在犹豫。	

（续表）

访谈对象	蜂鸟专送—胡先生	访谈时间	2019年1月18日
访谈地点	同济联合广场	访谈人	邓、马
具体问题		访谈记录	
4. **社会心态**（如对上海的整体印象、自己与城市关系的认知、归属感融入感、定居意愿、政治参与、政治态度等）。		**对上海的整体印象：**没有归属感。上海这个地方只适合有能力的人，你有能力才觉得在这里适合，没有能力的人，我觉得应该趁早回家，待在这儿真的是浪费时间。要不赚钱的话，太浪费时间了。像上海人，他们有钱，会觉得外地人何必那么拼。我遇到很多上海人都说，你们外卖员骑车太快了，为了一点钱。你们有钱肯定这么想，比如家境最差的上海人，家里有个100万元很轻松的，一家人全都上班，100万元在银行存着，利息也很可观了。他们真的站着说话不腰疼，不理解外地人多么辛苦，因为在老家赚钱一个月可能就两三千，但上海不一样，在上海我可以拿10000元，差距太大。	
5. **主要诉求**（如提升收入、完善保障、提高社会地位等）。		希望有能赏识自己的人吧，多挣点钱，现在赚10000元太少了。以前人家能赚3000元的时候我就能赚10000元，现在我还是10000元。	
6. **其他备注**（如有趣的个人故事或人生经历等）。		大起大落吧，也算是一种经历了。	

编号：46（BF）

访谈对象	饿了么—陈先生	访谈时间	2019年1月23日
访谈地点	曲阳路	访谈人	邓、姚
具体问题		访谈记录	
1. **被访者的基本信息**（包括性别、年龄、户籍所在地、受教育程度、薪资、政治面貌、信仰等）。		**性别：**男 **户籍：**河南 **薪资：**7000元 **信仰：**无	**年龄：**27岁 **受教育程度：**初中 **政治面貌：**群众

（续表）

访谈对象	饿了么—陈先生	访谈时间	2019年1月23日
访谈地点	曲阳路	访谈人	邓、姚
具体问题		访谈记录	
2. **被访者的生活境况**（如工作时间安排、休闲娱乐活动、婚姻感情状况、社会交往情况等）。		**工作时间安排：**早上九点到晚上九、十点，没什么休息时间，像现在感冒了也在跑。 **休闲娱乐活动：**不忙的时候去租的房子里待着，但是后台也开着，要不然就在曲阳路附近待着。 **婚姻感情状况：**单身，没什么想法。 **社会交往情况：**一般就自己待着，不太出去，朋友不多。	
3. **被访者的工作情况和职业发展**（如从业年限，工作时间，工作量，工作压力，工作认同感，公司管理情况，如工作要求、奖惩制度、就业培训、工作保障、福利待遇、申诉解决机制，对公司的归属感，工作经历，对下一份工作的期待等）。		**从业年限：**半年。 **工作时间：**早上九点到晚上九、十点。 **工作量：**一天40单，一单7元。 **工作压力：**挺大的吧，但还能承受。 **工作认同感：**没有什么认同感。 **公司管理情况：**不太了解。 **工作经历：**未谈及。 **工作计划：**没想法。	
4. **社会心态**（如对上海的整体印象、自己与城市关系的认知、归属感融入感、定居意愿、政治参与、政治态度等）。		**对上海的整体印象：**对上海没有什么归属感，感觉挺孤单的。上海人其实还好，但觉得自己不是上海的一员。不愿意定居，没钱，住不起。也没什么想法，过一天算一天。	
5. **主要诉求**（如提升收入、完善保障、提高社会地位等）。		工资能够高点儿就好了，然后少一点儿罚款。	
6. **其他备注**（如有趣的个人故事或人生经历等）。		没什么，每天很累，没什么有趣的地方。	

编号：47（BG）

访谈对象	饿了么—赵先生	访谈时间	2019年1月23日
访谈地点	曲阳路	访谈人	邓、姚

具体问题	访谈记录
1. **被访者的基本信息**（包括性别、年龄、户籍所在地、受教育程度、薪资、政治面貌、信仰等）。	**性别：**男　**年龄：**18岁 **户籍：**河南　**受教育程度：**中专毕业 **薪资：**6000元　**政治面貌：**群众 **信仰：**无
2. **被访者的生活境况**（如工作时间安排、休闲娱乐活动、婚姻感情状况、社会交往情况等）。	**工作时间安排：**早上9点到晚上8点。才工作几天，没什么工作休息的安排。 **休闲娱乐活动：**就跟朋友出去逛一下。 **婚姻感情状况：**单身。 **社会交往情况：**还行吧，没什么朋友。
3. **被访者的工作情况和职业发展**（如从业年限，工作时间，工作量，工作压力，工作认同感，公司管理情况，如工作要求、奖惩制度、就业培训、工作保障、福利待遇、申诉解决机制，对公司的归属感，工作经历，对下一份工作的期待等）。	**从业年限：**刚做了几天。 **工作时间：**早上9点到晚上8点。 **工作量：**一天三四十单，一单7元。 **工作压力：**刚工作几天，没什么感受，还行吧。 **工作认同感：**没什么认同感，就混吃混喝拿点钱。 **公司管理情况：**不知道。 **工作经历：**曾经做过不好的事情，刚从派出所出来。没什么别的工作经历。 **工作计划：**没想好。
4. **社会心态**（如对上海的整体印象、自己与城市关系的认知、归属感融入感、定居意愿、政治参与、政治态度等）。	**对上海的整体印象：**没啥印象，就这样呗。刚从派出所出来没什么感觉，混吃混喝赚点钱就再看。想定居也住不起。没什么归属感，又不是我老家。没参与过什么政治活动。
5. **主要诉求**（如提升收入、完善保障、提高社会地位等）。	多给点钱，再给个好点的住的地方。
6. **其他备注**（如有趣的个人故事或人生经历等）。	刚放出来就已经很特别了吧哈哈哈。

编号：48（BH）

访谈对象	美团—蔡先生	访谈时间	2019年1月29日
访谈地点	曲阳路家乐福附近	访谈人	邓、姚
具体问题		访谈记录	
1. **被访者的基本信息**（包括性别、年龄、户籍所在地、受教育程度、薪资、政治面貌、信仰等）。		**性别：**男 **年龄：**28岁 **户籍：**湖北 **受教育程度：**高中毕业 **薪资：**10000元 **政治面貌：**群众 **宗教信仰：**无	
2. **被访者的生活境况**（如工作时间安排、休闲娱乐活动、婚姻感情状况、社会交往情况等）。		**工作时间安排：**早上十点上班晚上九点下班。单不多的时候，就坐边上玩手机休息，有单就跑，没单就等。 **休闲娱乐活动：**如果一趟只有一单也会跑，那有什么办法。没怎么休息，这个相当于给自己打工一样，赚多少得多少，全部都是自己劳动所得，你要想休息就休息，那就是自己不要钱嘛，这个又不管你。跑外卖你也知道，就是自己帮自己打工。会偶尔跟妻子出去玩一下，平时休息少，不怎么休息，有时候一个月休息一两天。休息日就陪妻子逛街。 **婚姻感情状况：**已婚。妻子在上海做销售员，孩子六七岁，在老家。和妻子在曲阳路附近租房子住。 **社会交往情况：**没什么朋友，不太跟人交往。	
3. **被访者的工作情况和职业发展**（如从业年限，工作时间，工作量，工作压力，工作认同感，公司管理情况，如工作要求、奖惩制度、就业培训、工作保障、福利待遇、申诉解决机制，对公司的归属感，工作经历，对下一份工作的期待等）。		**从业年限：**大概工作两年。 **工作时间：**早上十点上班晚上九点下班。 **工作量：**一单8元，一天少的话三四十单，多的话四五十单。 **工作压力：**美团配送范围大，我在附近十公里范围内配送。压力大，我们挣的都是辛苦钱。（访谈期间受访者整体态度较为消极）人家勤奋的人一个月能拿两万多元。最近快过年，人少，都比较忙，单多。 **工作认同感：**还行吧，就这样。 **公司管理情况：**公司没什么保险。有简单的基本培训，新人的话就讲一下，熟人都了解了，就不用培训，像我们这种老手也不需要这些。兼职全职都按单算，都没有底薪。美团也有不好的地方，配送范围大、距离远、商圈多，后台接单，接到必须要跑。	

（续表）

访谈对象	美团—蔡先生	访谈时间	2019年1月29日
访谈地点	曲阳路家乐福附近	访谈人	邓、姚
具体问题		访谈记录	
3. **被访者的工作情况和职业发展**（如从业年限，工作时间，工作量，工作压力，工作认同感，公司管理情况，如工作要求、奖惩制度、就业培训、工作保障、福利待遇、申诉解决机制，对公司的归属感，工作经历，对下一份工作的期待等）。		**工作经历：**之前做过电脑编程还有别的工作，有一项自己的手艺。本来我这个行业以前可以赚到钱，做到后面学的人多了，竞争压力大了。这种不算什么技术型人才，大家都能学得会。 **工作计划：**未来没想好做什么。外卖这行业随时你想做就能做，不想做就不做。外卖不做，做销售也可以，好多工作可以做。	
4. **社会心态**（如对上海的整体印象，自己与城市关系的认知，归属感融入感，定居意愿，政治参与，政治态度等）。		**对上海的整体印象：**没什么印象，也没参与过什么政治活动。	
5. **主要诉求**（如提升收入、完善保障、提高社会地位等）。		提升收入。	
6. **其他备注**（如有趣的个人故事或人生经历等）。		被交警罚过款，自己掏钱。其实挺无奈的，又要赶时间，又害怕被罚款。	

编号：49（BI）

访谈对象	美团—朱先生	访谈时间	2019年1月30日
访谈地点	曲阳路家乐福附近	访谈人	邓、姚
具体问题		访谈记录	
1. **被访者的基本信息**（包括性别、年龄、户籍所在地、受教育程度、薪资、政治面貌、信仰等）。		**性别：**男 **户籍：**江苏 **薪资：**8000元 **宗教信仰：**无	**年龄：**32岁 **受教育程度：**高中 **政治面貌：**群众
2. **被访者的生活境况**（如工作时间安排、休闲娱乐活动、婚姻感情状况、社会交往情况等）。		**工作时间安排：**早上9点到晚上七八点。 **休闲娱乐活动：**休息时间一般待在家里，偶尔出去玩一下。 **婚姻感情状况：**妻子小孩都在上海。 **社会交往情况：**在上海的朋友不多，但也还好。	

（续表）

访谈对象	美团—朱先生	访谈时间	2019年1月30日
访谈地点	曲阳路家乐福附近	访谈人	邓、姚
具体问题		访谈记录	
3. **被访者的工作情况和职业发展**（如从业年限，工作时间，工作量，工作压力，工作认同感，公司管理情况，如工作要求、奖惩制度、就业培训、工作保障、福利待遇、申诉解决机制，对公司的归属感，工作经历，对下一份工作的期待等）。		**从业年限**：三年。 **工作范围**：工作范围在曲阳路附近，全职。 **工作量**：一天三四十单，差不多8元一单。 **工作压力**：一般。 **工作认同感**：谈不上什么认同，就还行。 **公司管理情况**：公司方面有基本保险。 **工作经历**：出于生活原因开始做外卖，之前自己创业失败了。 **工作计划**：接下来不知道，混一天算一天，先这样，未来没打算。	
4. **社会心态**（如对上海的整体印象、自己与城市关系的认知、归属感、融入感、定居意愿、政治参与、政治态度等）。		**对上海的整体印象**：还好吧，来三年了，该习惯的都习惯了。妻子小孩也都在上海所以还好。	
5. **主要诉求**（如提升收入、完善保障、提高社会地位等）。		希望工资越来越高，家里人身体好。	
6. **其他备注**（如有趣的个人故事或人生经历等）。		无。	

编号：50（AB）

访谈对象	饿了么—徐先生	访谈时间	2019年1月30日
访谈地点	曲阳路家乐福附近	访谈人	邓、姚
具体问题		访谈记录	
1. **被访者的基本信息**（包括性别、年龄、户籍所在地、受教育程度、薪资、政治面貌、信仰等）。		**性别**：男　**年龄**：33岁 **户籍**：山东　**受教育程度**：初中 **政治面貌**：群众　**宗教信仰**：无 **薪资**：看着赚得还行，但要修车、吃饭，一个月没多少钱。	

（续表）

访谈对象	饿了么—徐先生	访谈时间	2019年1月30日
访谈地点	曲阳路家乐福附近	访谈人	邓、姚
具体问题		访谈记录	
2. **被访者的生活境况**（如工作时间安排、休闲娱乐活动、婚姻感情状况、社会交往情况等）。		**工作时间安排：**9点醒，从10点或11点跑到凌晨2点，14个小时左右。 **休闲娱乐活动：**没什么休闲娱乐活动，就自己待着睡觉。 **婚姻感情状况：**孩子在老家，由爷爷奶奶照顾。我喜欢一个人待在上海。夫妻矛盾挺大的，妻子怨言太多了。 **社会交往情况：**我自己一个人在上海，喜欢自由，喜欢一个人，回家就吵很烦，躲在这儿，累了就睡，身体累心里却还好。也没什么朋友，就自己待着。	
3. **被访者的工作情况和职业发展**（如从业年限，工作时间，工作量，工作压力，工作认同感，公司管理情况，如工作要求、奖惩制度、就业培训、工作保障、福利待遇、申诉解决机制，对公司的归属感，工作经历，对下一份工作的期待等）。		**从业年限：**在饿了么刚做没多久。 **工作时间：**10点到凌晨2点。 **工作量：**四五十单差不多。 **工作压力：**外卖这种服务行业压力挺大的，我们也想尽可能服务好每一个人，做好服务工作，但很多情况是不可控的，我还是希望大家都能相互体谅一下吧，我们也真的挺难做的。 **工作认同感：**现在虽然累点，但至少累得明白，钱来得明白，花得明白。比之前上班像个无头的苍蝇，一天来个罚单就罚掉三五百元要好得多。我对我这个服务工作还是挺认同的。 **公司管理情况：**我现在自己做“众包”，不知道具体什么情况。反正扣多少钱之类的我心里还是有数的。 **工作经历：**来上海两年了。刚来上海的时候路不熟，人也不认识，经老家朋友介绍做了三四个月的保安。中间出来玩的时候认识了天猫站点的三四个人，就去做了一段时间快递员。送货送了一年，感觉就是在卖力气，天猫的货都是牛奶、米这种，客户又大多是老人家，要一楼一楼爬上去，把货送给人家。夏天我甚至没买过一瓶水。有时候人家给我一瓶水我就挺开心的。感觉自己的身体吃不消，所以我后来去了美团站点，跟团队做，但这个工资天天被扣，工作太难做了。	

（续表）

访谈对象	饿了么—徐先生	访谈时间	2019 年 1 月 30 日
访谈地点	曲阳路家乐福附近	访谈人	邓、姚
具体问题		访谈记录	
3. **被访者的工作情况和职业发展**（如从业年限，工作时间，工作量，工作压力，工作认同感，公司管理情况，如工作要求、奖惩制度、就业培训、工作保障、福利待遇、申诉解决机制，对公司的归属感，工作经历，对下一份工作的期待等）。		我就去饿了么自己做“众包”，单干，把兼职当全职跑。现在一半以上外卖员都是把兼职当全职在跑，跑多少赚多少，我自己心里清楚。 **工作计划：**上海的办公区不允许有烟火，就只能出去吃或者点外卖，所以外卖这个行业只会越来越发达。先继续做下去，把债还清再看。我现在先要解决生存问题，有好的工作再换，没有就先干着。没有别的打算，现在也没资本，没办法。	
4. **社会心态**（如对上海的整体印象、自己与城市关系的认知、归属感融入感、定居意愿、政治参与、政治态度等）。		**对上海的整体印象：**觉得现在上海人总体素质还是挺好的，城市文明程度挺高的。但还是有一些让人觉得不舒服的时候，我还是希望人与人之间能多相互体谅，大家都不容易。	
5. **主要诉求**（如提升收入、完善保障、提高社会地位等）。		我们是吃百家饭的，为社会大众服务的，不是为某一个人服务的，希望大家相互体谅一下。我虽然学历不高，但也知道一句话，“人人都献出一点爱，世界将变成美好的人间”。歌里是这么唱的，但真的能做到的人又有多少，职业没有高低，人人平等，我感觉还是要往好的方面发展。我觉得我说的话也代表了打工人的心声，不是说城市的孩子就高高在上。外卖员飞驰在路上，顶着生命危险往客户那儿跑，你来一句“凉了我还能吃吗”，多寒心，人与人之间还是要相互体谅啊。	
6. **其他备注**（如有趣的个人故事或人生经历等）。		（1）上个月在美团跑了 334 单，工资是三千四百多元，KPI 扣我 189 元，说是数据不行没服务好，行为规范扣我 300 元，说是两次晨会没去，其实就是去那里站一下。我一天累死累活赚 200 元，就因为两次没去扣我这么多，所以我后来选择脱离团队自己干。我现在是在饿了么自己跑。刚去饿了么上班的时候也没人跟我讲会扣款，本来 7.7 元一单，最后月底算下来我只有 5 元多一单。我干嘛要把工资放他们手里，这里扣点那里扣点，也找不到什么经理去说，骑手上面只有站长，他跟我说下个月给我补回来，给我补上是啥意思，钱能乱补吗？	

（续表）

访谈对象	饿了么—徐先生	访谈时间	2019年1月30日
访谈地点	曲阳路家乐福附近	访谈人	邓、姚
具体问题		访谈记录	
6. **其他备注**（如有趣的个人故事或人生经历等）。		（2）我这儿有一单最近收到的投诉。那天雨下得挺大的，下雨吧你也知道，手机拿出来看都看不清，我当时带了两单都是这个学校的，其中一单一直找不到地方，另一单时间也快到了，我就赶紧给那个同学打电话，说“同学我在学校里了，你稍微等一下”。然后那个同学大概等了五分钟，等得不耐烦了，让我到了给他打电话。我说我提前点掉了，他就很生气。我已经在学校里了，也就三五十米。那天确实特殊情况，下雨天手机声音都听不清，就那么五分钟，然后他就给了我一个投诉，平台就给我扣了50元。我们本身就是干服务行业的，外卖员也不容易。	

编号：51（AC）

访谈对象	美团—万先生	访谈时间	2019年1月30日
访谈地点	曲阳家乐福附近	访谈人	邓、姚
具体问题		访谈记录	
1. **被访者的基本信息**（包括性别、年龄、户籍所在地、受教育程度、薪资、政治面貌、信仰等）。		**性别：**男　　**年龄：**20岁 **户籍：**黑龙江　　**受教育程度：**中专毕业 **政治面貌：**群众　　**宗教信仰：**无 **薪资：**8000元。自己租房子在曲阳附近，加水电费1800元，一个月除了吃喝基本剩下3000多元。	
2. **被访者的生活境况**（如工作时间安排、休闲娱乐活动、婚姻感情状况、社会交往情况等）。		**工作时间安排：**基本每天挺自由的，自己看着来就好。 **休闲娱乐活动：**休息的时候跟女朋友待一起，在家看电视，女朋友有时候也会拉我出去逛街。 **婚姻感情状况：**有女朋友，同居。女朋友卖衣服的。 **社会交往情况：**要么和女朋友待在一起，要么和朋友出去玩。	

（续表）

访谈对象	美团一万先生	访谈时间	2019年1月30日
访谈地点	曲阳家乐福附近	访谈人	邓、姚
具体问题		访谈记录	
3. **被访者的工作情况和职业发展**（如从业年限，工作时间，工作量，工作压力，工作认同感，公司管理情况，如工作要求、奖惩制度、就业培训、工作保障、福利待遇、申诉解决机制，对公司的归属感，工作经历，对下一份工作的期待等）。		**从业年限：**来上海一年多，这份工作干了差不多一年。 **工作时间：**工作时间13个小时，有时候也不一定，半天也可能，平均9到10个小时。 **工作量：**50单，7.7元一单。 **工作压力：**还行。 **工作认同感：**还行。 **公司管理情况：**公司没有保险、没有培训，只有前辈带你一天，熟悉路况，然后就自己出去跑。公司在惩罚方面，扣得太多了，一个差评100元，以前一个200元。KPI超时率达不到98%也要扣。感觉不太满意，但也不能怎么办，想干就忍着。 **工作经历：**之前在老家黑龙江给私人老板当了三年司机，老板对我挺好的，不过后来老板因为非法经营被抓了。我在老家待够了，就来上海了，自己一个人过来的。 **工作计划：**再工作半年就买车。我现在手里有7万元，问爸妈要点，女朋友那里也有点。买了车就给别人开车上下班。现在的工作听说年后要改革，交金啥的，一单调0.5元。不想好以后不行，现实摆在眼前。	
4. **社会心态**（如对上海的整体印象、归属感融入感、定居意愿、政治参与）。		**对上海的整体印象：**还行吧，挺好的，但也没觉得自己是上海人。定居肯定不现实，先挣钱再说。没参加过什么政治活动。	
5. **主要诉求**（如提升收入、完善保障、提高社会地位等）。		没啥，就自己挣钱给自己。	
6. **其他备注**（如有趣的个人故事或人生经历等）。		以前的老板被抓了，现在想起来觉得挺有趣的。	

编号： 52（AD）

访谈对象	美团—朱先生	访谈时间	2019年1月30日
访谈地点	曲阳家乐福附近	访谈人	邓、姚
具体问题		访谈记录	
1. **被访者的基本信息**（包括性别、年龄、户籍所在地、受教育程度、薪资、政治面貌、信仰等）。		**性别：**男 **年龄：**23岁 **户籍：**重庆 **受教育程度：**初中 **薪资：**8000—9000元 **政治面貌：**群众 **宗教信仰：**无	
2. **被访者的生活境况**（如工作时间安排、休闲娱乐活动、婚姻感情状况、社会交往情况等）。		**工作时间安排：**两个高峰期必须在，每天考勤9个小时。 **休闲娱乐活动：**到处吃吃喝喝。 **婚姻感情状况：**单身，才二十多岁也不急。 **社会交往情况：**自己逛一逛，偶尔和几个朋友出去玩，比如你刚刚采访的那位小万。	
3. **被访者的工作情况和职业发展**（如从业年限，工作时间，工作量，工作压力，工作认同感，公司管理情况，如工作要求、奖惩制度、就业培训、工作保障、福利待遇、申诉解决机制，对公司的归属感，工作经历，对下一份工作的期待等）。		**从业年限：**来上海两年多，全职。 **工作时间：**不固定，反正9个小时左右。 **工作量：**一天40单。 **工作压力：**还行，年轻嘛，感觉还好。 **工作认同感：**挺好的，自己给自己赚钱，活得挺明白的。 **公司管理情况：**不了解，反正扣钱是有点多。 **工作经历：**家里穷，没钱，要打工，就出来做外卖员。现在送外卖工资还高一点，也一直都在做这个。 **工作计划：**先继续做这个工作，之后没想好，走一步看一步。	
4. **社会心态**（如对上海的整体印象、自己与城市关系的认知、归属感融入感、定居意愿、政治参与、政治态度等）。		**对上海的整体印象：**还好，人都挺好的。在这儿赚钱比老家容易多了，先继续待着。	
5. **主要诉求**（如提升收入、完善保障、提高社会地位等）。		每天按时上班，按时加班。没什么愿望，混吃混喝过生活就好。当然还是希望工资高一点。	
6. **其他备注**（如有趣的个人故事或人生经历等）。		每天很无聊，刷刷手机看的东西比较有趣。	

编号：53（AE）

访谈对象	饿了么—张先生	访谈时间	2019 年 2 月 14 日
访谈地点	四平路	访谈人	邓
具体问题		访谈记录	
1. **被访者的基本信息**（包括性别、年龄、户籍所在地、受教育程度、薪资、政治面貌、信仰等）。		**性别：**男　**年龄：**29 岁 **户籍：**安徽　**受教育程度：**初中 **薪资：**7000 元　**政治面貌：**群众 **宗教信仰：**无	
2. **被访者的生活境况**（如工作时间安排、休闲娱乐活动、婚姻感情状况、社会交往情况等）。		**工作时间安排：**基本不休息，有空就跑单。 **休闲娱乐活动：**没什么娱乐活动，就自己待着玩玩手机、睡觉，偶尔刷刷新闻。 **婚姻感情状况：**单身。不然怎么会今天还在外面，不去过节（情人节）。 **社会交往情况：**基本就自己待着，没什么社交。	
3. **被访者的工作情况和职业发展**（如从业年限，工作时间，工作量，工作压力，工作认同感，公司管理情况，如工作要求、奖惩制度、就业培训、工作保障、福利待遇、申诉解决机制，对公司的归属感，工作经历，对下一份工作的期待等）。		**从业年限：**一年。 **工作时间：**早上 10 点到晚上九、十点，今天这种特殊情况就加班多挣点钱。 **工作量：**一天多的话四十多单，现在还在过年期间，就少得多了，上海都没什么人。 **工作压力：**还行吧，有时候觉得压力挺大的。像最近这种大冷天，在路上跑真的太冷了，护膝这些东西都感觉没什么用。下雨也不穿雨衣，会挡住视线。太辛苦了，压力还是挺大的。 **工作认同感：**一般。 **公司管理情况：**不太清楚，我是自己做的。 **工作经历：**也没什么具体的，有什么工作就做什么工作。 **工作计划：**没想好，先继续做下去，挣到点钱可能去创业，做点小生意吧。	
4. **社会心态**（如对上海的整体印象、自己与城市关系的认知、归属感融入感、定居意愿、政治参与、政治态度等）。		**对上海的整体印象：**还好，但也没有归属感，肯定跟在自己家不一样。定居不可能的。没参加过什么活动。	
5. **主要诉求**（如提升收入、完善保障、提高社会地位等）。		希望有份工作保险之类的，让生活更有保障一点。像看病什么的，太贵了。	

（续表）

访谈对象	饿了么—张先生	访谈时间	2019年2月14日
访谈地点	四平路	访谈人	邓
具体问题		访谈记录	
6. **其他备注**（如有趣的个人故事或人生经历等）。		无。	

编号：54（AG）

访谈对象	饿了么—朱先生	访谈时间	2019年2月23日
访谈地点	紫荆广场门口	访谈人	邓
具体问题		访谈记录	
1. **被访者的基本信息**（包括性别、年龄、户籍所在地、受教育程度、薪资、政治面貌、信仰等）。		**性别：**男　**年龄：**32岁 **户籍：**贵州　**受教育程度：**高中肄业 **薪资：**13000—14000元　**政治面貌：**群众 **宗教信仰：**无	
2. **被访者的生活境况**（如工作时间安排、休闲娱乐活动、婚姻感情状况、社会交往情况等）。		**工作时间安排：**一个月休息两天，自己安排。 **休闲娱乐活动：**一般出去玩半天放松。 **婚姻感情状况：**已婚，一个人在上海，妻子孩子在老家，今年没回老家。 **社会交往情况：**上海认识的朋友不多，身边人都是送外卖的，平时没时间去接触。	
3. **被访者的工作情况和职业发展**（如从业年限，工作时间，工作量，工作压力，工作认同感，公司管理情况，如工作要求、奖惩制度、就业培训、工作保障、福利待遇、申诉解决机制，对公司的归属感，工作经历，对下一份工作的期待等）。		**从业年限：**两年多。 **工作时间：**工作时间一般是早上7点至晚上12点，有夜班和早班，正常是早上10点多到晚上10点多。 **工作量：**一天平均接四五十单，工资7元一单。 **工作压力：**跑习惯了也还行，没什么工作压力。 **工作认同感：**工作太辛苦，特别是遇到下雨天，心里不踏实。但送外卖工资还可以，也挺自由。 **公司管理情况：** **奖惩制度：**公司惩罚大于奖赏，超时、差评都会扣钱，一个差评扣10元，工作上扣钱地方太多，奖钱地方太少。 **就业培训：**公司没什么培训管理，每天跑单都来不及，最开始公司有培训过我们，每个站点的人去一个写字楼里的办公室里培训，现在少一点。	

（续表）

访谈对象	饿了么—朱先生	访谈时间	2019年2月23日
访谈地点	紫荆广场门口	访谈人	邓
具体问题		访谈记录	
3. **被访者的工作情况和职业发展**（如从业年限，工作时间，工作量，工作压力，工作认同感，公司管理情况，如工作要求、奖惩制度、就业培训、工作保障、福利待遇、申诉解决机制，对公司的归属感，工作经历，对下一份工作的期待等）。		**工作保障**：公司无“五险一金”，每天买3元的意外保险，其他并没有。 **申诉机制**：公司的申诉不清楚具体情况。 **工作经历**：之前在老家做过水果批发，其他也做过一点。因为听说送外卖工资还可以，时间也挺自由，就自己找机会进入外卖行业。 **工作计划**：再干两个月就在附近找班上，这个太辛苦，心里不踏实，有空做做“众包”。	
4. **社会心态**（如对上海的整体印象、自己与城市关系的认知、归属感融入感、定居意愿、政治参与、政治态度等）。		**定居意愿**：未来暂时不打算回老家。 **对上海的态度和认知**：对上海没什么归属感，未来希望找个工作挣点钱，接妻子孩子来上海。 **社会参与**：没时间接触社区活动，基本无。	
5. **主要诉求**（如提升收入、完善保障、提高社会地位等）。		**奖惩制度**：工作上扣钱的地方太多，奖钱的地方太少，希望以后公平一点。 **其他方面**：未来希望找个工作挣点钱，接妻子孩子来上海，把家里的账还了。	
6. **其他备注**（如有趣的个人故事或人生经历等）。		无。	

编号：55（AH）

访谈对象	美团—陈先生	访谈时间	2019年2月23日
访谈地点	紫荆广场	访谈人	邓
具体问题		访谈记录	
1. **被访者的基本信息**（包括性别、年龄、户籍所在地、受教育程度、薪资、政治面貌、信仰等）。		**性别**：男　　　　**年龄**：52岁 **户籍**：江苏	

（续表）

访谈对象	美团—陈先生	访谈时间	2019年2月23日
访谈地点	紫荆广场	访谈人	邓
具体问题		访谈记录	
2. **被访者的生活境况**（如工作时间安排、休闲娱乐活动、婚姻感情状况、社会交往情况等）。		**工作时间安排：**无。 **婚姻感情状况：**已婚，一个女儿已经出嫁。	
3. **被访者的工作情况和职业发展**（如从业年限，工作时间，工作量，工作压力，工作认同感，公司管理情况，如工作要求、奖惩制度、就业培训、工作保障、福利待遇、申诉解决机制，对公司的归属感，工作经历，对下一份工作的期待等）。		**从业年限：**三年。 **工作时间：**工作时间一般是早上7点至晚上12点。 **工作量：**工资4.7元一单。 **工作压力：**一个电瓶冬天跑一两个小时就没电了，剩下的时间光用来充电了。压力很大。 **工作经历：**之前在顺丰做快递，做了有十几年了。外卖兼职从业三年了，早上做快递，中午做美团，高峰期抢外卖。我从2018年4月份开始全职做外卖。 **入职缘由：**送快递比较固定，送外卖比较自由，家里有个八十多岁的老父亲在，有哮喘，家里一有事情就可以回去。送快递的话，每个人有一个区域要负责，一天两天请假可以，时间长了就不行了。	
4. **社会心态**（如对上海的整体印象、自己与城市关系的认知、归属感融入感、定居意愿、政治参与、政治态度等）。		没有什么感觉，感觉自己就是在打工，和城市没什么关系。	
5. **主要诉求**（如提升收入、完善保障、提高社会地位等）。		**诉求：**公司提高每单价格。	
6. **其他备注**（如有趣的个人故事或人生经历等）。		送餐的时候，一个二十多岁的男孩子让我扔垃圾、买烟，这种本来不属于外卖员业务范围内的事情也得继续做，没办法就拜托同事帮忙买烟，小伙子给了差评，原因是其他，最后说是因为买了假烟。	

编号：56（AI）

访谈对象	饿了么—楚先生	访谈时间	2019年2月23日
访谈地点	紫荆广场	访谈人	潘、吴

具体问题	访谈记录
1. **被访者的基本信息**（包括性别、年龄、户籍所在地、受教育程度、薪资、政治面貌、信仰等）。	**性别**：男 **年龄**：40岁 **户籍**：安徽 **受教育程度**：无 **薪资**：7000—8000元 **政治面貌**：群众 **宗教信仰**：无
2. **被访者的生活境况**（如工作时间安排、休闲娱乐活动、婚姻感情状况、社会交往情况等）。	**工作时间安排**：累了就休息，无时间要求。 **休闲娱乐活动**：在家休息，和朋友聚。 **婚姻感情状况**：已婚，孩子在老家。 **社会交往情况**：有上海的朋友，也会和老乡一起聚。
3. **被访者的工作情况和职业发展**（如从业年限，工作时间，工作量，工作压力，工作认同感，公司管理情况，如工作要求、奖惩制度、就业培训、工作保障、福利待遇、申诉解决机制，对公司的归属感，工作经历，对下一份工作的期待等）。	**从业年限**：好几年。 **工作时间**：工作自由，想什么时候上班就什么时候上班。 **工作量**：日接50单左右，一单平均五六元。 **工作压力**：还行，时间自由，想干就干，没什么压力。 **工作认同感**：对外卖这个工作没什么感觉，没有办法才干，如果找到合适的工作就不干。 **奖惩制度**：差评会扣钱，就算一个月没有差评也不会有奖励，只有惩罚没有奖励。自己取消订单会有惩罚，但客户取消订单却不会受到惩罚。 **就业培训**：无岗前培训，靠自己摸索，没有定期培训和晨会。 **工作保障**：公司会提供意外险，不提供养老保险。 **申诉机制**：反馈给公司也没用，公司只考虑客户利益。 **工作经历**：以前在宁波送快递，来到上海找不到事情做，又因为外卖工作自由就做了外卖配送员。 **工作计划**：以后回老家工作，看有什么合适的工作就做。

（续表）

访谈对象	饿了么—楚先生	访谈时间	2019年2月23日
访谈地点	紫荆广场	访谈人	潘、吴
具体问题		访谈记录	
4. **社会心态**（如对上海的整体印象、自己与城市关系的认知、归属感融入感、定居意愿、政治参与、政治态度等）。		**定居意愿：**未来回老家。 **对上海的态度和认知：**上海人就这么回事，还行，上海与宁波相比差不多，在哪里都是打工，只是上海不是家乡。 **社会参与：**和社区居委会不怎么沟通，也不参与社区活动，没有时间去。	
5. **主要诉求**（如提升收入、完善保障、提高社会地位等）。		**工资收入：**现在一单平均五六元，前几年更多，去年还能7元但今年不行了，希望价格不要再跌了。 **奖惩制度：**希望公司以后有奖有罚。	
6. **其他备注**（如有趣的个人故事或人生经历等）。		会有客户要求帮忙带垃圾，不帮忙带会给差评，还有客户会说我们打电话性骚扰她，我们怎么去性骚扰她，无理取闹的人很多，不太理解自己工作，反馈给公司也没用，公司只考虑客户利益。	

编号：57（AJ）

访谈对象	蜂鸟配送—张先生	访谈时间	2019年2月23日
访谈地点	紫荆广场	访谈人	潘、吴
具体问题		访谈记录	
1. **被访者的基本信息**（包括性别、年龄、户籍所在地、受教育程度、薪资、政治面貌、信仰等）。		**性别：**男　**年龄：**26岁 **户籍：**西安　**受教育程度：**高中 **政治面貌：**团员　**宗教信仰：**无 **薪资：**不确定，根据接单量日结	
2. **被访者的生活境况**（如工作时间安排、休闲娱乐活动、婚姻感情状况、社会交往情况等）。		**工作时间安排：**平时想休息就可以休息，但因为平台的等级制度问题，基本上不休息。 **休闲娱乐活动：**无。 **婚姻感情状况：**未婚，无女朋友。 **社会交往情况：**和上海本地人有正常的交往。	

（续表）

访谈对象	蜂鸟配送—张先生	访谈时间	2019年2月23日
访谈地点	紫荆广场	访谈人	潘、吴
具体问题		访谈记录	
3. **被访者的工作情况和职业发展**（如从业年限，工作时间，工作量，工作压力，工作认同感，公司管理情况，如工作要求、奖惩制度、就业培训、工作保障、福利待遇、申诉解决机制，对公司的归属感，工作经历，对下一份工作的期待等）。		**从业年限：**一年。 **工作时间：**随自己，但基本工作18小时左右。 **工作量：**随自己。 **工作压力：**因为平台的等级制度问题，等级越低越挣不到钱，所以工作压力很大，公司不顾人死活。 **工作认同感：**不会选择长期做外卖工作，顶多做到今年。 **奖惩制度：**给差评没有太大影响，只是派单率会低一点。 **就业培训：**一开始做外卖配送员没有培训，只有老手带路线。“众包”有定期培训，集结在美食城，教一些提高服务态度的技能。 **工作保障：**自己有买过养老保险，交了北京的社保，公司没有提供保险。 **申诉机制：**不了解。 **工作经历：**以前在北京国企里面工作，后来身体原因没干了，考虑到想做一些事情，因为各种原因就来了上海做外卖配送员。 **工作计划：**之后可能会回西安找工作，因为房子买在西安，会回去发展。	
4. **社会心态**（如对上海的整体印象、自己与城市关系的认知、归属感融入感、定居意愿、政治参与、政治态度等）。		**定居意愿：**回西安发展。 **对上海的态度和认知：**上海和北京都还可以，毕竟是一线大城市。 **社会参与：**现在在上海合租，不了解社区活动。	
5. **主要诉求**（如提升收入、完善保障、提高社会地位等）。		希望外卖配送的价格不要一直跌，平台的人太多了。工作压力也很大，公司不顾人死活，未来希望能工作得更好。	
6. **其他备注**（如有趣的个人故事或人生经历等）。		工作过程中有收到过投诉差评，但是也发生过许多暖心的事情，比如夏天会送可乐。	

编号： 58（AK）

访谈对象	蜂鸟配送一王先生	访谈时间	2019年2月23日
访谈地点	紫荆广场	访谈人	潘、吴
具体问题		访谈记录	
1. **被访者的基本信息**（包括性别、年龄、户籍所在地、受教育程度、薪资、政治面貌、信仰等）。		**性别：** 男　**年龄：** 30岁 **户籍：** 湖北　**政治面貌：** 群众 **宗教信仰：** 无	
2. **被访者的生活境况**（如工作时间安排、休闲娱乐活动、婚姻感情状况、社会交往情况等）。		除了上班就是上班，不休息。	
3. **被访者的工作情况和职业发展**（如从业年限，工作时间，工作量，工作压力，工作认同感，公司管理情况，如工作要求、奖惩制度、就业培训、工作保障、福利待遇、申诉解决机制，对公司的归属感，工作经历，对下一份工作的期待等）。		**从业年限：** 两年。 **工作时间：** 从早上天还没亮到晚上天黑了还在跑，一天睡五六个小时。 **工作压力：** 一开始在饿了么平台跑单，一周跑280单奖励三四百元，每天还有奖励，一天平均接40单左右，按正常时间上班可以做到，但现在涨到470单，一天70单，很会跑的人平均一个小时最多跑4单左右，70单一天要跑18个小时，压力很大，早上6点起来，甚至晚上12点过后还在跑。 **工作认同感：** 工作辛苦，而且平台的人太多，谁都可以来，门槛太低，比如扫地的、利用下班时间兼职的、身体残疾的，连70多岁的上海本地老人都在做。 **奖惩制度：** 平台开工第一天扣3元。有等级制度，如果想升等级就基本上要把工作压得很紧，如果休息一天，平台的奖励就没有了，除非不要奖励，而且等级越高派单越好，要是休息了，单都不给派，等级越低越挣不到钱，工作压力也越大。 **就业培训：** 有定期培训，集结在美食城，教一些提高服务态度的技能，避免给差评。 **工作保障：** 无保险。 **申诉机制：** 我是弱者，公司奖惩制度上没话语权，公司说了算。	

（续表）

访谈对象	蜂鸟配送—王先生	访谈时间	2019 年 2 月 23 日
访谈地点	紫荆广场	访谈人	潘、吴
具体问题		访谈记录	
4. **社会心态**（如对上海的整体印象、自己与城市关系的认知、归属感融入感、定居意愿、政治参与、政治态度等）。		上海是一线城市，房租很贵，生活压力很大。	
5. **主要诉求**（如提升收入、完善保障、提高社会地位等）。		希望饿了么平台的设置能像滴滴打车一样，规定一天最多接几单，接到了就停掉接单系统。希望未来外卖平台不管是美团还是蜂鸟“众包”都能有一个稳定的价格，不要一跌再跌。我要养家糊口，希望有稳定工作，不想有太大的工作压力，外卖行业一天工作 17—18 个小时，房租也很贵，生活压力很大。	
6. **其他备注**（如有趣的个人故事或人生经历等）。		新华医院的八号楼和九号楼，楼很难上，上下一个来回 20 分钟，有时候客户自己把地址搞错了，反而抱怨我，还给差评。有时候有其他单需要先送，稍微超时一会儿就会给差评。也收到过奖赏，有一天下雪送单，客户打赏了 50 元，我发短信问客户是不是搞错了，客户说这么冷的天还送外卖，很感激，我以为输入时错把 5 输成 50 想还给客户，客户说就是给我的，挺温暖的。	

编号：59（AL）

访谈对象	美团—刘先生	访谈时间	2019 年 2 月 23 日
访谈地点	曲阳家乐福	访谈人	吴、魏
具体问题		访谈记录	
1. **被访者的基本信息**（包括性别、年龄、户籍所在地、婚姻状况、受教育程度、薪资、政治面貌、信仰等）。		**性别**：男 **户籍**：江苏 **学历**：大专 **月薪**：10000 元左右	**年龄**：25 岁 **婚姻状况**：未婚 **政治面貌**：共青团员

（续表）

访谈对象	美团—刘先生	访谈时间	2019年2月23日
访谈地点	曲阳家乐福	访谈人	吴、魏
具体问题		访谈记录	
2. **被访者的工作情况**（如职业发展历程、当前从业时间、日工作量、上岗培训、社会保险、福利待遇、客户态度等）。		**职业发展历程：**之前做过房产销售。这边的外卖工作收入更高。 **当前从业时间：**从早上11点工作到晚上11点，中午有吃饭时间。 **日工作量：**一天接单量为四五十单。 **配送范围：**三四公里左右。 **客户态度：**客户大部分人态度也还不错，下雨天也会嘱咐我们小心一点。	
3. **被访者的日常生活**（如休息时间、感情生活、社交网络、娱乐活动等）。		**休息时间：**一个月大约休四天假，休息的时候一般逛街、约会。 **感情生活：**附近与女朋友合租，一个月大概储蓄5000元左右。家庭暂时没有催婚，但结婚经济压力存在。	
4. **职业看法**（如服务意识、职业认同、对公司管理的看法、是否期望技能培训、职业荣誉感、对下一份工作的期待等）。		**奖惩措施：**公司有奖惩措施，如果超时了、有差评了就要扣钱。准时率达标没有差评的话就会有奖励。奖惩制度还行。公司的差评申诉机制还不错，如果是给商家的差评不小心给我的话可以取消，和站长说一声就可以了，我用过几次这个机制，感觉效率还不错。公司对我们骑手的保障还不错。 **培训：**有岗前培训，每周每月都有站长带我们一起去站点培训。 **是否期望技能培训：**不愿意参加公司其他的培训，觉得占用工作时间。 **职业发展：**这个外卖配送工作只是暂时做一下，未来没想好，先存钱，再做点生意。	
5. **主要诉求**（如提升收入、完善保障、提高社会地位等）。		工作和生活方面的改进没办法短时间内就达成，想了可能也没有用。	
6. **其他备注**（如有趣的个人故事或人生经历等）。		无。	

编号：60（AM）

访谈对象	饿了么—刘先生	访谈时间	2019年2月23日
访谈地点	曲阳家乐福	访谈人	吴、魏

具体问题	访谈记录
1. **被访者的基本信息**（包括性别、年龄、户籍所在地、婚姻状况、受教育程度、薪资）。	**性别：**男　**年龄：**30岁 **户籍：**江苏　**婚姻状况：**已婚 **月薪：**7000元
2. **被访者的工作情况**（如职业发展历程、当前从业时间、日工作量、上岗培训、社会保险、福利待遇、客户态度等）。	**职业发展历程：**以前做过传统的装修工作。干外卖是因为实在没办法，这个挣得比较多。 **当前从业时间：**早上9点到晚上10点，全年无休。 **日工作量：**正常每天三十多单，7.7元一单。 **配送范围：**归站点统一调配。商圈四周方圆四点几公里。 **客户态度：**不管是在上海还是在别的地方，人都有好有坏，不能太片面，包括我们自己也是这样的。
3. **被访者的日常生活**（如休息时间、感情生活、社交网络、娱乐活动等）。	**休息时间：**全年无休。 **社交网络：**以前在上海做项目认识的朋友现在都不联系了。这边也有亲戚。
4. **职业看法**（如服务意识、职业认同、对公司管理的看法、是否期望技能培训、职业荣誉感、对下一份工作的期待等）。	**培训：**岗前培训会有教怎么接单。每次APP上会更新一些需要学习的内容，还要考核。 **奖惩制度：**奖励不多罚得多，有恶劣天气、高温补贴，年底也会发奖金。差评超时的话都要罚款，掺洒、被偷都要自己负责。我没有申诉过，会想办法自己去处理，也不了解，年前也出过类似的申诉文件，一般都是和客户沟通。 **工作期待：**感觉很累，想辞职不干了。以后不打算做外卖了，现在很惆怅，本来打算辞职，但之后的事情没有定好，走也走不了。这边太累太辛苦了，工作十来个小时，工资就那么多。不准备回老家，家里没意思。
5. **主要诉求**（如提升收入、完善保障、提高社会地位等）。	谁都希望改善，人总是要往高处走，但是没用。暂时没什么要求和想法。如果有更好的选择，就不会再干这个了。这个工作说难听点都是拿命换钱，如果着急了路上肯定会违法，谁也不想拿命换钱。现在干了这么长时间，已经比较腻了。 有些人会以钱压人，我们是最底层的人，就只能这样。好做就做，不好做就辞职不干。

（续表）

访谈对象	饿了么—刘先生	访谈时间	2019年2月23日
访谈地点	曲阳家乐福	访谈人	吴、魏
具体问题		访谈记录	
6. **其他备注**（如有趣的个人故事或人生经历等）。		大学生里也有不讲道理的人，不送到不允许点送达。我们也很无奈，自己只是跑腿的，像家乐福这种配不出来我们也没办法。幸好客户最后通情达理取消了差评。有的人家下雨天特意打电话说没关系慢点送。以前下暴雨的时候根本走不了，超时了客户就不要了。也没有保险，发生交通事故的话只能自己负责。	

编号：61（AN）

访谈对象	京东外卖—徐先生	访谈时间	2019年2月23日
访谈地点	曲阳家乐福	访谈人	吴、魏
具体问题		访谈记录	
1. **被访者的基本信息**（包括性别、年龄、户籍所在地、婚姻状况、受教育程度、薪资、政治面貌、信仰等）。		**性别：**男　**年龄：**26岁 **户籍：**安徽　**婚姻状况：**单身 **学历：**初中　**政治面貌：**不方便透露 **月薪：**6000元	
2. **被访者的工作情况**（如职业发展历程、当前从业时间、日工作量、上岗培训、社会保险、福利待遇、客户态度等）。		**职业发展历程：**以前在京东送快递三年多，当时的站长因为我不会喝酒，和其他会喝酒的同事形成了一个圈子排挤我，他们的错误会被包庇，向上面反映也没什么用，所以辞职了。 **当前从业时间：**上午11点到晚上12点，夜晚有补贴。有休息时间，每月四天，向组长请假即可。 **日工作量：**月薪计件，暂时还不清楚今年的情况，之前是7.7元一单，以前一天配送三四十单。	
3. **被访者的日常生活**（如休息时间、感情生活、社交网络、娱乐活动等）。		**感情生活：**家里催婚，压力比较大，但自己觉得事业为大。现在回家比较频繁，以后发展的话就忍忍，忍不了的话那几年还是不能回家。 **社交网络：**与上海的亲戚每天都能见面。	

（续表）

访谈对象	京东外卖—徐先生	访谈时间	2019年2月23日
访谈地点	曲阳家乐福	访谈人	吴、魏
具体问题		访谈记录	
4. **职业看法**（如服务意识、职业认同、对公司管理的看法、是否期望技能培训、职业荣誉感、对下一份工作的期待等）。		**奖惩制度：**根据天气不同和个人准时率、差评等进行奖惩，奖惩制度有点不太合理。差评的话只能经过站长同意才能取消，但是公司仍然是以客户为先的。 **对公司管理的看法：**保险是自己掏钱买的，上班期间出现交通事故的话公司负责。公司制度没办法改进，主要是以客户为导向，外卖员缺了还是有人干。 **工作期待：**近两年准备去北京开理发店，也可能就在上海开店。	
5. **主要诉求**（如提升收入、完善保障、提高社会地位等）。		我还是想说，不是每个外卖员都闯红灯，只是因为我们穿制服，所以你们以为都是我们在闯红灯，如果我们把衣服脱掉，和你们一样，甚至你们闯的红灯更多。如果不是商家出餐慢或客户催单，我们是不会闯红灯的。时间没多少的时候才会冒险的，我们也不想违法。路口如虎口。 最想改变的是，外卖员中也有很多退伍军人、退役警察。但是上海这边的写字楼、小区不允许外卖员进来，人人平等工作，应当不分你我。我们脱掉制服后和大家都是一样的。	
6. **其他备注**（如有趣的个人故事或人生经历等）。		以前有人晚上11点多恶搞，让我们去建材市场买水泥。	

编号：62（BK）

访谈对象	饿了么—马先生	访谈时间	2019年2月24日
访谈地点	同济联合广场	访谈人	马、寿
具体问题		访谈记录	
1. **被访者的基本信息**（包括性别、年龄、户籍所在地、受教育程度、薪资、政治面貌、信仰等）。		**性别：**男　**年龄：**50岁 **户籍：**宁波　**受教育程度：**高中肄业 **薪资：**13000—14000元　**政治面貌：**群众 **宗教信仰：**无	

（续表）

访谈对象	饿了么—马先生	访谈时间	2019年2月24日
访谈地点	同济联合广场	访谈人	马、寿
具体问题		访谈记录	
2. **被访者的生活境况**（如工作时间安排、休闲娱乐活动、婚姻感情状况、社会交往情况等）。		**工作时间安排：**自己安排，想休息就休息了。不想做了，手机一关就可以了。 **休闲娱乐活动：**年纪大了，没有什么休闲娱乐活动。 **婚姻感情状况：**已婚，一个人在上海，妻子孩子在老家，今年没回老家。 **社会交往情况：**有亲戚朋友在上海。	
3. **被访者的工作情况和职业发展**（如从业年限，工作时间，工作量，工作压力，工作认同感，公司管理情况，如工作要求、奖惩制度、就业培训、工作保障、福利待遇、申诉解决机制，对公司的归属感，工作经历，对下一份工作的期待等）。		**从业年限：**20多年。 **工作时间：**自己想接就接，工作时间很自由，高峰期的时候就接多一点。 **工作量：**一天40—50单，工资一天200元左右。 **工作压力：**大，孩子还要上学，年纪大了，再跑跑就回家了。 **工作认同感：**没什么认同感，做兼职。 **公司管理情况：** **奖惩制度：**“众包”的话不会有实质性的惩罚，但是有人投诉的话，我们的信誉分会受影响。 **就业培训：**刚进的时候会有一个大致的培训，但是自己跑着跑着就熟悉了。 **工作保障：**公司无“五险一金”，每天买3元的意外保险，其他并没有。 **申诉机制：**这个不太清楚。 **工作经历：**在这边主业是做生意，做了挺多年了。 **工作计划：**准备明年就回家了。	
4. **社会心态**（如对上海的整体印象、自己与城市关系的认知、归属感融入感、定居意愿、政治参与、政治态度等）。		**定居意愿：**要回老家。 **对上海的态度和认知：**时间长了，还是有一点觉得，这儿是外地。 **社会参与：**社会参与不足。	
5. **主要诉求**（如提升收入、完善保障、提高社会地位等）。		**奖惩制度：**无。 **其他方面：**住房问题还是挺严重的，希望早点回家。	

（续表）

访谈对象	饿了么—马先生	访谈时间	2019年2月24日
访谈地点	同济联合广场	访谈人	马、寿
具体问题		访谈记录	
6. **其他备注**（如有趣的个人故事或人生经历等）。		有时候充电的地方太难找，推着车走几公里都找不到适合充电的地方，路边的饭店一般都不会让免费充电，只能找地下车库。有些快充的自动充电，一个小时6元，充满得要两个多小时，充一次等于两单白做。这个钱花得不值得。	

编号：63（BL）

访谈对象	饿了么—张先生	访谈时间	2019年2月24日
访谈地点	同济联合广场	访谈人	马、寿
具体问题		访谈记录	
1. **被访者的基本信息**（包括性别、年龄、户籍所在地、受教育程度、薪资、政治面貌、信仰等）。		**性别：**男　**年龄：**28岁 **户籍：**安徽　**受教育程度：**高中 **薪资：**10000—12000元　**政治面貌：**群众 **宗教信仰：**无	
2. **被访者的生活境况**（如工作时间安排、休闲娱乐活动、婚姻感情状况、社会交往情况等）。		**工作时间安排：**想做就做，想休息就休息。 **休闲娱乐活动：**就是回家睡觉。 **婚姻感情状况：**已婚，妻子和丈母娘在上海。孩子16个月了。 **社会交往情况：**有朋友一起周末上网出去玩什么的。	
3. **被访者的工作情况和职业发展**（如从业年限，工作时间，工作量，工作压力，工作认同感，公司管理情况，如工作要求、奖惩制度、就业培训、工作保障、福利待遇、申诉解决机制，对公司的归属感，工作经历，对下一份工作的期待等）。		**从业年限：**7年。 **工作时间：**想做就做，想休息就休息。 **工作量：**一天平均接四五十单，工资按照里程来配。 **工作压力：**自己有生意，外卖这个行业的压力不太有。 **工作认同感：**没有什么认同感，就只是把这个当作外快来做。 **公司管理情况：**现在在饿了么，之前在美团。觉得饿了么的公司保障比美团好。跟团队的时候，站长真的比较负责。	

（续表）

访谈对象	饿了么—张先生	访谈时间	2019 年 2 月 24 日
访谈地点	同济联合广场	访谈人	马、寿
具体问题		访谈记录	
3. 被访者的工作情况和职业发展（如从业年限，工作时间，工作量，工作压力，工作认同感，公司管理情况，如工作要求、奖惩制度、就业培训、工作保障、福利待遇、申诉解决机制，对公司的归属感，工作经历，对下一份工作的期待等）。		**奖惩制度：**兼职的话，没什么影响，全职的话会扣钱。 **就业培训：**兼职的话没有培训，就是平台会有简单审核。 **工作保障：**公司无“五险一金”，每天买 3 元的意外保险，其他并没有。保险这个东西，我们是不会觉得费钱的，只要真的能对我们有保障，一个月 1000 元我们也愿意交。我们每天风里来雨里去，自己不害怕吗？也害怕。我们自己的确可以买保险，可是我们很多人怕被骗，公司最好能够帮我们统一购入，贵一点都无所谓，能真的保障就行。 **申诉机制：**公司其实会安排一些，但是绝大多数情况下还是直接在平台上登记。没有正规的培训。 **工作经历：**自己家里做生意的，外卖就是赚个零花钱。 **工作计划：**本来不准备做了，但是妻子还想在这边待一待，我就再赚一点是一点。	
4. 社会心态（如对上海的整体印象、自己与城市关系的认知、归属感融入感、定居意愿、政治参与、政治态度等）。		**定居意愿：**去苏州，在苏州已经有店铺了。 **对上海的态度和认知：**没什么归属感，上海只是目前一个落脚点而已。 **社会参与：**不怎么参与社区活动，觉得意义不大，没有钱赚。	
5. 主要诉求（如提升收入、完善保障、提高社会地位等）。		**奖惩制度：**无。 **其他方面：**希望自己家的生意可以越做越好，赶快把玉卖出去。	
6. 其他备注（如有趣的个人故事或人生经历等）。		在做团队的时候，有一个客户故意刁难我们，很多次明明收到单了还说没有收到，最后我们发现是恶意的。跟公司反映过后，公司就在用户端把这个用户给拉黑了，他就永远不能在美团上点外卖。	

编号：64（BM）

访谈对象	美团—朱先生	访谈时间	2019年2月24日
访谈地点	同济联合广场	访谈人	马、寿
具体问题		访谈记录	
1. **被访者的基本信息**（包括性别、年龄、户籍所在地、受教育程度、薪资、政治面貌、信仰等）。		**性别：**男　**年龄：**34岁 **户籍：**安徽　**受教育程度：**高中肄业 **薪资：**10000—12000元　**政治面貌：**群众 **宗教信仰：**无	
2. **被访者的生活境况**（如工作时间安排、休闲娱乐活动、婚姻感情状况、社会交往情况等）。		**工作时间安排：**要看公司安排。 **休闲娱乐活动：**一般出去玩半天放松一下。 **婚姻感情状况：**已婚。 **社会交往情况：**上海认识的朋友不多。	
3. **被访者的工作情况和职业发展**（如从业年限，工作时间，工作量，工作压力，工作认同感，公司管理情况，如工作要求、奖惩制度、就业培训、工作保障、福利待遇、申诉解决机制，对公司的归属感，工作经历，对下一份工作的期待等）。		**从业年限：**四年。 **工作时间：**工作时间一般是早上7点至晚上12点，如果遇到下雨天或者单子多的时候就会早点出来，多送一点。 **工作量：**一天接四五十单，工资7元一单。 **工作压力：**还可以。 **工作认同感：**没什么认同感，现在美团都是把我们承包给第三方。通过第三方来管理人员。 **公司管理情况：** **奖惩制度：**被投诉的话会被罚钱，但一般不会被投诉。 **就业培训：**做全职，我们有培训，早上还要开会，一般系统直接派送单。 **工作保障：**公司无“五险一金”，每天买3元的意外保险，其他没有。 **申诉机制：**不清楚具体情况。 **工作经历：**之前在老家做水果批发，其他也做过一点。 **工作计划：**再做几年。	
4. **社会心态**（如对上海的整体印象、自己与城市关系的认知、归属感融入感、定居意愿、政治参与、政治态度等）。		**定居意愿：**回老家。 **对上海的态度和认知：**没什么归属感。 **社会参与：**不足。	
5. **主要诉求**（如提升收入、完善保障、提高社会地位等）。		**其他方面：**希望在住房的事情上还是稍微多一些帮助。多点补助或者安排公租房什么的。	

（续表）

访谈对象	美团—朱先生	访谈时间	2019 年 2 月 24 日
访谈地点	同济联合广场	访谈人	马、寿
具体问题		访谈记录	
6. **其他备注**（如有趣的个人故事或人生经历等）。		遇上高峰期，手里可能一次性有五六单，再遇到找不到地方的、商家出餐慢的、客户催单的情况，时间来不及了你怎么跑？高峰期路又堵，他们又催，慢了又扣钱，只能争分夺秒啊，心里只想着快点送到，其他事情有时候就来不及考虑了。	

编号：65（BN）

访谈对象	美团—俞先生	访谈时间	2019 年 2 月 24 日
访谈地点	曲阳路家乐福附近	访谈人	马、寿、迪、周
具体问题		访谈记录	
1. **被访者的基本信息**（包括性别、年龄、户籍所在地、受教育程度、薪资、政治面貌、信仰等）。		**性别：**男　**年龄：**25 岁 **户籍：**河南　**受教育程度：**高中肄业 **薪资：**13000—14000 元　**政治面貌：**群众 **宗教信仰：**无	
2. **被访者的生活境况**（如工作时间安排、休闲娱乐活动、婚姻感情状况、社会交往情况等）。		**工作时间安排：**按照公司的来。 **休闲娱乐活动：**一般出去玩半天放松。 **婚姻感情状况：**还没结婚。 **社会交往情况：**没什么固定的朋友圈，就是一起住的室友关系好点。	
3. **被访者的工作情况和职业发展**（如从业年限，工作时间，工作量，工作压力，工作认同感，公司管理情况，如工作要求、奖惩制度、就业培训、工作保障、福利待遇、申诉解决机制，对公司的归属感，工作经历，对下一份工作的期待等）。		**从业年限：**一年。 **工作时间：**工作时间一般是早上 7 点至晚上 12 点，有夜班和早班，正常是早上 10 点多到晚上 10 点多。 **工作量：**一天平均接四五十单，工资 7 元一单。 **工作压力：**有点压力，不太想做了。 **工作认同感：**没什么很强的认同感，东西什么的其实是我们自己买的。很累。 **奖惩制度：**公司惩罚大于奖赏，超时、差评都会扣钱，一个差评扣 10 元，工作上扣钱的地方太多，奖钱的地方太少。	

（续表）

访谈对象	美团—俞先生	访谈时间	2019 年 2 月 24 日
访谈地点	曲阳路家乐福附近	访谈人	马、寿、迪、周
具体问题		访谈记录	
3. **被访者的工作情况和职业发展**（如从业年限，工作时间，工作量，工作压力，工作认同感，公司管理情况，如工作要求、奖惩制度、就业培训、工作保障、福利待遇、申诉解决机制，对公司的归属感，工作经历，对下一份工作的期待等）。		**就业培训**：公司没什么培训管理，就是刚进来的时候说几句。 **工作保障**：公司无“五险一金”，每天买 3 元的意外保险，其他并没有，养老保险什么的要去社保局交。 **申诉机制**：好像没有吧？我也不太了解。 **工作经历**：过来就做全职了，准备再干一年回家。 **工作计划**：一年吧，然后回家工作。	
4. **社会心态**（如对上海的整体印象、自己与城市关系的认知、归属感融入感、定居意愿、政治参与、政治态度等）。		**定居意愿**：准备回老家。 **对上海的态度和认知**：还没结婚，准备找一个老家的对象，而且对上海没有归属感，上海太大了。 **社会参与**：不足。	
5. **主要诉求**（如提升收入、完善保障、提高社会地位等）。		**奖惩制度**：希望扣钱少一点。 **其他方面**：希望租房的问题能被解决一下。房租太贵了。	
6. **其他备注**（如有趣的个人故事或人生经历等）。		无。	

编号：66（AO）

访谈对象	美团—杨先生	访谈时间	2019 年 2 月 24 日
访谈地点	曲阳路家乐福附近	访谈人	寿、周
具体问题		访谈记录	
1. **被访者的基本信息**（包括性别、年龄、户籍所在地、受教育程度、薪资、政治面貌、信仰等）。		**性别**：男 **户籍**：安徽 **薪资**：10000—12000 元 **宗教信仰**：无	**年龄**：46 岁 **受教育程度**：高中肄业 **政治面貌**：群众

（续表）

访谈对象	美团—杨先生	访谈时间	2019年2月24日
访谈地点	曲阳路家乐福附近	访谈人	寿、周
具体问题		访谈记录	
2. **被访者的生活境况**（如工作时间安排、休闲娱乐活动、婚姻感情状况、社会交往情况等）。		**工作时间安排：**每天都在看手机刷单、抢单。 **休闲娱乐活动：**平时没有娱乐活动，休息时间少。租房在杨浦区，但没有社区活动。 **婚姻感情状况：**已婚，和妻子在上海租房，一个月1600元。两个孩子在老家，大的18岁，在上高中。春节会回老家，见老人和小孩。 **社会交往情况：**没有什么交往，每天见到的都是客户。	
3. **被访者的工作情况和职业发展**（如从业年限，工作时间，工作量，工作压力，工作认同感，公司管理情况，如工作要求、奖惩制度、就业培训、工作保障、福利待遇、申诉解决机制，对公司的归属感，工作经历，对下一份工作的期待等）。		**从业年限：**来上海三四年，一直做外卖工作。 **工作时间：**每天都在看手机刷单、抢单，休息时间少。 **工作量：**平时一天50单左右，天气好单少天气恶劣单多。 **工作压力：**存在工作压力，主要是安全问题。 **工作认同感：**认为自己没有文凭，年纪大，其他工作不好找，但这份工作工资较高。 **公司管理情况：**不清楚。 **奖惩制度：**按单给钱，扣钱的地方很多。 **就业培训：**没有。 **工作保障：**公司每天有保险，系统平台自动扣钱。 **申诉机制：**不知自己对平台的意见应当向何处申诉。 **工作经历：**以前在福利院工作。 **工作计划：**接下来计划继续做外卖配送工作，留在上海。	
4. **社会心态**（如对上海的整体印象、自己与城市关系的认知、归属感融入感、定居意愿、政治参与、政治态度等）。		**定居意愿：**条件允许希望在上海定居，希望孩子考好大学来上海。 **对上海的态度和认知：**对上海没有什么归属感。 **社会参与：**有些想法，但是不知道怎么表达。	
5. **主要诉求**（如提升收入、完善保障、提高社会地位等）。		**奖惩制度：**无。 **其他方面：**希望政府建立申诉渠道。不知自己对平台的意见应当向何处申诉。	
6. **其他备注**（如有趣的个人故事或人生经历等）。		无。	

编号：67（AP）

访谈对象	饿了么—张先生	访谈时间	2019年2月24日
访谈地点	曲阳路家乐福附近	访谈人	寿、周
具体问题		访谈记录	
1. **被访者的基本信息**（包括性别、年龄、户籍所在地、受教育程度、薪资、政治面貌、信仰等）。		**性别：**男 **年龄：**24岁 **户籍：**贵州 **受教育程度：**高中肄业 **薪资：**10000—14000元 **政治面貌：**群众 **宗教信仰：**无	
2. **被访者的生活境况**（如工作时间安排、休闲娱乐活动、婚姻感情状况、社会交往情况等）。		**工作时间安排：**早上9点至晚上10点。 **休闲娱乐活动：**无休闲娱乐活动，但在不值班时会在晚上10点后与团队内朋友吃饭、唱歌。住处没有社区活动，亦没有时间参加。 **婚姻感情状况：**未婚，不期待在上海找结婚对象。 **社会交往情况：**上海无亲戚朋友，与取餐处的关系良好，认为商家就是自己的朋友。	
3. **被访者的工作情况和职业发展**（如从业年限，工作时间，工作量，工作压力，工作认同感，公司管理情况，如工作要求、奖惩制度、就业培训、工作保障、福利待遇、申诉解决机制，对公司的归属感，工作经历，对下一份工作的期待等）。		**从业年限：**1多年。 **工作时间：**全职送外卖，早上9点到晚上10点，晚上还有可能值班。 **工作量：**一天接40—50单，高峰期一天60—80单。 **工作压力：**工作压力挺大。 **工作认同感：**不会继续做这份工作，去年开始工资下降（每单工资减少，系统限制条件增加），准备换工作。对工作原先满意，现在因收入下降限制增加而不满意。 **工作要求：**服装、车都是自己购置，要穿工作服，送单限时45分钟变为限时30分钟。 **福利待遇：**天气补贴取消。 **就业培训：**公司没培训，有老员工带新员工。 **工作保障：**公司无“五险一金”，每天买3元的意外保险，其他保障并没有。 **申诉机制：**不太清楚。 **工作经历：**之前在广州，2018年6月来上海，第一份工作是发传单，听说外卖员月收入过万就来送外卖。 **工作计划：**准备几个月内放弃送外卖的工作，下一份工作是回家做房地产，或者去北京发展。	

（续表）

访谈对象	饿了么—张先生	访谈时间	2019 年 2 月 24 日
访谈地点	曲阳路家乐福附近	访谈人	寿、周
具体问题		访谈记录	
4. **社会心态**（如对上海的整体印象、自己与城市关系的认知、归属感融入感、定居意愿、政治参与、政治态度等）。		**定居意愿：**希望留在上海，但经济上单靠自己无法支撑。 **对上海的态度和认知：**打工第一站在广州，第二站在上海，因为自己的向往和崇敬转向上海。广州工厂多，但多属制造业，上海经济发达，消费多。来之前觉得很好，来了之后与想象不同，没有归属感，认为这里是短暂的停留处。 **社会参与：**不足。	
5. **主要诉求**（如提升收入、完善保障、提高社会地位等）。		**奖惩制度：**无。 **其他方面：**免房租（住房补贴），希望交警少查驾照、占用机动车道。	
6. **其他备注**（如有趣的个人故事或人生经历等）。		有时候为了赶时间送餐，会占用机动车道，就会有交警专门等在那里查我们，查驾照什么的，我就被抓到过。	

编号：68（AQ）

访谈对象	饿了么—宁先生	访谈时间	2019 年 2 月 24 日
访谈地点	曲阳路家乐福附近	访谈人	寿、周
具体问题		访谈记录	
1. **被访者的基本信息**（包括性别、年龄、户籍所在地、受教育程度、薪资、政治面貌、信仰等）。		**性别：**男 **户籍：**河南 **薪资：**10000—14000 元 **宗教信仰：**无	**年龄：**30 岁 **受教育程度：**高中肄业 **政治面貌：**群众
2. **被访者的生活境况**（如工作时间安排、休闲娱乐活动、婚姻感情状况、社会交往情况等）。		**工作时间安排：**饿了么全职，上班时间为早上 9 点到晚上 10 点。 **休闲娱乐活动：**平时没有休闲娱乐活动，没时间出去玩。 **婚姻感情状况：**已婚，妻子在老家。因为过年没回家，计划过两天回家。 **社会交往情况：**有亲戚朋友在上海，其中一个引介自己来上海工作，现在在同一个宿舍。	

（续表）

访谈对象	饿了么一宁先生	访谈时间	2019年2月24日
访谈地点	曲阳路家乐福附近	访谈人	寿、周
具体问题		访谈记录	
3. **被访者的工作情况和职业发展**（如从业年限，工作时间，工作量，工作压力，工作认同感，公司管理情况，如工作要求、奖惩制度、就业培训、工作保障、福利待遇、申诉解决机制，对公司的归属感，工作经历，对下一份工作的期待等）。		**从业年限**：先前在老家送外卖。2018年10月来上海送外卖。 **工作时间**：饿了么全职，上班时间为早上9点到晚上10点。 **工作量**：一天平均接四五十单，高峰期为六七十单。 **工作压力**：认为工作压力一般，但生活压力大，消费高，房租每月1700元，太高了。 **工作认同感**：打算先干一年，之后再说。认为自己不可能一直做外卖行业。 **公司管理情况**：混乱，没有签合同，去年遭遇代理商工资拖欠，一位站长被清退，但工资未结清。劳动局和警方互相推诿，饿了么客服亦无响应，后拖延两星期才发放工资。 **就业培训**：老员工带新员工，带一天。 **工作保障**：工作没有签合同，认为这不正规，但保险有交，一天2元多。 **申诉机制**：找客服，找劳动局。 **工作经历**：之前在家乡那里送外卖。 **工作计划**：工作打算做到年底，离职做别的，想搞点投资。	
4. **社会心态**（如对上海的整体印象、自己与城市关系的认知、归属感融入感、定居意愿、政治参与、政治态度等）。		**定居意愿**：对家庭搬到上海没想法。 **对上海的态度和认知**：对城市没有归属感。以前去过苏州，对比觉得上海人多、消费高、租房价格高。昆山租房便宜，五年前一个月300多元，现在四五百元，但上海要翻倍。 **社会参与**：想要参与，但不清楚具体参与方式。	
5. **主要诉求**（如提升收入、完善保障、提高社会地位等）。		**奖惩制度**：无。 **其他方面**：希望政府管理更完善。	
6. **其他备注**（如有趣的个人故事或人生经历等）。		去年遭遇代理商工资拖欠：一位站长被清退，但工资未结清。劳动局和警方互相推诿，饿了么客服亦无响应，后拖延两星期才发放工资。	

编号：69（BO）

<table>
<tr><td>访谈对象</td><td>饿了么站长
—王先生</td><td>访谈时间</td><td>2019 年 3 月 10 日</td></tr>
<tr><td>访谈地点</td><td>周家嘴路</td><td>访谈人</td><td>寿、吴</td></tr>
<tr><td colspan="2">具体问题</td><td colspan="2">访谈记录</td></tr>
<tr><td colspan="2">1. 被访者的基本信息（包括性别、年龄、户籍所在地、受教育程度、薪资、政治面貌、信仰等）。</td><td colspan="2">性别：男　年龄：27 岁
户籍：湖北　受教育程度：大专
薪资：10000 元左右　政治面貌：群众
宗教信仰：无</td></tr>
<tr><td colspan="2">2. 被访者的生活境况（如工作时间安排、休闲娱乐活动、婚姻感情状况、社会交往情况等）。</td><td colspan="2">工作时间安排：早上 9 点到晚上 12 点，没有休息时间。
休闲娱乐活动：感觉累了可以请假找人顶一下，一般在家睡觉。
婚姻感情状况：未婚，有相亲，但是不相信这个。
社会交往情况：有上海本地的朋友，聊得还挺好的。</td></tr>
<tr><td colspan="2">3. 被访者的工作情况和职业发展（如从业年限，工作时间，工作量，工作压力，工作认同感，公司管理情况，如工作要求、奖惩制度、就业培训、工作保障、福利待遇、申诉解决机制，对公司的归属感，工作经历，对下一份工作的期待等）。</td><td colspan="2">从业年限：来上海 3 年，做了 7 个月配送员，升调度员 3 个月，后转为站长。
工作时间：早上 9 点到晚上 12 点。
工作量：主要是帮助商家对外卖单进行分配。送餐过程中遇到的各种事件都需向站长反应。
工作压力：工作压力存在，主要是配送数据的压力。
工作认同感：没有什么想法，在其位谋其政。
公司管理情况：
奖惩制度：公司福利挺好的，但不方便透露。公司提供宿舍，站长不必付房租，配送员要支付。
就业培训：站长有定期培训，培训电脑技能、管理能力，以及安全方面的知识。配送员入行是要进行安全考试的，考试合格之后才能上路。
工作保障：公司有“四险”。
工作经历：之前在广州的工厂打工。后转到上海，做了 7 个月配送员，正好有站长离职，自己有一定的电脑表格制作技能，就转做了站长。
工作计划：目前没有换城市换工作的想法。
对公司的认同感：也谈不上满意不满意，既然选择了这个职业，就好好把它做好。</td></tr>
</table>

（续表）

访谈对象	饿了么站长 —王先生	访谈时间	2019 年 3 月 10 日
访谈地点	周家嘴路	访谈人	寿、吴
具体问题		访谈记录	
4. **社会心态**（如对上海的整体印象、自己与城市关系的认知、归属感融入感、定居意愿、政治参与、政治态度等）。		**定居意愿：**一般般，估计自己留不下来。 **对上海的态度和认知：**认为对上海肯定有贡献，毕竟自己做的是服务行业。	
5. **主要诉求**（如提升收入、完善保障、提高社会地位等）。		**奖惩制度：**无。 **其他方面：**基本上没什么，也没什么要改进的。	
6. **其他备注**（如有趣的个人故事或人生经历等）。		当配送员时会有一些印象比较深刻的事情，比如天气原因出行受阻、商家出不了餐等，但是客户不理解，会送到了却点击取消，或者给差评。作为站长，整天做类似的事情就没有什么印象比较深刻的事了。	

编号：70（BP）

访谈对象	饿了么—罗先生	访谈时间	2019 年 3 月 10 日
访谈地点	双阳路美食广场	访谈人	寿、吴
具体问题		访谈记录	
1. **被访者的基本信息**（包括性别、年龄、户籍所在地、受教育程度、薪资、政治面貌、信仰等）。		**性别：**男 **年龄：**26 岁 **受教育程度：**初中 **政治面貌：**群众	**姓名：**王先生 **户籍：**河南 **薪资：**6000—7000 元 **宗教信仰：**无
2. **被访者的生活境况**（如工作时间安排、休闲娱乐活动、婚姻感情状况、社会交往情况等）。		**工作时间安排：**早上 9 点到晚上 10 点。 **休闲娱乐活动：**没有什么活动，女朋友休息的时候会去找她。社区会组织活动，但自己太忙了没时间参加。 **婚姻感情状况：**未婚，有女友，跟着女朋友一起来的上海。 **社会交往情况：**姐姐也在上海，姐姐很早就来了上海。有上海本地的朋友，平时有空会坐在一起闲吹牛皮。	

（续表）

访谈对象	饿了么—罗先生	访谈时间	2019 年 3 月 10 日
访谈地点	双阳路美食广场	访谈人	寿、吴
具体问题		访谈记录	
3. **被访者的工作情况和职业发展**（如从业年限，工作时间，工作量，工作压力，工作认同感，公司管理情况，如工作要求、奖惩制度、就业培训、工作保障、福利待遇、申诉解决机制，对公司的归属感，工作经历，对下一份工作的期待等）。		**从业年限：**一年。 **工作时间：**早上 9 点到晚上 10 点。比较自由，下午没事就可以下线休息。 **工作量：**三四十单。 **工作压力：**工作压力大倒是不大，只是午高峰的时候较忙。 **工作认同感：**没有什么想法，在其位谋其政。 **公司管理情况：**还好，比较自由，要休息提前请假就行，这种管得不严。 **奖惩制度：**会有投诉和差评，差评扣 50 元到 100 元，投诉扣 200 元，会涉及信用分，影响接单。好评会有奖励，一个月的好评超过 20%，每单会加 1 元。 **就业培训：**站长会对配送员进行培训。 **工作保障：**一天 2 元保险费，没有“五险一金”。 **工作经历：**来上海之前在老家打工，干体力活。一到上海就做了配送员，听说这个赚钱，是人家介绍的。 **工作计划：**还没有什么想法，短时间内做这个，再做几个月，存点钱，再做别的。最终回老家发展，做点小本生意。认为在外面总不是长远之计，肯定要回家。 **对工作的认同感：**能吃苦就能挣钱。	
4. **社会心态**（如对上海的整体印象、自己与城市关系的认知、归属感融入感、定居意愿、政治参与、政治态度等）。		**定居意愿：**没想过，上海消费太高了，定居不起。 **对上海的态度和认知：**上海这个城市挺好的。	
5. **主要诉求**（如提升收入、完善保障、提高社会地位等）。		**奖惩制度：**无。 **其他方面：**主要是现在学校不让外卖车进，有的学生打电话说明情况了也不肯出来拿，自己走进去时间比较长。希望学校或政府能给个牌照，出事了能找到，或者统一不让进，让学生出来拿。	
6. **其他备注**（如有趣的个人故事或人生经历等）。		有肯定有，下雨天单子送不到，就会有差评和投诉。	

编号：71（CJ）

访谈对象	饿了么—朱先生	访谈时间	2019年3月15日
访谈地点	江湾体育场	访谈人	潘、艾
具体问题		访谈记录	
1. **被访者的基本信息**（包括性别、年龄、户籍所在地、受教育程度、薪资、政治面貌、信仰等）。		**性别：**男　**年龄：**21岁 **户籍：**河南　**政治面貌：**群众 **婚姻状况：**已婚　**教育程度：**高中 **月收入：**8000元左右　**居住地点：**自己租房住	
2. **被访者的生活境况**（如工作时间安排、休闲娱乐活动、婚姻感情状况、社会交往情况等）。		**工作时间：**早上10点到晚上9点。 **休闲娱乐：**打游戏，平时和朋友出去玩 **家庭状况：**已婚，有孩子。未打算将妻儿接到上海，以后打算回江苏无锡发展，可能会做点生意。	
3. **被访者的工作情况和职业发展**（如从业年限，工作时间，工作量，工作压力，工作认同感，公司管理情况，如工作要求、奖惩制度、就业培训、工作保障、福利待遇、申诉解决机制，对公司的归属感，对下一份工作的期待等）。		**当前工作：**刚开始做一个月，经朋友介绍过来。工作量不大。 **配送范围：**公司有固定的配送范围，超过配送范围接单会被罚款。之前在江苏送过外卖，收入没有上海高。 **接单情况：**每天大概接40单，在无锡送餐时会有客户送水、送冰棍。 **管理情况：**公司要求不能提前确认送达。每天有晨会，会强调仪容仪表、服务要求，清洗送餐箱，温习团队口号。上岗前会有培训，如果因为配送员的过失导致客户取消订单，会罚款，相当于两天白干。公司会对每星期送餐达到一定数量的员工给予现金奖励。 **工作保障：**公司统一购买保险，喜欢送外卖这个行业。 **工作压力：**工作压力不大，很自由，很喜欢这份工作。 **工作变动：**一个月前到上海工作，打算干到年底，再回无锡工作。	
4. **社会心态**（如对上海的整体印象、自己与城市关系的认知、归属感融入感、定居意愿、政治参与、政治态度等）。		**社会网络：**在上海没有亲戚，有一起过来的朋友，会经常一起出去玩。 **工作评价：**对当前工作很满意，很自由，不像在工厂干活那么受拘束。 **生活：**才刚来，对上海还没有归属感，与本地人交流较少。	

（续表）

访谈对象	饿了么—朱先生	访谈时间	2019 年 3 月 15 日
访谈地点	江湾体育场	访谈人	潘、艾
具体问题		访谈记录	
5. **主要诉求**（如提升收入、完善保障、提高社会地位等）。		对当前工作和生活很满意，希望政府能解决一下电瓶车充电的问题，租房住充电不方便，又不安全。	
6. **其他备注**（如有趣的个人故事或人生经历等）。		无。	

编号：72（CK）

访谈对象	饿了么—刘女士	访谈时间	2019 年 3 月 15 日
访谈地点	百联又一城	访谈人	潘、艾
具体问题		访谈记录	
1. **被访者的基本信息**（包括性别、年龄、户籍所在地、受教育程度、薪资、政治面貌、信仰等）。		**性别：**女　**年龄：**29 岁 **户籍：**江西　**薪资：**7000 元左右	
2. **被访者的生活境况**（如工作时间安排、休闲娱乐活动、婚姻感情状况、社会交往情况等）。		**休闲娱乐：**平常会和丈夫一起去看电影、逛街、吃小吃。 **婚姻状况：**已婚，和丈夫一起在上海送外卖。有孩子在老家，有婆婆帮忙照看，在老家上学。想过将孩子接到上海，但是经济条件不允许。 **社交情况：**在嘉定有个表妹，有时会去那边玩。平时和邻里也有接触。有送外卖的朋友圈子。	
3. **被访者的工作情况和职业发展**（如从业年限，工作时间，工作量，工作压力，工作认同感，公司管理情况，如工作要求、奖惩制度、就业培训、工作保障、福利待遇、申诉解决机制，对公司的归属感，对下一份工作的期待等）。		**从业年限：**刚开始做一个月。 **工作压力：**不是很大，可以自己选择休息或许不休息。 **就业培训：**公司在上班前会有培训，内容主要是交通安全、服务要求、与商家的沟通等。每天早上 9 点到 10 点开晨会，进行餐箱消毒等。有考试制度，主要考关于交通知识、食物保存的知识。还会有老手带新手进行适应。愿意接受公司的技能培训。	

（续表）

访谈对象	饿了么—刘女士	访谈时间	2019 年 3 月 15 日
访谈地点	百联又一城	访谈人	潘、艾
具体问题		访谈记录	
3. **被访者的工作情况和职业发展**（如从业年限，工作时间，工作量，工作压力，工作认同感，公司管理情况，如工作要求、奖惩制度、就业培训、工作保障、福利待遇、申诉解决机制，对公司的归属感，对下一份工作的期待等）。		**奖惩制度：**年送餐量达到一定份额，公司会奖励回家的机票。因为派送员的问题退单的话会对员工进行罚款或是辞退处理。 **福利制度：**公司会根据员工的配送情况进行一些现金奖励。有些客户还会给水喝之类的。公司对女员工有一定的照顾，节日会有慰问品。	
4. **社会心态**（如对上海的整体印象、自己与城市关系的认知、归属感融入感、定居意愿、政治参与、政治态度等）。		**融入感：**和上海人相处得还可以，还算适应。 **定居意愿：**解决经济问题的话可以留在上海。 **政治态度：**没有参加社区选举等政治活动，主要是没有时间。	
5. **主要诉求**（如提升收入、完善保障、提高社会地位等）。		有时候送单时公司还会额外加几单，时间会比较紧张。 希望城市解决早晚尤其是学生上学放学时的交通问题。	
6. **其他备注**（如有趣的个人故事或人生经历等）。		无。	

编号：73（CL）

访谈对象	饿了么—熊先生	访谈时间	2019 年 3 月 15 日
访谈地点	同济联广	访谈人	魏、迪
具体问题		访谈记录	
1. **被访者的基本信息**（包括性别、年龄、户籍所在地、婚姻状况、受教育程度、薪资、政治面貌、信仰等）。		**性别：**男 **户籍：**河南 **薪资：**底薪四五千	**年龄：**40 岁 **受教育程度：**高中 **生活：**自己租房
2. **被访者的工作情况**（如职业发展历程、当前从业时间、日工作量、上岗培训、社会保险、福利待遇、客户态度等）。		**日工作量：**每天三四十单。 **上岗培训：**上岗前公司会对员工进行培训。 **社会保险：**公司提供保险。	

（续表）

访谈对象	饿了么—熊先生	访谈时间	2019年3月15日
访谈地点	同济联广	访谈人	魏、迪
具体问题		访谈记录	
3. **被访者的日常生活**（如休息时间、感情生活、社交网络、娱乐活动等）。		**工作时间：**早上8点至下午3点（有时会加班）。 **休息时间：**一个月休息两天，一般都是睡觉、看电视、打游戏。	
4. **职业看法**（如服务意识、职业认同、对公司管理的看法、是否期望技能培训、职业荣誉感、对下一份工作的期待等）。		**对公司管理的看法：**希望公司能够把高温补贴和恶劣天气的补贴安排好。	
5. **文化体验**（文化消费情况，如社会主流文化、互联网或公司内部的亚文化等）。		无。	
6. **城市印象**（如对上海的整体印象、对自己与城市关系的认知、对城市是否归属感与融入感、对上海人或社区的具体印象、对上海发展的期待等）。		**对上海的整体印象：**来上海以后只和周围邻居接触较多，没有多少上海的朋友。	
7. **政治态度与行为**（如政治认知、政治参与、政治诉求等）。		不足。	
8. **个人诉求**（如提升收入、完善保障、提高社会地位等）。		无。	
9. **其他备注**（如有趣的个人故事或人生经历等）。		无。	

附录 2　课题组对 22 位快递从业青年的访谈录音整理

编号： 01（JA）

访谈对象	快递—汪先生	访谈时间	2018 年 8 月 1 日
访谈地点	快递某网点	访谈人	于

具体问题	访谈记录
1. **被访者的基本信息**（包括性别、年龄、户籍所在地、婚姻状况、受教育程度、薪资、政治面貌、信仰等）。	**年龄：** 28 岁　**性别：** 男 **户籍：** 山东　**政治面貌：** 群众 **教育程度：** 初中　**宗教信仰：** 无 **薪资：** 6000 元 **婚姻状况：** 已婚，有一五岁女儿。
2. **被访者的工作情况**（如职业发展历程、当前从业时间、日工作量、上岗培训、社会保险、福利待遇、客户态度等）。	**职业发展历程：** 初中毕业后打工，在济南工作。因工资太低，2008 年来到上海，在邮政送过快递，其间回到老家结婚生子，稳定后再次回到上海邮政工作。之后离开邮政来到某快递公司，做了两年后辞职转做第三方公司代表，负责网点具体事宜。
3. **被访者的日常生活**（如休息时间、感情生活、社交网络、娱乐活动等）。	一周大概休息一天，平时工作基本朝八晚八。和妻子一起生活，但是工作原因，两人真正一起生活的时间不多，都很少在家。 平时下班一般在家玩手机，看看抖音快手之类。
4. **职业看法**（如服务意识、职业认同、对公司管理的看法、是否期望技能培训、职业荣誉感、对下一份工作的期待等）。	**服务意识：** 较好，但是针对所属区域的客户，认为其中有一些人素质很低，很难相处，送快递给他们时很难受。 对于未来的工作期望是能够回到老家，因为孩子马上要上学，必须陪伴孩子成长。
5. **文化体验**（文化消费情况，如社会主流文化）。	手机为主，基本没有其余的文化活动。

（续表）

访谈对象	快递—汪先生	访谈时间	2018年8月1日
访谈地点	快递某网点	访谈人	于
具体问题		访谈记录	
6. **城市印象**（如对上海的整体印象、对自己与城市关系的认知、对城市是否归属感与融入感、对上海人或社区的具体印象、对上海发展的期待等）。		上海很先进，各种设施很好。但是这里的人，有的好相处，有的不好相处。没有什么归属感，在工作中和某些上海本地人相处时感受到了歧视，将来会离开上海。	
7. **政治态度与行为**（如政治认知、政治参与、政治诉求等）。		对一些社会热点尤其是有关幼儿的新闻事件确实很感兴趣。	
8. **个人诉求**（如提升收入、完善保障、提高社会地位等）。		转做第三方之后工作轻松很多，对于原来快递公司内部对快递员的管理不足之处心存不满。	
9. **其他备注**（如有趣的个人故事或人生经历等）。		现任网点的领导对快递员态度不好，快递员待遇较以前有所下降。	

编号：02（JB）

访谈对象	快递—黄先生	访谈时间	2018年8月2日
访谈地点	某快递网点	访谈人	于
具体问题		访谈记录	
1. **被访者的基本信息**（包括性别、年龄、户籍所在地、婚姻状况、受教育程度、薪资、政治面貌、信仰等）。		**性别：**男 **户籍：**江苏 **教育程度：**高中 **薪资：**6000元	**年龄：**25岁 **政治面貌：**团员 **宗教信仰：**无 **婚姻状况：**未婚
2. **被访者的工作情况**（如职业发展历程、当前从业时间、日工作量、上岗培训、社会保险、福利待遇、客户态度等）。		**职业发展历程：**高中毕业后，到技校学习两个月，找了份工作做了几个月回家，然后因为觉得年轻时要找事情做，于2012年入伍，2014年年底退伍。回家待了几个月之后来到上海，在浦东一个会展中心做协管员，之后为了前女友搬到浦东，开始做快递工作。	
3. **被访者的日常生活**（如休息时间、感情生活、社交网络、娱乐活动等）。		大约两个月前和前女友分手，没有吵架，内心不舍，但还是选择分手。目前有一个战友和自己住在一起，下班回家后和战友一起打游戏，分手后工作之余没有其他生活。	

（续表）

访谈对象	快递—黄先生	访谈时间	2018年8月2日
访谈地点	某快递网点	访谈人	于
具体问题		访谈记录	
4. **职业看法**（如服务意识、职业认同、对公司管理的看法、是否期望技能培训、职业荣誉感、对下一份工作的期待等）。		服务意识很强，对所属地区客户的情况很熟悉，和客户关系很好。 公司很重视技术创新，但是在全面推广以前缺少试点，很多技术都不够成熟。 不打算长干，将来会回到江苏。	
5. **文化体验**（文化消费情况，如社会主流文化、互联网或公司内部的亚文化等）。		下班之后和朋友打游戏。抖音快手也会看。	
6. **城市印象**（如对上海的整体印象、对自己与城市关系的认知、对城市是否归属感与融入感、对上海人或社区的具体印象、对上海发展的期待等）。		没有什么归属感，和本地人相处时没有太多的荣辱感。因为工作时间长，无法参加社区活动。个人更加注重感情生活，怀念曾经和前女友住在张江的日子，房子敞亮，周边环境也很好。	
7. **政治态度与行为**（如政治认知、政治参与、政治诉求等）。		当过兵，但是对政治并没有太多的关注。	
8. **个人诉求**（如提升收入、完善保障、提高社会地位等）。		工资多点，也不要被扣钱。	
9. **其他备注**（如有趣的个人故事或人生经历等）。		在北京当过兵，部队很多经历都很有趣。 重感情，和前女友一起生活的时候虽然辛苦，但是两个人也算快乐，下班会一起逛街逛超市，喜欢那种家的感觉。	

编号：03（JC）

访谈对象	快递—李先生	访谈时间	2018年8月12日
访谈地点	赤峰路某车库	访谈人	于
具体问题		访谈记录	
1. **被访者的基本信息**（包括性别、年龄、户籍所在地、婚姻状况、受教育程度、薪资、政治面貌、信仰等）。		**性别：**男　**年龄：**31岁 **户籍：**安徽　**政治面貌：**群众 **教育程度：**初中　**宗教信仰：**无 **薪资：**5500元 **婚姻状况：**已婚，妻儿在妻子四川绵阳老家	

（续表）

访谈对象	快递—李先生	访谈时间	2018 年 8 月 12 日
访谈地点	赤峰路某车库	访谈人	于
具体问题		访谈记录	
2. **被访者的工作情况**（如职业发展历程、当前从业时间、日工作量、上岗培训、社会保险、福利待遇、客户态度等）。		**职业发展历程：**初中毕业后就外出打工，跟随堂哥到过河北，后来因为堂哥酗酒，负气回到老家，之后跟随父亲来到上海打工做木匠，因为工资低，后来换了厨房后厨的工作，一步一步从最基础的工作做起，一直做到大悦城某餐厅店长，月薪为 1 万 5 千元—1 万 6 千元。在此期间认识了妻子，和妻子结婚后到妻子四川绵阳老家生活了一段时间，在那边做过保险业务员，后来因为一次意外受伤，停止了这份工作。伤养好后回到上海，但是不想从事之前的行业，想避开以前的熟人，就选择了送快递，因为时间比较自由。目前是在快递行业工作的第二个月。	
3. **被访者的日常生活**（如休息时间、感情生活、社交网络、娱乐活动等）。		和父母、妹妹、妹夫租住在一起，自己不用出房租，平时父亲在家做饭，家庭和谐稳定幸福。还有一个弟弟，退伍后也在饭店上班，目前正在谈恋爱，但是作为哥哥不看好弟弟的这段感情，认为目前全家工作的重点就是办好弟弟的婚事，认为弟弟太过老实，很容易吃亏。很爱妻儿，对于工作并不是那么执着，如果想念妻儿，会考虑辞去上海的工作回到四川。	
4. **职业看法**（如服务意识、职业认同、对公司管理的看法、是否期望技能培训、职业荣誉感、对下一份工作的期待等）。		快递业和餐饮业一样都是服务行业，但是需要更多地跟人打交道，自己从事快递行业并不会长久，只是将其当作一个过渡性的工作。目前在筹划从银行贷款回四川绵阳创业，看好并打算投资新能源汽车行业，自己做当地的代理。	
5. **文化体验**（文化消费情况，如社会主流文化、互联网或公司内部的亚文化等）。		妻儿暑期来沪，自己有时间就带妻儿在上海转转，其余时间玩玩手机，没有什么不良嗜好。	

（续表）

访谈对象	快递—李先生	访谈时间	2018年8月12日
访谈地点	赤峰路某车库	访谈人	于
具体问题		访谈记录	
6. **城市印象**（如对上海的整体印象、对自己与城市关系的认知、对城市是否归属感与融入感、对上海人或社区的具体印象、对上海发展的期待等）。		总体还可以，毕竟是国际化大都市，各项设施都很先进，自己在这边工资高，而且现在的家人、朋友都在上海，在这里很有归属感，但是考虑到未来的发展，自己还是会回到安徽老家，在县城买个大房子，做个小生意，和妻儿过上幸福的日子。	
7. **政治态度与行为**（如政治认知、政治参与、政治诉求等）。		在四川那边做了楼长，希望能够参与社区事务，为邻居们作点贡献，但是因为后来回到了上海，自己很惭愧地向业委会辞掉这个职务。来到上海后，因为工作时间问题，没怎么参与居委会活动。	
8. **个人诉求**（如提升收入、完善保障、提高社会地位等）。		创业，赚点钱，在老家买个大房子，好好过日子。	
9. **其他备注**（如有趣的个人故事或人生经历等）。		社会经历丰富，尤其是在餐饮行业有着很好的收入。但是个人又属于有想法的那种，想干点事业。 作为大哥，曾经为妹妹误入传销的事情担心，好在现在妹妹已经长大，工作也做得十分出色，和妹夫感情也很融洽，家庭氛围都很好，唯一担心的就是弟弟的婚姻大事，这是心里最放不下的事情。 很爱妻儿，希望能给妻儿更好的生活，更多地参与女儿的成长。	

编号: 04（JD）

访谈对象	快递—杨先生	访谈时间	2018年8月22日
访谈地点	同济联合广场	访谈人	于
具体问题		访谈记录	
1. **被访者的基本信息**（包括性别、年龄、户籍所在地、婚姻状况、受教育程度、薪资、政治面貌、信仰等）。		**性别**：男　**年龄**：38岁 **户籍**：湖北　**政治面貌**：群众 **教育程度**：初中　**宗教信仰**：无 **薪资**：6000元 **婚姻状况**：已婚，和妻子租住上海，一儿一女在老家由爷爷奶奶带。	
2. **被访者的工作情况**（如职业发展历程、当前从业时间、日工作量、上岗培训、社会保险、福利待遇、客户态度等）。		**职业发展历程**：因为时间跨度比较长，所以比较复杂。初中毕业后学过一些技术，但还是主要跟着师傅学一些手艺，比如焊接之类。来沪之前在广东、福建都有工作过，来到上海后，在崇明岛一家造船厂工作了六年，今年五月辞职，来到杨浦区送快递。 正式上岗第二个月，对于快递工作比较看得开，不管是对客服还是客户，态度都比较随和。	
3. **被访者的日常生活**（如休息时间、感情生活、社交网络、娱乐活动等）。		中午可以休息两个小时，下班后回家玩玩手机。 妻子经常回老家，关注孩子的学习情况，大女儿学习成绩较好，今年上初中，但是只能在乡镇上学，比较担心师资情况。很重视子女培养，未来会回到老家陪伴子女成长。为了子女的未来，作为父母还是会尽可能多地给予支持，主要是教育上的支持。	
4. **职业看法**（如服务意识、职业认同、对公司管理的看法、是否期望技能培训、职业荣誉感、对下一份工作的期待等）。		认为服务行业就应该多为客户们着想。但是实际工作过程中还是发现存在很多不被理解的情况，自己也很无奈。未来有机会还是要回老家，陪伴子女成长，顺便做点小本生意。	
5. **文化体验**（文化消费情况，如社会主流文化、互联网或公司内部的亚文化等）。		基本没有，只是玩手机、看看手机新闻，文化活动很少。	

（续表）

访谈对象	快递—杨先生	访谈时间	2018 年 8 月 22 日
访谈地点	同济联合广场	访谈人	于
具体问题		访谈记录	
6. **城市印象**（如对上海的整体印象、对自己与城市关系的认知、对城市是否归属感与融入感、对上海人或社区的具体印象、对上海发展的期待等）。		因为之前在崇明待了六年，所以对崇明还是很有感情的，尤其是曾经把女儿接到崇明待过一段时间，认为那里地方很大，适合小孩子成长。来到市区生活后，居住地方变小，不是很喜欢这里，和本地一些人的相处也不是很愉快。	
7. **政治态度与行为**（如政治认知、政治参与、政治诉求等）。		认知不足。	
8. **个人诉求**（如提升收入、完善保障、提高社会地位等）。		赚钱、攒钱回家，供孩子读书。	
9. **其他备注**（如有趣的个人故事或人生经历等）。		六年船厂经历是在上海生活最主要的记忆，但是船厂的效益似乎和宏观经济的发展有着某种联系，今年离开船厂也是因为船厂发展不景气，而且内部制度有问题，干多干少一个样，于是选择换一个工作，多劳多得的快递工作就成了一个很好的选择。	

编号：05（JE）

访谈对象	快递—王先生	访谈时间	2018 年 8 月 28 日
访谈地点	某快递网点	访谈人	于
具体问题		访谈记录	
1. **被访者的基本信息**（包括性别、年龄、户籍所在地、婚姻状况、受教育程度、薪资、政治面貌、信仰等）。		**性别：**男　**年龄：**32 岁 **户籍：**江苏　**政治面貌：**团员 **宗教信仰：**无　**薪资：**7000 元 **婚姻状况：**已婚，有一儿子，五岁，在南通由老人照看。 **教育程度：**高中	

（续表）

访谈对象	快递—王先生	访谈时间	2018年8月28日
访谈地点	某快递网点	访谈人	于
具体问题		访谈记录	
2. **被访者的工作情况**（如职业发展历程、当前从业时间、日工作量、上岗培训、社会保险、福利待遇、客户态度等）。		**职业发展历程：**高中毕业后到南京读过成人自考，一年之后没有毕业就出来工作，在南京待了很久，然后回了趟家就来到上海。来到上海后就在这家快递公司做，前前后后已经四年，对于这个行业和这个站点已经是相当熟悉。	
3. **被访者的日常生活**（如休息时间、感情生活、社交网络、娱乐活动等）。		休息时间没有什么娱乐活动，会回到江苏看看孩子，妻子在服装店上班，两人上班时间有一点错开，所以平时一起在家的时间不是太多。 现在周五周六晚上会和以前的同事一起打打牌娱乐娱乐，除此之外娱乐活动很少。	
4. **职业看法**（如服务意识、职业认同、对公司管理的看法、是否期望技能培训、职业荣誉感、对下一份工作的期待等）。		也许是因为在这个片区待的时间很长，所以虽然对于这一片区的情况已经很熟悉，但是对于一些所谓知识分子的素质和作为仍然不敢苟同，认为有些客户一点也不体谅人，对快递人员的态度很差，而且即使是公司内部客服，也不理解快递员的难处，过于照顾客户的投诉，有时候打击了快递员的工作积极性。 现在在攒钱，自己买了一辆车，还有一些车贷要还，大概一段时间后，自己就会辞职，到南通那边和父母小孩汇合，在那里买房，定居下来。 站点今年新换了领导，有了新的标准，暗示快递员要向上打点，看不惯这种现象，不想讨好领导，这也成为想要马上离职的理由之一。	
5. **文化体验**（文化消费情况，如社会主流文化、互联网或公司内部的亚文化等）。		工作时间较多，文化消费很少。	
6. **城市印象**（如对上海的整体印象、对自己与城市关系的认知、对城市是否归属感与融入感、对上海人或社区的具体印象、对上海发展的期待等）。		不是很有归属感，待的时间久了，那些外在的东西其实都不重要了，而这边的房价、户籍、部分当地人对外地人的态度，都会让自己不想继续待下去。	

（续表）

访谈对象	快递—王先生	访谈时间	2018 年 8 月 28 日
访谈地点	某快递网点	访谈人	于
具体问题		访谈记录	
7. **政治态度与行为**（如政治认知、政治参与、政治诉求等）。		政治参与较少。也没有什么政治诉求。	
8. **个人诉求**（如提升收入、完善保障、提高社会地位等）。		对于工资没有太多的要求，自己现在做好分内事情就好，还是希望人们对快递员能够有更多的理解、包容，不要有那种高人一等的优越感。如果离开了快递员，这个城市的物流系统就会瘫痪，大家的生活都会受到影响。	
9. **其他备注**（如有趣的个人故事或人生经历等）。		和妻子在南京上学时相识、相恋，然后回老家结婚生子，对于南京有着很深的情感，留下了很多美好的回忆。但哪里都有美好与不美好的人或事，比如有一些知识分子，文化水平很高，但是并没有很高的道德素质。	

编号：06（FA）

访谈对象	顺丰—曾先生	访谈时间	2018 年 8 月 11 日
访谈地点	彰武路	访谈人	李
具体问题		访谈记录	
1. **被访者的基本信息**（包括性别、年龄、户籍所在地、婚姻状况、受教育程度、薪资、政治面貌、信仰等）。		**性别：**男 **户籍：**江苏 **婚姻状况：**已婚 **宗教信仰：**无	**年龄：**24 岁 **政治面貌：**群众 **教育程度：**高中 **薪资：**6000—7000 元
2. **被访者的工作情况**（如职业发展历程、当前从业时间、日工作量、上岗培训、社会保险、福利待遇、客户态度等）。		**职业发展历程：**高中毕业后，直接到上海工作，做过外卖员、快递员，卖过房子。 **上岗培训：**送货方式，礼貌用语，准时。 **日工作量：**多时 40—50 单，少时十多单。	
3. **被访者的日常生活**（如休息时间、感情生活、社交网络、娱乐活动等）。		**休息时间：**没单子就休息，一个月休息 3—4 天，回家就睡，作息规律。 **娱乐活动：**无。 **感情生活：**妻子在老家厂子里工作。 **社会网络：**同事、哥哥。	

（续表）

访谈对象	顺丰一曾先生	访谈时间	2018年8月11日
访谈地点	彰武路	访谈人	李
具体问题		访谈记录	
4. **职业看法**（如服务意识、职业认同、对公司管理的看法、是否期望技能培训、职业荣誉感、对下一份工作的期待等）。		**职业认同**：一般般。 **对公司管理的看法**：认同，打工时只能遵守。 **职业荣誉感**：为上海发展作出贡献。 **对下一份工作的期待**：无打算。	
5. **文化体验**（文化消费情况，如社会主流文化、互联网或公司内部的亚文化等）。		**消费情况**：房租一个月700元。 公司内部会组织大家一起吃饭，频率不高。	
6. **城市印象**（如对上海的整体印象、对自己与城市关系的认知、对城市是否归属感与融入感、对上海人或社区的具体印象、对上海发展的期待等）。		**对上海的整体印象**：压力大，消费水平高。 **自己与城市关系的认知**：没有归属感，将来会回家乡发展。 **对上海人的看法**：不认识上海本地朋友，有一些上海人看不起我们，但还是好人多。	
7. **政治态度与行为**（如政治认知、政治参与、政治诉求等）。		**政治参与**：参与不足。 **政治认知**：看看新闻。 **政治诉求**：物价太高，应该改善一下民生。有钱的人越来越有钱，没钱的人越来越没钱。	
8. **个人诉求**（如提升收入、完善保障、提高社会地位等）。		物价太高，希望政府控制一下或者给点补贴。	
9. **其他备注**（如有趣的个人故事或人生经历等）。		那就很多了，但是都是诉苦的事情，比如打电话没人接，找不到地点，又要超时了，就点了签收，因为我们超时也要罚钱的，客户一看签收了，就给我们差评，或者投诉我们。还是觉得大家生活都不容易，互相多一些理解吧。	

编号：07（FB）

访谈对象	顺丰一程先生	访谈时间	2018年8月8日
访谈地点	联合广场	访谈人	李

具体问题	访谈记录
1. **被访者的基本信息**（包括性别、年龄、户籍所在地、婚姻状况、受教育程度、薪资、政治面貌、信仰等）。	**性别：**男　　**年龄：**40岁 **户籍：**河南　　**政治面貌：**群众 **婚姻状况：**已婚　　**教育程度：**初中 **宗教信仰：**无　　**薪资：**7000元
2. **被访者的工作情况**（如职业发展历程、当前从业时间、日工作量、上岗培训、社会保险、福利待遇、客户态度等）。	**职业发展历程：**今年过年后来到上海，直接进入外卖行业，老乡介绍来的。 **上岗培训：**时间要把握和态度要礼貌。 **日工作量：**30—40单、最少也有十几单。
3. **被访者的日常生活**（如休息时间、感情生活、社交网络、娱乐活动等）。	**休息时间：**每周工作六天休息一天，周六休一天。每天上午10点到晚上10点工作，没有单子的时候就休息。 **娱乐活动：**没有。 **感情生活：**妻子、孩子。 **社会网络：**老乡。
4. **职业看法**（如服务意识、职业认同、对公司管理的看法、是否期望技能培训、职业荣誉感、对下一份工作的期待等）。	**职业认同：**比较累。 **对公司管理的看法：**认为合理。 **职业荣誉感：**认为作出了贡献。 **对下一份工作的期：**没有计划。
5. **文化体验**（文化消费情况，如社会主流文化、互联网或公司内部的亚文化等）。	**消费情况：**主要集中在日常生活中，文化消费水平低。主要花费于租房子。 公司内部会组织聚会，生日还有小礼物。
6. **城市印象**（如对上海的整体印象、对自己与城市关系的认知、对城市是否归属感与融入感、对上海人或社区的具体印象、对上海发展的期待等）。	**对上海的整体印象：**还行。 **自己与城市关系的认知：**算是上海人吧（也没有归属感）。 **对上海人的看法：**不一定是上海人，有很多人比较挑剔。
7. **政治态度与行为**（如政治认知、政治参与、政治诉求等）。	**政治参与：**有机会，也愿意的。
8. **个人诉求**（如提升收入、完善保障、提高社会地位等）。	提高工资，多点补贴。

（续表）

访谈对象	顺丰—程先生	访谈时间	2018年8月8日
访谈地点	联合广场	访谈人	李
具体问题		访谈记录	
9. **其他备注**（如有趣的个人故事或人生经历等）。		有一次，在路上被一个私家车撞了，车坏了。司机把我扶起来，看我要报警，就跑了。我自己去看的病。	

编号：08（FC）

访谈对象	顺丰—王先生	访谈时间	2018年8月13日
访谈地点	彰武路	访谈人	李
具体问题		访谈记录	
1. **被访者的基本信息**（包括性别、年龄、户籍所在地、婚姻状况、受教育程度、薪资、政治面貌、信仰等）。		**性别**：男　**年龄**：32岁 **户籍**：安徽　**政治面貌**：群众 **婚姻状况**：已婚　**教育程度**：中专 **薪资**：6000元	
2. **被访者的工作情况**（如职业发展历程、当前从业时间、日工作量、上岗培训、社会保险、福利待遇、客户态度等）。		**职业发展历程**：去年2月到上海来工作。做过煤矿、跑船相关工作。 **上岗培训**：时间要把握和态度要礼貌。 **日工作量**：最多60单，最少30单。	
3. **被访者的日常生活**（如休息时间、感情生活、社交网络、娱乐活动等）。		**休息时间**：一个月休息两天。没有单子的时候就休息了。 **娱乐活动**：没有。 **感情生活**：妻子、孩子，都在老家。 **社交网络**：弟弟在上海。	
4. **职业看法**（如服务意识、职业认同、对公司管理的看法、是否期望技能培训、职业荣誉感、对下一份工作的期待等）。		**职业认同**：很辛苦。 **对公司管理的看法**：合理。 **职业荣誉感**：作出了贡献。 **下一份工作的期待**：目前没有。	
5. **文化体验**（文化消费情况，如社会主流文化、互联网或公司内部的亚文化等）。		**消费情况**：消费2000元，房租700元。公司组织吃饭、聚餐，具体频率看支队效益。	

（续表）

访谈对象	顺丰—王先生	访谈时间	2018 年 8 月 13 日
访谈地点	彰武路	访谈人	李
具体问题		访谈记录	
6. **城市印象**（如对上海的整体印象、对自己与城市关系的认知、对城市是否归属感与融入感、对上海人或社区的具体印象、对上海发展的期待等）。		**对上海的整体印象：**挣钱也多，花钱也多。 **自己与城市关系的认知：**没有归属感。	
7. **政治态度与行为**（如政治认知、政治参与、政治诉求等）。		**政治参与：**不排斥，可以参加。 **政治认知：**就看看手机。 **政治诉求：**一时间让我想我也说不出来。主要问题就是商家出单太慢了。	
8. **个人诉求**（如提升收入、完善保障、提高社会地位等）。		无，都是关于工作的，估计也改变不了。	
9. **其他备注**（如有趣的个人故事或人生经历等）。		前两天一口气爬上了六楼，天气很热，客户打开门二话没说先给了一瓶水，觉得很感动。后台会有一些打赏，这些都让人神清气爽。	

编号：09（FD）

访谈对象	快递—蔡先生	访谈时间	2018 年 7 月 31 日
访谈地点	某快递点	访谈人	李
具体问题		访谈记录	
1. **被访者的基本信息**（包括性别、年龄、户籍所在地、婚姻状况、受教育程度、薪资、政治面貌、信仰等）。		**性别：**男　　**年龄：**25 岁 **户籍：**安徽　　**政治面貌：**群众 **婚姻状况：**未婚　　**教育程度：**初中 **薪资：**7000 元	
2. **被访者的工作情况**（如职业发展历程、当前从业时间、日工作量、上岗培训、社会保险、福利待遇、客户态度等）。		**职业发展历程：**2006 年出来工作，直接来上海。做过餐饮业、外卖行业，也做过个体户。 **日工作量：**平均 180 件。	
3. **被访者的日常生活**（如休息时间、感情生活、社交网络、娱乐活动等）。		**休息时间：**没有休息日，春节休息。 **娱乐活动：**爬楼。 **社交网络：**父母在上海，和同事住一起。	

（续表）

访谈对象	快递—蔡先生	访谈时间	2018年7月31日
访谈地点	某快递点	访谈人	李
具体问题		访谈记录	
4. **职业看法**（如服务意识、职业认同、对公司管理的看法、是否期望技能培训、职业荣誉感、对下一份工作的期待等）。		**职业认同：**苦力活。 **对公司管理的看法：**有一些无理的客服要求。 **职业荣誉感：**作出了贡献。 **对下一份工作的期待：**没有打算。	
5. **文化体验**（文化消费情况，如社会主流文化、互联网或公司内部的亚文化等）。		快递点要求上下班打卡、扫地，有钱就买西瓜一起吃。	
6. **城市印象**（如对上海的整体印象、对自己与城市关系的认知、对城市是否归属感与融入感、对上海人或社区的具体印象、对上海发展的期待等）。		**对上海的整体印象：**挺好的，有钱啊。 **自己与城市关系的认知：**没有归属感。	
7. **政治态度与行为**（如政治认知、政治参与、政治诉求等）。		**政治参与：**没参加过，有机会看看情况。 **政治认知：**看朋友圈了解一下。	
8. **个人诉求**（如提升收入、完善保障、提高社会地位等）。		**公司要求：**希望人性化一些，比如送单时间放宽。	
9. **其他备注**（如有趣的个人故事或人生经历等）。		曾经收到几次打赏，自己其实没有做什么特别的事情，但是感觉很吃惊、很暖心。	

编号：10（CA）

访谈对象	快递—欧先生	访谈时间	2018年8月5日
访谈地点	同济大学附近	访谈人	邓
具体问题		访谈记录	
1. **被访者的基本信息**（包括性别、年龄、户籍所在地、婚姻状况、受教育程度、薪资、政治面貌、信仰等）。		**性别：**男 **户籍：**山西 **受教育程度：**初中 **政治面貌：**群众	**年龄：**22岁 **婚姻状况：**未婚 **薪资：**4000元 **宗教信仰：**佛教

（续表）

访谈对象	快递—欧先生	访谈时间	2018年8月5日
访谈地点	同济大学附近	访谈人	邓
具体问题		访谈记录	
2. **被访者的工作情况**（如职业发展历程、当前从业时间、日工作量、上岗培训、社会保险、福利待遇、客户态度等）。		**职业发展历程：**KTV销售、银行保安、健身房销售、快递员。 **当前从业时间：**2017年二三月份。	
3. **被访者的日常生活**（如休息时间、感情生活、社交网络、娱乐活动等）。		**休息时间：**早上9点上班，晚上7点下班。 **感情生活：**有对象，计划发展得更好之后结婚。 **社交网络：**同事（快递）、亲戚。 **娱乐活动：**打游戏。	
4. **职业看法**（如服务意识、职业认同、对公司管理的看法、是否期望技能培训、职业荣誉感、对下一份工作的期待等）。		**职业认同：**认同感低，认为从事快递业务没有什么职业满足感。 **对下一份工作的期待：** Q: 您觉得快递和您做过的其他职业有什么差别吗？ A: 这个工作更稳定，其他工作有更多提升的机会。 Q: 那您为什么选择晋升机会更少的快递行业？ A: 只是过渡性的工作。 Q: 那您以后是不打算继续在这个行业做下去？ A: 对的。 Q: 那您以后意向是做什么工作？ A: 没啥意向，以后再说。	
5. **文化体验**（文化消费情况，如社会主流文化、互联网或公司内部的亚文化等）。		**文化消费情况：**无，工资主要开销于吃饭与租房。 **社会主流文化：**偏远。 **互联网或公司内部的亚文化：**聚餐。	
6. **城市印象**（如对上海的整体印象、对自己与城市关系的认知、对城市是否归属感与融入感、对上海人或社区的具体印象、对上海发展的期待等）。		**对自己与城市关系的认知：** Q: 您来上海这么久有没有觉得自己是上海的一分子？ A: 没感觉。 Q: 您觉得上海对你来说还是没有特别大的吸引力，别的城市也还是可以选择的？	

（续表）

访谈对象	快递—欧先生	访谈时间	2018 年 8 月 5 日
访谈地点	同济大学附近	访谈人	邓
具体问题		访谈记录	
6. **城市印象**（如对上海的整体印象、对自己与城市关系的认知、对城市是否归属感与融入感、对上海人或社区的具体印象、对上海发展的期待等）。		A: 我觉得这个还是看发展机会和赚多少钱，和城市无关。哪里适合我发展我就觉得哪里好。 **归属感与融入感：**不强，有疏离感。 **对上海人的印象：**上海人有好有坏。 **上海城市印象：**发展机会多，赚钱多。	
7. **政治态度与行为**（如政治认知、政治参与、政治诉求等）。		**政治态度：**不怎么关注新闻。	
8. **个人诉求**（如提升收入、完善保障、提高社会地位等）。		没什么特别需要改善的地方。	
9. **其他备注**（如有趣的个人故事或人生经历等）。		有难缠的。寄件人让我们送过去，但是我们不送不在配送范围内的快件，需要额外收钱的，但收件人不给。 感人的事情好像没啥，就平时碰到一些好说话的还蛮好的，我们可以轻松一点，快递不用直接送过去。	

编号：11（CB）

访谈对象	快递—顾先生	访谈时间	2018 年 8 月 5 日
访谈地点	同济大学附近	访谈人	邓
具体问题		访谈记录	
1. **被访者的基本信息**（包括性别、年龄、户籍所在地、婚姻状况、受教育程度、薪资、政治面貌、信仰等）。		**性别：**男 **户籍：**广西 **薪资：**4500 元 **宗教信仰：**无	**年龄：**20 岁 **婚姻状况：**未婚 **政治面貌：**群众 **受教育程度：**大学

（续表）

访谈对象	快递—顾先生	访谈时间	2018年8月5日
访谈地点	同济大学附近	访谈人	邓
具体问题		访谈记录	
2. **被访者的工作情况**（如职业发展历程、当前从业时间、日工作量、上岗培训、社会保险、福利待遇、客户态度等）。		**职业发展历程**：快递。 **当前从业时间**：2018年2月左右。 **日工作量**：不累，现在放假了，每天的货也不多，工作熟练以后，很快就能完成，快递行业一年四季有八个月是淡季。 **上岗培训**：无。	
3. **被访者的日常生活**（如休息时间、感情生活、社交网络、娱乐活动等）。		**休息时间**：早上9点上班，晚上7点下班。 **感情生活**：无。 **社交网络**：同事间交往较多，无亲戚同学在上海。 **娱乐活动**：打游戏、听音乐。	
4. **职业看法**（如服务意识、职业认同、对公司管理的看法、是否期望技能培训、职业荣誉感、对下一份工作的期待等）。		**职业认同与职业荣誉感**：一般。 （Q：您对您现在的工作满意吗？A：没有什么满意不满意的。） **是否期望技能培训**：期望，晋升需要具体的技能。 **对下一份工作的期待**：能锻炼自己，来上海就想多攒点钱，多存点经验，然后回家找个安逸点的工作。不会一直从事快递业务。	
5. **文化体验**（文化消费情况，如社会主流文化、互联网或公司内部的亚文化等）。		**文化消费情况**：无，工资主要开销于吃饭与租房。 **社会主流文化**：不清楚团委党委工作。 **互联网或公司内部的亚文化**：聚餐。	
6. **城市印象**（如对上海的整体印象、对自己与城市关系的认知、对城市是否归属感与融入感、对上海人或社区的具体印象、对上海发展的期待等）。		**对自己与城市关系的认知**：锻炼自己。 **归属感与融入感**：归属感弱。 **上海城市印象**：工资高、机会多，上海是中国最大的城市，节奏快，压力大。 **上海人印象**：上海人和我们是一样的，就像外国人对我们来说只是肤色不同和语言不通，除了户籍不一样，上海人和我们是一样的。	

（续表）

访谈对象	快递—顾先生	访谈时间	2018年8月5日
访谈地点	同济大学附近	访谈人	邓
具体问题		访谈记录	
7. **政治态度与行为**（如政治认知、政治参与、政治诉求等）。		**政治态度：**平时很少关心国家大事，如果推送了，就点进去看一下。	
8. **个人诉求**（如提升收入、完善保障、提高社会地位等）。		Q: 您的生活条件需要改善的地方具体有哪些呢? A: 没什么具体的，就希望潇洒点、自在点，是一种感觉。	
9. **其他备注**（如有趣的个人故事或人生经历等）。		**工作经历：** Q: 虽然您工作时间不长，但是这期间有没有发生过什么令人印象深刻的事? A: 对我来说印象最深刻的事，应该发生在刚来上海的第一个月，当时我比较害羞，跟着师傅在外面忙，在快递柜的时候，有一个同学取快递，状态确实不太好，披头散发的，吓到我了，然后我没怎么帮他，就被他骂了，他看起来状态不太好，我也不敢惹他。 **婚姻观：** Q: 您打算多大结婚呢? A: 这方面一直没有想法，一个人过是这样，两个人更麻烦，我不喜欢别人束缚我，比如谁谁谁多大了，还不怎样怎样。而且我现在还小，以前村里有人16岁结婚。小时候听说的时候没什么想法，现在想起来觉得非常恐怖，16岁能懂什么，但是他们的父母很开心，这就是被安排的人生。我母亲叫我18岁的时候不要继续读书，说彩礼都备好了，够买房买车，但这不是我想要的。 Q: 您觉得自由最重要? A: 不是自由，是这种被安排的人生不是我想要的。	

编号：12（CC）

访谈对象	快递—陈先生	访谈时间	2018年8月5日
访谈地点	同济大学附近	访谈人	邓

具体问题	访谈记录
1. **被访者的基本信息**（包括性别、年龄、户籍所在地、婚姻状况、受教育程度、薪资、政治面貌、信仰等）。	**性别**：男　**年龄**：22岁 **户籍**：安徽　**婚姻状况**：未婚 **薪资**：4500元　**政治面貌**：团员 **宗教信仰**：无（过去曾随奶奶信过基督教） **受教育程度**：大学
2. **被访者的工作情况**（如职业发展历程、当前从业时间、日工作量、上岗培训、社会保险、福利待遇、客户态度等）。	**职业发展历程**：超市收银员、快递员。 **当前从业时间**：2017年7月左右。 **社会保险**：没有。 **福利待遇**：没有。 **上岗培训**：仅有面试，稍微问几个问题，说一些基本情况看你能不能接受。
3. **被访者的日常生活**（如休息时间、感情生活、社交网络、娱乐活动等）。	**休息时间**：早上9点上班，晚上7点下班。 **感情生活**：无，没有恋爱经验，计划工作稳定后再考虑结婚。 **社交网络**：同事，亲戚（很多）。 **娱乐活动**：打游戏。
4. **职业看法**（如服务意识、职业认同、对公司管理的看法、是否期望技能培训、职业荣誉感、对下一份工作的期待等）。	**职业认同与职业荣誉感**：一般（想要找一份正式一点的工作）。 **对公司管理的看法**：公司没什么管理制度，按时上下班即可。 **对下一份工作的期待**：轻松、工资高。 （Q: 那您的职业规划是怎样呢? A: 这个还是要看，找到适合自己的。 Q: 那您意向的工作是怎样的? A: 那肯定是轻松的、工资高的。 Q: 那您肯定不会选择外卖行业了? A: 不会，做外卖太辛苦了。以前看新闻某某外卖小哥热死冻死的都有。）

（续表）

访谈对象	快递一陈先生	访谈时间	2018年8月5日
访谈地点	同济大学附近	访谈人	邓
具体问题		访谈记录	
5. **文化体验**（文化消费情况，如社会主流文化、互联网或公司内部的亚文化等）。		**文化消费情况：**无，工资主要开销于吃饭与淘宝购物。 **社会主流文化：**偏远，不清楚团委党委。 **互联网或公司内部的亚文化：**聚餐。	
6. **城市印象**（如对上海的整体印象、对自己与城市关系的认知、对城市是否归属感与融入感、对上海人或社区的具体印象、对上海发展的期待等）。		**对自己与城市关系的认知：** 归属感与融入感不强，感觉自己有点宅，就在一个小圈子里，不觉得自己是上海的一分子，听不懂上海话。 **上海城市印象：**工资高、房价高。 **上海人印象：**上海话就像外语一样，沟通不了，部分人的态度不太好、素质比较低，老年人和年轻人里都存在素质差的。	
7. **政治态度与行为**（如政治认知、政治参与、政治诉求等）。		**政治态度：** 平时较少关心政治新闻，娱乐新闻和社会新闻也看得很少。	
8. **个人诉求**（如提升收入、完善保障、提高社会地位等）。		**房价过高：** 比如说房租少一点。这边租房子好几千元一个月，基本上租完房子，工资都去一大半了。	
9. **其他备注**（如有趣的个人故事或人生经历等）。		双十一彻夜工作。	

编号：13（EA）

访谈对象	天猫—金先生	访谈时间	2018 年 8 月 15 日
访谈地点	彰武路附近	访谈人	杨
具体问题		访谈记录	
1. **被访者的基本信息**（包括性别、年龄、户籍所在地、婚姻状况、受教育程度、薪资、政治面貌、信仰等）。		**性别：**男　**年龄：**26 岁 **户籍：**河南　**政治面貌：**团员 **婚姻状况：**年底结婚　**教育程度：**高中 **宗教信仰：**无　**薪资：**6000 元	
2. **被访者的工作情况**（如职业发展历程、当前从业时间、日工作量、上岗培训、社会保险、福利待遇、客户态度等）。		**职业发展历程：**高中毕业之后先在老家那边做过工作（未具体透露），然后到上海送快递，从业 2 年。 **日工作量：**看时间，电商节搞活动的时候派单会增多。送一件平均下来是 2 元。 **社会保障：**有“五险”，没有“一金”。 **福利待遇：**公司提供集体宿舍，6—8 月有高温补贴。 **客户态度：**看情况，有些客户很刁蛮，有些客户非常好，还会送水喝。	
3. **被访者的日常生活**（如休息时间、感情生活、社交网络、娱乐活动等）。		**休息时间：**早上 6 点多起来开始工作，下午 6 点半左右下班开始休息，一个月休息 3—4 天。 **娱乐活动：**看看书，看看剧。 **感情生活：**未婚妻在上海工作，年底准备结婚。 **社交网络：**同事、老乡、未婚妻。	
4. **职业看法**（如服务意识、职业认同、对公司管理的看法、是否期望技能培训、职业荣誉感、对下一份工作的期待等）。		**职业认同：**比较认同，门槛低，比较稳定。 **对公司管理的看法：**比较满意。 **职业荣誉感：**为上海发展作出贡献。 **对下一份工作的期待：**回老家郑州开餐馆。	
5. **文化体验**（文化消费情况，如社会主流文化）。		**文化消费情况：**基本没有。每月消费 1500 元左右，基本上是餐饮费 + 通讯费。	
6. **城市印象**（如对上海的整体印象、对自己与城市关系的认知、对城市是否归属感与融入感、对上海发展的期待等）。		**对上海的整体印象：**繁华，消费水平高。 **自己与城市关系的认知：**没有归属感，将来回家乡发展。 **对上海人的看法：**难以融入。	

（续表）

访谈对象	天猫—金先生	访谈时间	2018年8月15日
访谈地点	彰武路附近	访谈人	杨
具体问题		访谈记录	
7. **政治态度与行为**（如政治认知、政治参与、政治诉求等）。		**政治参与**：参与不足。 **政治认知**：看APP推送的新闻。	
8. **个人诉求**（如提升收入、完善保障、提高社会地位等）。		**个人诉求**：提高个税起征点，增加自己的收入。	
9. **其他备注**（如有趣的个人故事或人生经历等）。		送没有电梯的老小区，要爬六七层楼，不管再重的东西也得扛上去，经常还会叫你帮忙带一下垃圾……	

编号：14（EB）

访谈对象	天猫—孙先生	访谈时间	2018年8月21日
访谈地点	彰武路附近	访谈人	杨
具体问题		访谈记录	
1. **被访者的基本信息**（包括性别、年龄、户籍所在地、婚姻状况、受教育程度、薪资、政治面貌、信仰等）。		**性别**：男 **户籍**：河南 **婚姻状况**：未婚 **宗教信仰**：无	**年龄**：22岁 **政治面貌**：群众 **教育程度**：初中 **薪资**：7000元
2. **被访者的工作情况**（如职业发展历程、当前从业时间、日工作量、上岗培训、社会保险、福利待遇、客户态度等）。		**职业发展历程**：初中毕业后在电子厂做了四五年，然后送了半年外卖，经老乡介绍进入快递行业，做了一年了。 **日工作量**：看时间，电商节搞活动的时候派单会增多。送一件平均下来是2元。 **社会保障**：有“五险”，没有“一金”。 **福利待遇**：公司提供集体宿舍，6—8月有高温补贴。 **客户态度**：看人，有好有坏。	
3. **被访者的日常生活**（如休息时间、感情生活、社交网络、娱乐活动等）。		**休息时间**：每天6点半左右下班，一个月休息2—3天。 **娱乐活动**：没有。 **感情生活**：没有女朋友。 **社交网络**：老乡，同事，父母在上海。	

（续表）

访谈对象	天猫—孙先生	访谈时间	2018年8月21日
访谈地点	彰武路附近	访谈人	杨
具体问题		访谈记录	
4. **职业看法**（如服务意识、职业认同、对公司管理的看法、是否期望技能培训、职业荣誉感、对下一份工作的期待等）。		**职业认同：**比较认同，比较稳定，比送外卖安全，不用赶时间。 **对公司管理的看法：**没有看法。 **职业荣誉感：**认为作出了贡献。 **对下一份工作的期待：**没有明确的计划。	
5. **文化体验**（文化消费情况，如社会主流文化、互联网或公司内部的亚文化等）。		**文化消费情况：**KTV唱唱歌，游乐园玩一玩。 每月一般消费2000元左右，包括餐饮、通讯、娱乐等。 公司内部会组织聚会。	
6. **城市印象**（如对上海的整体印象、对自己与城市关系的认知、对城市是否归属感与融入感、对上海发展的期待等）。		**对上海的整体印象：**国际化大都市，很喜欢。 **自己与城市关系的认知：**自己父母也常年在上海，比较有归属感。 **对上海人的看法：**有好接触的，也有不好接触的。	
7. **政治态度与行为**（如政治认知、政治参与、政治诉求等）。		**政治参与：**参与不足。 **政治认知：**更关心自己的工作做好没有。 **政治诉求：**涨工资，提高个税起征点。	
8. **个人诉求**（如提升收入、完善保障、提高社会地位等）。		**个人诉求**：提高工资，提高社会地位。	
9. **其他备注**（如有趣的个人故事或人生经历等）。		得到客户的差评会扣500元，遇到这种情况会找客户私了，宁愿原价赔偿给客户，也不愿收到差评。	

编号：15（IA）

访谈对象	天猫—汪先生	访谈时间	2018年8月10日
访谈地点	天猫直营某站点	访谈人	姚
具体问题		访谈记录	
1. **被访者的基本信息**（包括性别、年龄、户籍所在地、婚姻状况、受教育程度、薪资、政治面貌、信仰等）。		**性别：**男　**年龄：**22岁 **户籍：**重庆　**政治面貌：**群众 **婚姻状况：**未婚　**教育程度：**初中辍学 **宗教信仰：**无 **薪资水平：**8000—9000元，不确定，由快递员的送货指标决定（考核指标）。	

（续表）

访谈对象	天猫—汪先生	访谈时间	2018年8月10日
访谈地点	天猫直营某站点	访谈人	姚
具体问题		访谈记录	
2. **被访者的工作情况**（如职业发展历程、当前从业时间、日工作量、上岗培训、社会保险、福利待遇、客户态度等）。		**职业发展历程：**18岁高中毕业后去浙江，在KTV工作，后来因为家里的观念及投资失败等多方面因素来上海做配送工作，现在晋升做调度工作，管理一线快递员。 **当前从业时间：**6个月（做了4个月一线快递员、2个月的调度员）。	
3. **被访者的日常生活**（如休息时间、感情生活、社交网络、娱乐活动等）。		**休息时间：**早上8点到晚上7点左右（和一线快递员同步作息）。 **感情生活：**无女友，无婚恋压力。 **社交网络：**浙江、江苏（之前工作的地方）的朋友、同事。 **娱乐活动：**和朋友们在上海周边玩。 **消费情况：**吃为主。	
4. **职业看法**（如服务意识、职业认同、对公司管理的看法、是否期望技能培训、职业荣誉感、对下一份工作的期待等）。		**对工作的看法：**现在公司正在改革，当前职位的晋升主要看工作能力（管理能力为主），不关注学历等因素，机会比较多，可以有更好的发展空间。 **对公司管理的看法：**奖惩制度较为合理。指标压力较大，如果因为下雨导致完不成指标会影响薪酬。 **未来的职业规划：**打算再工作半年，等到工作满一年稳定后，再评估一下在这个公司的发展前景。如果晋升空间大，会继续从事快递行业；反之可能会进入别的行业或者成为个体户。	
5. **文化体验**（文化消费情况，如社会主流文化、互联网或公司内部的亚文化等）。		公司无团建活动。	
6. **城市印象**（如对上海的整体印象、对自己与城市关系的认知、对城市是否归属感与融入感、对上海人或社区的具体印象、对上海发展的期待等）。		**对上海的整体印象：**生活节奏非常快（比重庆、浙江都快很多）。 **融入感：**一般。 **对上海人的整体印象：**配送时主要接触的是上海中老年人，年轻人接触得比较少。普遍态度一般，偶尔也会遇到态度不好的，已经习惯了。	

（续表）

访谈对象	天猫—汪先生	访谈时间	2018 年 8 月 10 日
访谈地点	天猫直营某站点	访谈人	姚
具体问题		访谈记录	
7. **政治态度与行为**（如政治认知、政治参与、政治诉求等）。		**政治认知：**偶尔看新闻。 **政治诉求：**交通方面可对快递行业更宽容（如超宽、超载的罚款问题）。	
8. **个人诉求**（如提升收入、完善保障、提高社会地位等）。		提高收入、完善快递行业法律法规。	
9. **其他备注**（如有趣的个人故事或人生经历等）。		**管理经验：**现在的工作以管理一线配送员为主，管理难度较大：一般配送员很早就辍学出来打工，文化水平较低，很难恰当处理配送时出现的打电话不接和被客户辱骂等情况，在工作的时候经常会出现消极和负面的情绪。这些都需要我们进行进一步的配套处理。	

编号：16（IB）

访谈对象	天猫—李先生	访谈时间	2018 年 8 月 20 日
访谈地点	天猫直营某站点	访谈人	姚
具体问题		访谈记录	
1. **被访者的基本信息**（包括性别、年龄、户籍所在地、婚姻状况、受教育程度、薪资、政治面貌、信仰等）。		**性别：**男 **户籍：**河南 **婚姻状况：**未婚 **宗教信仰：**无	**年龄：**24 岁 **政治面貌：**群众 **教育程度：**高中毕业 **薪资水平：**6500 元
2. **被访者的工作情况**（如职业发展历程、当前从业时间、日工作量、上岗培训、社会保险、福利待遇、客户态度等）。		**职业发展历程：**出来打工七年，来上海工作一年多。之前在上海松江的厂里工作，比较单调沉闷，后来经老乡介绍做快递行业。 **从业时间：**3 个月。 **工作量：**每天送 100 多单。	
3. **被访者的日常生活**（如休息时间、感情生活、社交网络、娱乐活动等）。		**休息时间：**早上 7 点到晚上 7 点。 **感情生活：**单身，有一定的婚恋压力。 **社交网络：**同事、老乡、工作认识的同行人。 **娱乐活动：**宅在家中休息、玩手机、微信聊天。 **消费情况：**吃为主（公司提供免费住宿）。	

（续表）

<table>
<tr><td>访谈对象</td><td>天猫一李先生</td><td>访谈时间</td><td>2018 年 8 月 20 日</td></tr>
<tr><td>访谈地点</td><td>天猫直营某站点</td><td>访谈人</td><td>姚</td></tr>
<tr><td colspan="2">具体问题</td><td colspan="2">访谈记录</td></tr>
<tr><td colspan="2">4. 职业看法（如服务意识、职业认同、对公司管理的看法、职业荣誉感、对下一份工作的期待等）。</td><td colspan="2">对职业的看法：工作强度大，内容重复，较为沉闷。
未来职业规划：2019 年过年后可能会换新的工作，未来的职业规划不明确。</td></tr>
<tr><td colspan="2">5. 文化体验（文化消费情况，如社会主流文化）。</td><td colspan="2">公司没有组织过团建活动。</td></tr>
<tr><td colspan="2">6. 城市印象（如对上海的整体印象、对自己与城市关系的认知、对城市是否归属感与融入感、对上海发展的期待等）。</td><td colspan="2">对上海的印象：生活压力大。
对上海人的印象：普遍还可以。
融入感：一般。在上海认识的人很少。</td></tr>
<tr><td colspan="2">7. 政治态度与行为（如政治认知、政治参与、政治诉求等）。</td><td colspan="2">政治认知：新闻看得不多。</td></tr>
<tr><td colspan="2">8. 个人诉求（如提升收入、完善保障、提高社会地位等）。</td><td colspan="2">提升收入，提供房租补贴。</td></tr>
<tr><td colspan="2">9. 其他备注（如有趣的个人故事或人生经历等）。</td><td colspan="2">个人经历：会有一些投诉。比如送快递上门后，家里人收到了快递，但是客户不知道，就会找我们投诉。为了取消投诉，我们要联络沟通很久，很麻烦。一开始也没有经验，现在遇到这样的事也少了。</td></tr>
</table>

编号：17（IC）

<table>
<tr><td>访谈对象</td><td>天猫一扎西</td><td>访谈时间</td><td>2018 年 8 月 20 日</td></tr>
<tr><td>访谈地点</td><td>天猫直营某站点</td><td>访谈人</td><td>姚</td></tr>
<tr><td colspan="2">具体问题</td><td colspan="2">访谈记录</td></tr>
<tr><td colspan="2">1. 被访者的基本信息（包括性别、年龄、户籍所在地、婚姻状况、受教育程度、薪资、政治面貌、信仰等）。</td><td colspan="2">性别：男　年龄：40 岁
户籍：西藏　政治面貌：群众
民族：彝族　婚姻状况：未婚
教育程度：初中　宗教信仰：无
薪资水平：6000 元</td></tr>
</table>

（续表）

访谈对象	天猫—扎西	访谈时间	2018 年 8 月 20 日
访谈地点	天猫直营某站点	访谈人	姚
具体问题		访谈记录	
2. **被访者的工作情况**（如职业发展历程、当前从业时间、日工作量、上岗培训、社会保险、福利待遇、客户态度等）。		**职业发展历程：**外出打拼十几年，在上海、广东、北京等地都有工作经历，主要以快递行业为主，在申通、圆通、中通等公司都有工作经验，一个月前在前老板的介绍下，来天猫直营配送站点工作。 **本份工作从业时间：**1 个月。 **工作时间：**早上七八点到晚上六七点。	
3. **被访者的日常生活**（如休息时间、感情生活、社交网络、娱乐活动等）。		**休息时间：**没有固定的休息日，如果想休息会和同事调时间。 **感情生活：**有女友（现在成都开民族餐厅），有在三年内结婚的打算。 **社交网络：**在上海有十几年的打拼经历，朋友多；主要是同族的朋友，有同民族的老乡会（在访谈中反复强调自己少数民族的身份）。 **娱乐活动：**和朋友玩、玩手机。 **消费情况：**吃为主，还有每月打钱给家里（家里是大家族，负担较重），公司提供免费住宿。	
4. **职业看法**（如服务意识、职业认同、对公司管理的看法、是否期望技能培训、职业荣誉感、对下一份工作的期待等）。		**对职业的看法：**工作比较有弹性、自由，但是很累，尤其下雨天更累。 **对公司管理的看法：**刚来一个月，感触不是很深。 **未来职业规划：**无明确职业规划，可能会回到家乡和女友开餐厅。	
5. **文化体验**（文化消费情况，如社会主流文化、互联网或公司内部的亚文化等）。		公司没有组织过团建活动。	
6. **城市印象**（如对上海的整体印象、对自己与城市关系的认知、对城市是否归属感与融入感、对上海人或社区的具体印象、对上海发展的期待等）。		**对上海的印象：**2007 年就来了上海，对上海的感情很深，在上海认识了女朋友和很多好朋友。 **对上海人的印象：**因为从事快递行当认识了一些上海人，都还不错。 **融入感：**对上海很有亲近感。	
7. **政治态度与行为**（如政治认知、政治参与、政治诉求等）。		**政治认知：**很少看新闻。	

（续表）

访谈对象	天猫—扎西	访谈时间	2018 年 8 月 20 日
访谈地点	天猫直营某站点	访谈人	姚
具体问题		访谈记录	
8. **个人诉求**（如提升收入、完善保障、提高社会地位等）。		提升收入。	
9. **其他备注**（如有趣的个人故事或人生经历等）。		**个人经历**：在上海来来去去工作了十几年，在闸北、宝山、闵行等地的多个快递公司工作过。在上海认识了女友和很多好朋友，觉得上海这座城市承载了自己很多的回忆。现在还保存着自己 2008 年和朋友在外滩拍的照片，很有感触。	

编号：18（ID）

访谈对象	天猫—韩先生	访谈时间	2018 年 8 月 20 日
访谈地点	天猫直营某站点	访谈人	姚
具体问题		访谈记录	
1. **被访者的基本信息**（包括性别、年龄、户籍所在地、婚姻状况、受教育程度、薪资、政治面貌、信仰等）。		**性别**：男 **户籍**：河南 **婚姻状况**：未婚 **宗教信仰**：无	**年龄**：23 岁 **政治面貌**：群众 **教育程度**：初中毕业 **薪资水平**：7000 元
2. **被访者的工作情况**（如职业发展历程、当前从业时间、日工作量、上岗培训、社会保险、福利待遇、客户态度等）。		**职业发展历程**：16 岁出来打工，2011 年来上海工作，一开始做安装工作，之后在申通送快递，因为工资发放不稳定，如果客户结账时间晚，就不能按时收到工资，所以辞职来天猫送快递。 **从业时间**：一个月。 **业务量**：一天一百多单，如果是特殊的节日则一天送 200 单，每一单大概拿 2 元。	
3. **被访者的日常生活**（如休息时间、感情生活、社交网络、娱乐活动等）。		**休息时间**：一个月可以调休两天。 **感情生活**：单身，有婚恋压力。 **社交网络**：父母和哥哥（全家都在上海打拼）、同事。	

（续表）

访谈对象	天猫—韩先生	访谈时间	2018年8月20日
访谈地点	天猫直营某站点	访谈人	姚
具体问题		访谈记录	
3. **被访者的日常生活**（如休息时间、感情生活、社交网络、娱乐活动等）。		**娱乐活动：**在公司寝室睡觉、玩手机游戏、看网上电影。 **消费情况：**吃喝为主，公司提供免费的员工宿舍；很少出去玩。	
4. **职业看法**（如服务意识、职业认同、对公司管理的看法、是否期望技能培训、职业荣誉感、对下一份工作的期待等）。		**对职业的看法：**工作强度大，但是很自由，不受管制；做快递员不是长久之计。 **对公司管理的看法：**公司有高温补贴，一天100元；收到一单投诉会罚500元，工作压力很大。 **未来职业规划：**走一步看一步，先赚钱，没有想太多关于未来发展的问题。	
5. **文化体验**（文化消费情况，如社会主流文化、互联网或公司内部的亚文化等）。		公司没有组织过团建活动。	
6. **城市印象**（如对上海的整体印象、对自己与城市关系的认知、对城市是否归属感与融入感、对上海人或社区的具体印象、对上海发展的期待等）。		**对上海的印象：**生活压力大，物价水平高。 **对上海人的印象：**没有上海本地朋友。 **融入感：**一般。	
7. **政治态度与行为**（如政治认知、政治参与、政治诉求等）。		**政治认知：**很少看新闻。 **政治参与：**经验不足。	
8. **个人诉求**（如提升收入、完善保障、提高社会地位等）。		提升收入和社会地位。	
9. **其他备注**（如有趣的个人故事或人生经历等）。		**个人经历：**送快递到代收点，客户没有收并联系客服就会形成投诉。这时候我们就要和客户沟通，尽量安抚他们，以他们的利益为重。基本上好好说就会把投诉取消。 天热的话会有一些客户给水，有时候一天可能收到3—4瓶水，挺感动的。	

编号：19（EC）

访谈对象	快递—钟先生	访谈时间	2018年8月25日
访谈地点	同济大学附近	访谈人	杨
具体问题		访谈记录	
1. **被访者的基本信息**（包括性别、年龄、户籍所在地、婚姻状况、受教育程度、薪资、政治面貌、信仰等）。		**性别：**男 **户籍：**安徽 **婚姻状况：**未婚 **宗教信仰：**无	**年龄：**28岁 **政治面貌：**群众 **教育程度：**初中 **薪资：**6000元
2. **被访者的工作情况**（如职业发展历程、当前从业时间、日工作量、上岗培训、社会保险、福利待遇、客户态度等）。		**职业发展历程：**之前做过很多职业，2013年进入快递行业，一直到现在。 **日工作量：**越是遇到各种节日促销搞活动越忙。 **社会保险：**公司应该是交了“五险”的。	
3. **被访者的日常生活**（如休息时间、感情生活、社交网络、娱乐活动等）。		**休息时间：**一个月休息两三天。早上6点多起床吃饭，然后开始工作到晚上6点多，晚上的休息时间比较长。 **娱乐活动：**玩玩游戏。 **感情生活：**单身。 **社交网络：**朋友、同事。	
4. **职业看法**（如服务意识、职业认同、对公司管理的看法、是否期望技能培训、职业荣誉感、对下一份工作的期待等）。		**职业认同：**比较满意，暂时找不到更好的工作。 **对公司管理的看法：**还行吧。 **职业荣誉感：**没有太大的荣誉感。 **对下一份工作的期待：**没想好。	
5. **文化体验**（文化消费情况，如社会主流文化、互联网或公司内部的亚文化等）。		**文化消费情况：**基本没有。	
6. **城市印象**（如对上海的整体印象、对自己与城市关系的认知、对城市是否归属感与融入感、对上海人或社区的具体印象、对上海发展的期待等）。		**对上海的整体印象：**上海繁华、大气，但消费太高。 **自己与城市关系的认知：**始终是外地人，跟本地人交流不多，没有归属感。	
7. **政治态度与行为**（如政治认知、政治参与、政治诉求等）。		**政治参与：**参与积极性不足。 **政治认知：**认知不足。 **政治诉求：**涨工资。	

（续表）

访谈对象	快递一钟先生	访谈时间	2018 年 8 月 25 日
访谈地点	同济大学附近	访谈人	杨
具体问题		访谈记录	
8. **个人诉求**（如提升收入、完善保障、提高社会地位等）。		希望得到更多的尊重和理解。	
9. **其他备注**（如有趣的个人故事或人生经历等）。		有一次客户不在家，我就打电话说把东西放在附近的一个代收点了，她也同意了。然后晚上给我打电话说，去了没看到快递，不在那里。然后我就给代收点的人打电话，恰好那里的人也认识这个客户，跟我说，这个人根本就没来取她的快递。然后我给客户打电话说了情况，她说："我现在在家了，你给我送过来吧。"	

编号：20（CF）

访谈对象	快递一罗女士	访谈时间	2018 年 8 月 5 日
访谈地点	同济大学附近	访谈人	邓
具体问题		访谈记录	
1. **被访者的基本信息**（包括性别、年龄、户籍所在地、婚姻状况、受教育程度、薪资、政治面貌、信仰等）。		**性别：**女　**年龄：**23 岁 **户籍：**安徽　**婚姻状况：**未婚 **受教育程度：**高中　**薪资：**4000 元左右 **政治面貌：**团员 **信仰：**佛教，受奶奶辈影响，过节时会去寺庙烧香	
2. **被访者的工作情况**（如职业发展历程、当前从业时间、日工作量、上岗培训、社会保险、福利待遇、客户态度等）。		**职业发展历程：**饭店收银员。 **当前从业时间：**2018 年 3 月。 **日工作量：**我也不太清楚，我主要是在前台寄快递。 **上岗培训：**无。 **社会保险：**无。 **福利待遇：**无，感觉公司没什么福利。	
3. **被访者的日常生活**（如休息时间、感情生活、社交网络、娱乐活动等）。		**休息时间：**早上 9 点上班，下午 7 点下班，中午没有休息时间，只有吃饭时间。一个月休息两天，具体时间自己安排。其他事情可以请假，但是超休了会扣工钱。 **感情生活：**无，以前有谈过恋爱，目前不考虑结婚，父母有安排相亲，但觉得自己年龄还小。	

（续表）

访谈对象	快递—罗女士	访谈时间	2018年8月5日
访谈地点	同济大学附近	访谈人	邓
具体问题		访谈记录	
3. **被访者的日常生活**（如休息时间、感情生活、社交网络、娱乐活动等）。		**社交网络：**父亲在上海工地上班，休息时间会聚聚；其次和同事来往较多；还有朋友，包括护士、百度公司员工等，基本是高中同学，但是很少聚。我有时间时，他们没时间，他们有时间时，我没时间，所以只能偶尔电话一下。 **娱乐活动：**上班之余会逛逛街。	
4. **职业看法**（如服务意识、职业认同、对公司管理的看法、是否期望技能培训、职业荣誉感、对下一份工作的期待等）。		**职业认同：**这份工作并不是长久的选择。 **对公司管理看法：**具体管理自己也不清楚。 **对下一份工作的期待：**不具体，且期望获得再教育。 （Q: 您以后有想换其他工作吗? A: 我后悔没上学，但感觉晚了。 Q: 不晚，二十多岁上大学的有很多。 A: 还是想过要继续深造的。）	
5. **文化体验**（文化消费情况，如社会主流文化、互联网或公司内部的亚文化等）。		**文化消费情况：**消费很少。看电影真不会，手机上就看了，电影院不会去。	
6. **城市印象**（如对上海的整体印象、对自己与城市关系的认知、对城市是否归属感与融入感、对上海人或社区的具体印象、对上海发展的期待等）。		**对上海的整体印象：**大城市、工资高、工作更不累、机会更多、选择更多。 **对自己与城市关系的认知：**非长期关系，会回老家，在上海只是暂时的。 **城市归属感与融入感：**会感觉到自己还是一个外地人，因为交流有障碍，但没有感受到本地人的歧视，只是觉得不好交流。	
7. **政治态度与行为**（如政治认知、政治参与、政治诉求等）。		**政治参与：**积极性不高。 **政治态度：**会看新闻，主要是娱乐新闻、八卦，政治新闻和社会新闻很少。认为党委、团委离自己的生活很远。	
8. **个人诉求**（如提升收入、完善保障、提高社会地位等）。		无，吃饱能玩就行。	
9. **其他备注**（如有趣的个人故事或人生经历等）。		每天都一样，没有什么印象深刻的事情，有时候公安局工作人员会来查有没有开箱检查、实名登记等。	

编号： 21（AF）

访谈对象	顺丰—戴先生	访谈时间	2019年1月30日
访谈地点	曲阳路	访谈人	邓、姚
具体问题		访谈记录	
1. **被访者的基本信息**（包括性别、年龄、户籍所在地、受教育程度、薪资、政治面貌、信仰等）。		**性别：** 男　**年龄：** 29岁 **户籍：** 安徽　**受教育程度：** 高中 **政治面貌：** 群众　**宗教信仰：** 无 **薪资：** 一票件提成，一票件拿1元多，底薪6000元，工资待遇还可以，管住三个月。月薪忙的话九千多元，扣完税八千多元，忙点就多点，淡季就少点。	
2. **被访者的生活境况**（如工作时间安排、休闲娱乐活动、婚姻感情状况、社会交往情况等）。		**工作时间安排：** 一个礼拜休一天，周日。AB班搭班轮休。 **休闲娱乐活动：** 休息的时候就睡觉，基本上娱乐活动就很少，休息时就赶紧睡一天。 **婚姻感情状况：** 已婚，妻子在老家带两个小孩。 **社会交往情况：** 在上海有一些亲戚朋友。出去玩的话，可能去亲戚那里走一走，来往一年去两三次，平时自己逛一逛。	
3. **被访者的工作情况和职业发展**（如从业年限，工作时间，工作量，工作压力，工作认同感，公司管理情况，如工作要求、奖惩制度、就业培训、工作保障、福利待遇、申诉解决机制，对公司的归属感，工作经历，对下一份工作的期待等）。		**从业年限：** 工作三年，也是一个老员工了。一线配送员。 **工作时间：** 工作时间是早上8点到晚上将近9点。生活节奏跟着客户来。中午吃饭要看件量，件量小就早点吃饭，件量大就晚吃饭，时间不是固定的。 **工作量：** 主要工作就是负责一个小区快递的送件和收件。 **工作压力：** 工作压力太大。 **工作认同感：** 工作到现在，自己的一些感受就是只要客户在家，能把件送到他手里就好了。如果反复打电话联系不到，就还挺烦的。我们不需要客户的谢意和水，只要他在家，让我们送到件就行。伸手不打笑脸人，只要跟客户进行心与心的交流，人家也会跟你态度挺好的，我对自己的工作还挺认同的，我这人还是挺积极阳光的。	

（续表）

访谈对象	顺丰—戴先生	访谈时间	2019年1月30日
访谈地点	曲阳路	访谈人	邓、姚
具体问题		访谈记录	
3. **被访者的工作情况和职业发展**（如从业年限，工作时间，工作量，工作压力，工作认同感，公司管理情况，如工作要求、奖惩制度、就业培训、工作保障、福利待遇、申诉解决机制，对公司的归属感，工作经历，对下一份工作的期待等）。		**公司管理情况：**培训方面就是先上岗、体检、看档案，培训二十天，再是师徒值，师父跟你说流程，带你几天，再正式上岗，感觉培训挺规范，别的物流没有，就顺丰有。顺丰要带领其他所有快递领先、全面化，保险配备都有，只要不违规都有保障。奖惩都有，该罚就罚，罚的基本都是一线员工。顺丰有客户管理，没有制度管理，根据客户无条件多变化地来管理顺丰，这个管理方式打破了企业管理方式。客户有意见可以投诉，然后公司进行记录，不断改进，就像一个新车不断磨合、不断改进。 **工作经历：**一开始来上海，因为文化程度不高，想着在上海做什么工作工资高又不需要太高文化，又是一门技术活，就觉得做顺丰快递员挺好的，就一头扎进去了。 **工作计划：**今后在顺丰，先看看吧，先一步步往上。公司每三个月晋升一次，只要有能力就上得很快。从一线到主管再继续往上。现在自己还是一线员，需要看数据、领导能力。现在追求智能化，科技在发展，自己也要进步。	
4. **社会心态**（如对上海的整体印象、自己与城市关系的认知、归属感融入感、定居意愿、政治参与、政治态度等）。		**对上海的整体印象：**我有两个小孩了，生活节奏快，工资效能不足，始终感觉跟不上时代。不过归属感倒也有一点，就还挺好的，反正先多挣点钱再看。	
5. **主要诉求**（如提升收入、完善保障、提高社会地位等）。		虽然工资是凭自己能力来赚，多劳多得，但工资还得往上提。生活方面也要改善。在这三年里，工作还是蛮愉快的，在未来的时间里，我希望工资能高一点，其他方面希望生活优质一点，就是生活其他一些小的方面水平也能提高一些。	
6. **其他备注**（如有趣的个人故事或人生经历等）。		没有什么。	

编号：22（BJ）

访谈对象	韵达—孙先生	访谈时间	2019年2月23日
访谈地点	曲阳路	访谈人	魏、潘

具体问题	访谈记录
1. **被访者的基本信息**（包括性别、年龄、户籍所在地、婚姻状况、受教育程度、薪资、政治面貌、信仰等）。	**性别：**男　**年龄：**20岁 **户籍：**山东　**婚姻状况：**单身 **月薪：**10000—20000元
2. **被访者的工作情况**（如职业发展历程、当前从业时间、日工作量、上岗培训、社会保险、福利待遇、客户态度等）。	**职业发展历程：**来上海一年，之前做过广告工作。因为工资较高，经朋友介绍后从事快递工作。 **当前从业时间：**全年无休，听公司安排随时配送，工作压力大，没有休闲娱乐时间。 **日工作量：**配送量是公司安排，配送范围为曲阳路双号2—600号。 **客户态度：**客户着急要件但没时间去会引起争吵。
3. **被访者的日常生活**（如休息时间、感情生活、社交网络、娱乐活动等）。	基本没有什么休息时间，也没什么社交娱乐活动。
4. **职业看法**（如服务意识、职业认同、对公司管理的看法、是否期望技能培训、职业荣誉感、对下一份工作的期待等）。	**奖惩制度：**平时有奖金，罚款较多，若不罚款，公司会赔钱。 **对公司管理的看法：**公司配宿舍，上岗前无培训。 **对下一份工作的期待：**以后留在上海，不回老家。
5. **主要诉求**（如提升收入、完善保障、提高社会地位等）。	没有什么吧。
6. **其他备注**（如有趣的个人故事或人生经历等）。	无。

附录3　问卷调查

上海市外卖与快递青年从业人员基本情况调查：

1. 您的性别是：［单选题］

选项	小计	比例
男	1397	89.55%
女	163	10.45%
本题有效填写人次	1560	

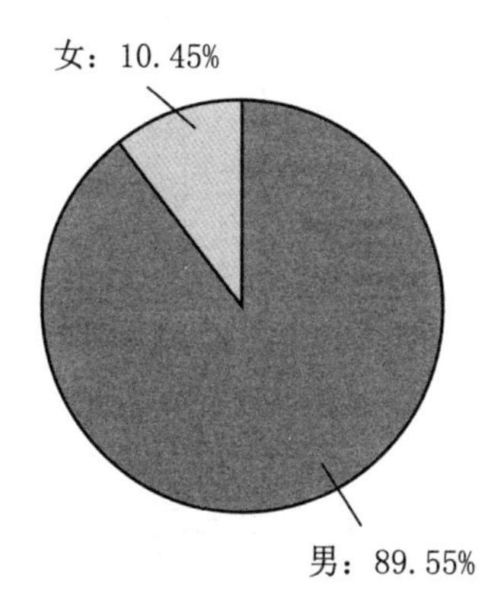

2. 您来自哪个省份：［单选题］

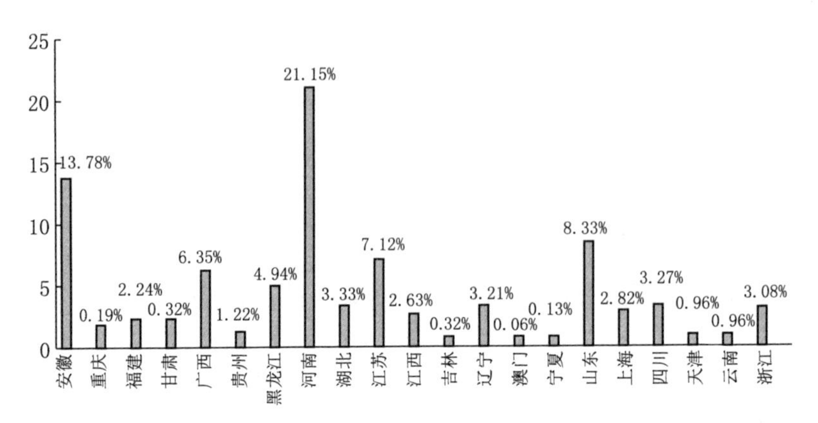

3. 您的年龄段是：［单选题］

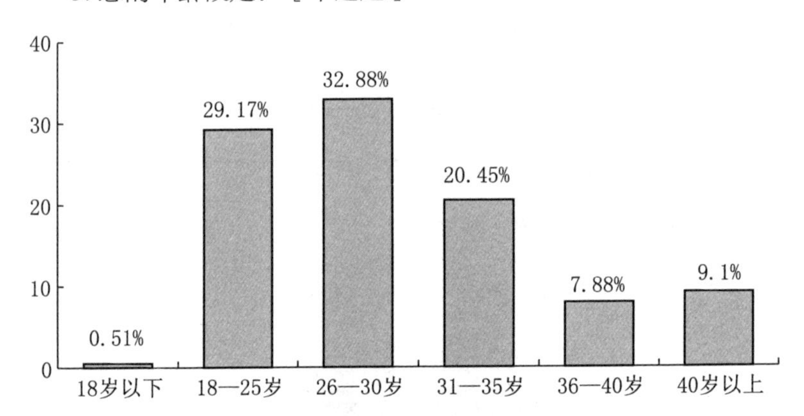

4. 您的婚姻情况是：［单选题］

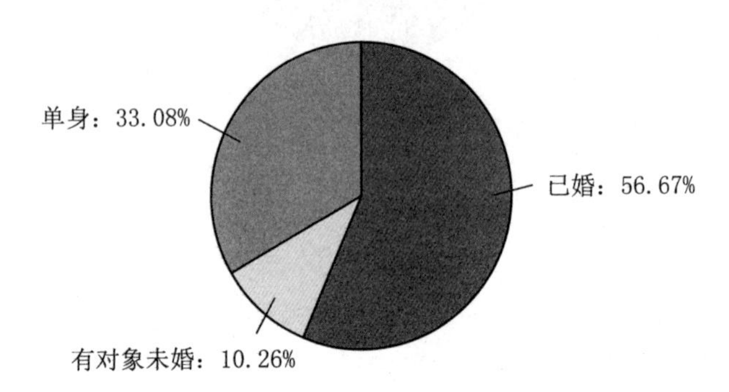

5. 您的受教育程度是：［单选题］

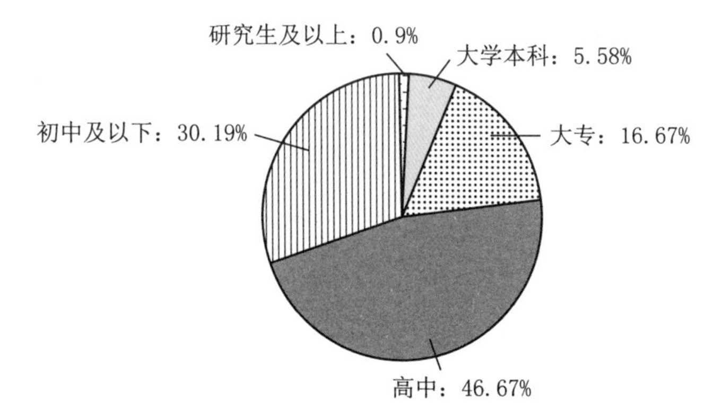

6. 您的政治面貌是：［单选题］

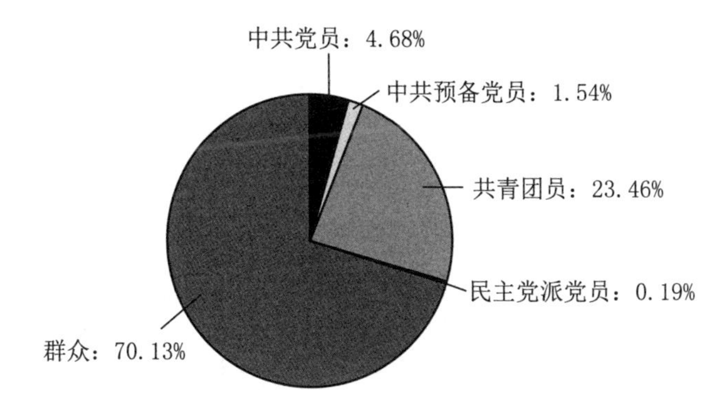

7. 您的宗教信仰是：［单选题］

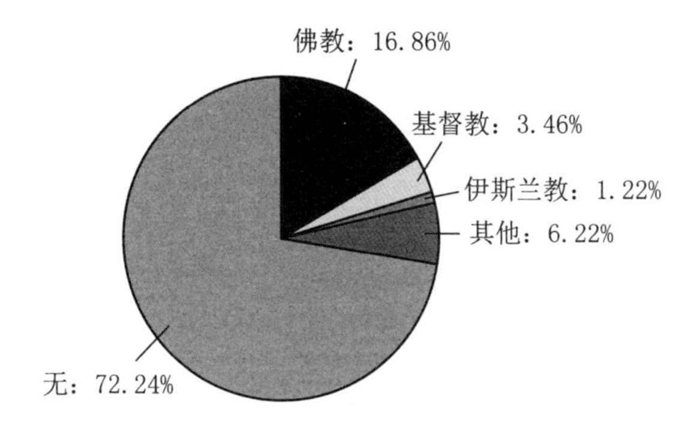

8. 您从事的第一份工作是：［填空题］

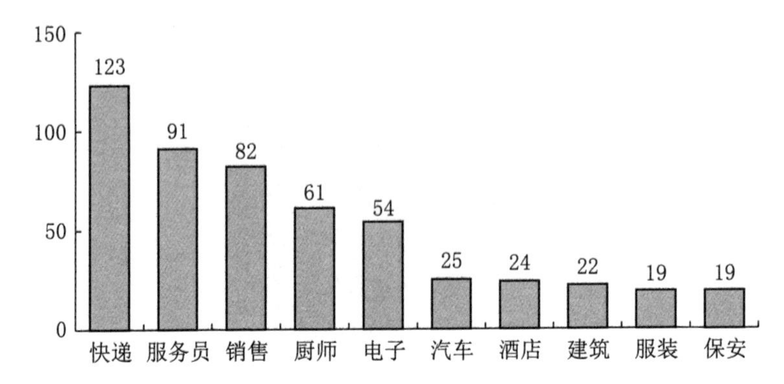

9. 您的上一份工作是：［填空题］

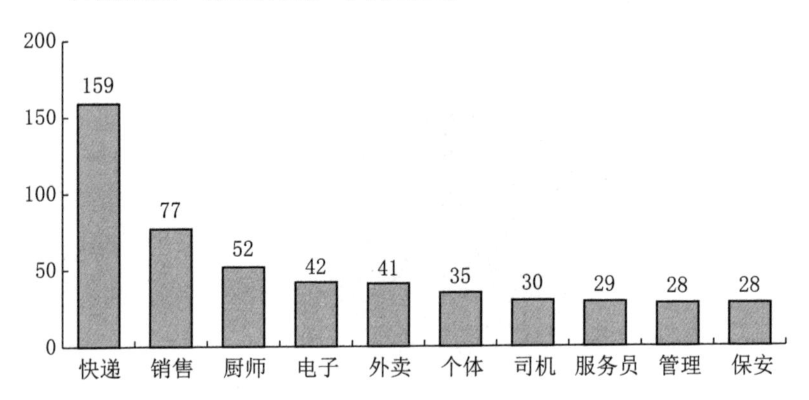

10. 您目前所在的外卖或快递公司是：［单选题］

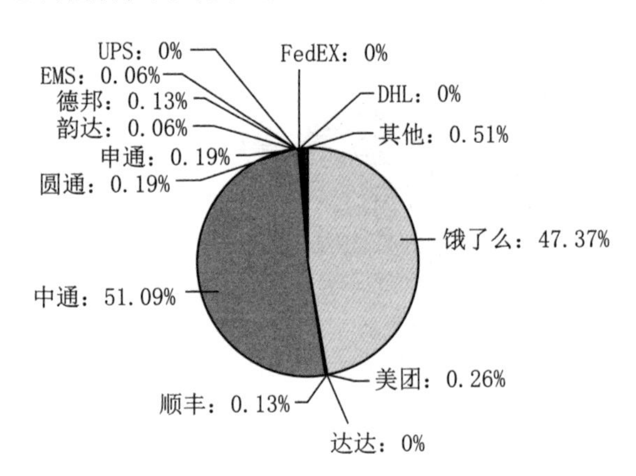

11. 您进入外卖或快递行业的时长是：［单选题］

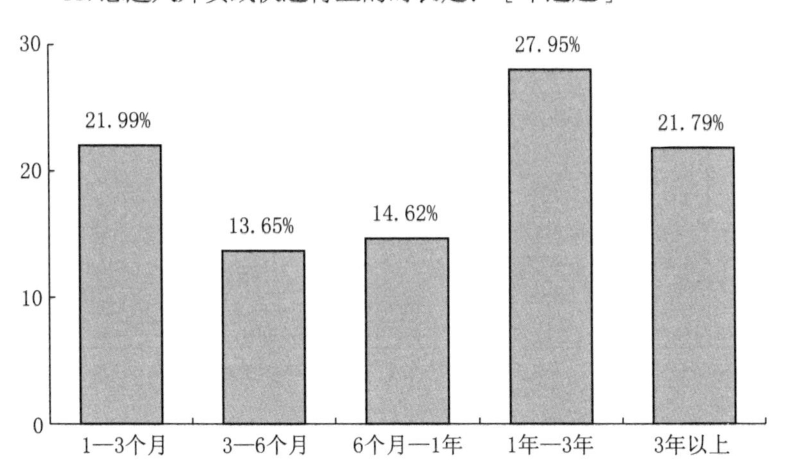

12. 您通过什么途径进入外卖行业：［单选题］

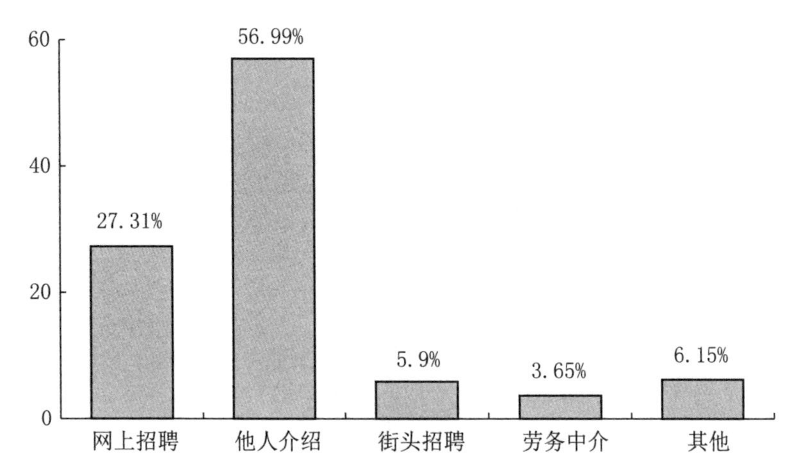

13. 您进入快递或外卖行业的考虑要素是：［多选题］

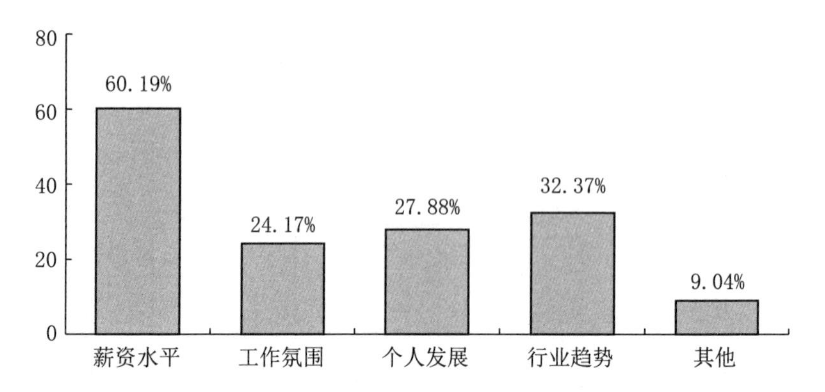

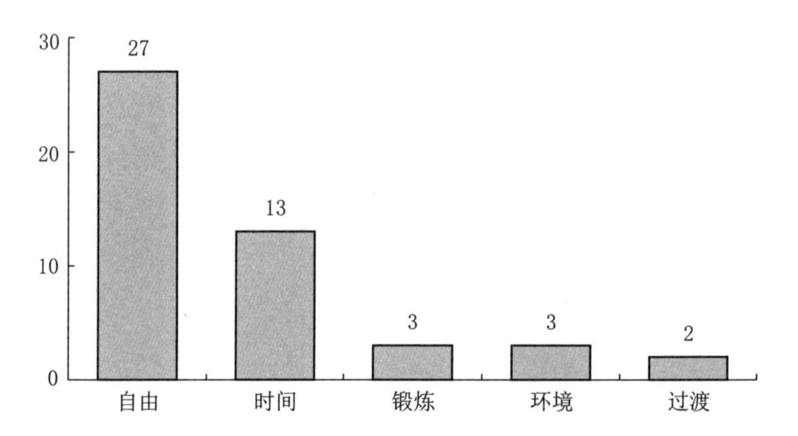

14. 您的岗位类别是：［单选题］

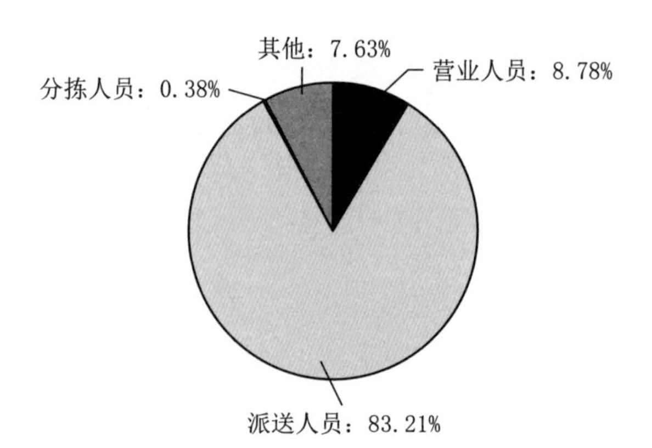

15. 您的职工类型是：［单选题］

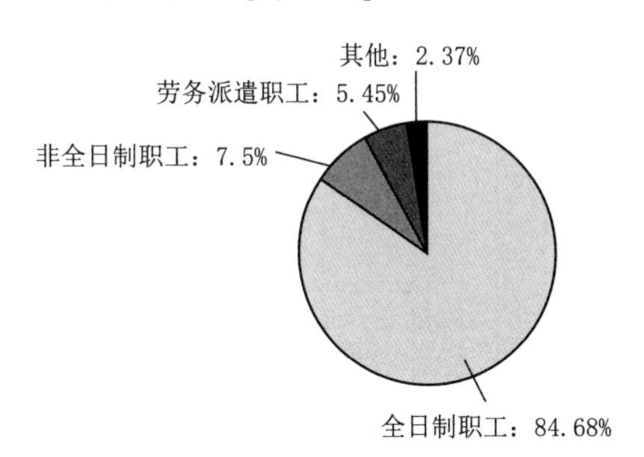

16. 您每天的工作时间是：［单选题］

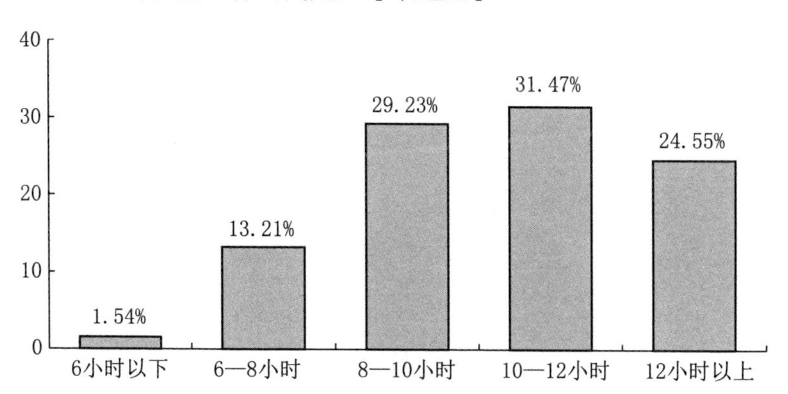

17. 您的月收入大约是：［单选题］

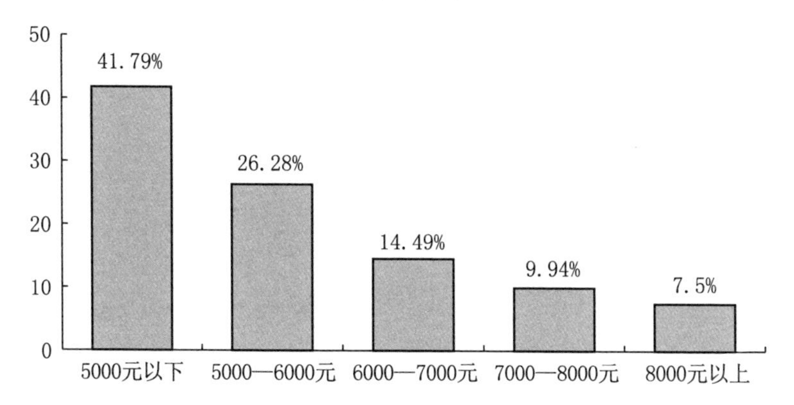

18. 您平时的主要开销包括：［多选题］

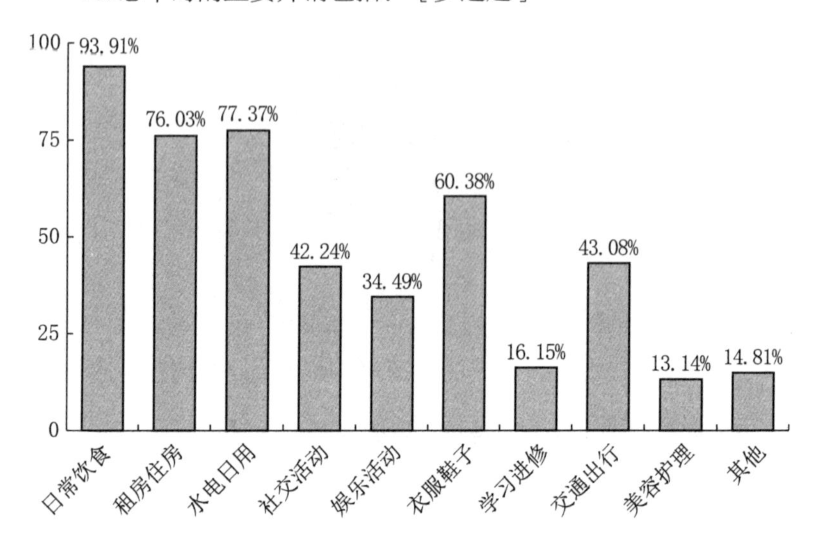

19. 您目前的住处是：［单选题］

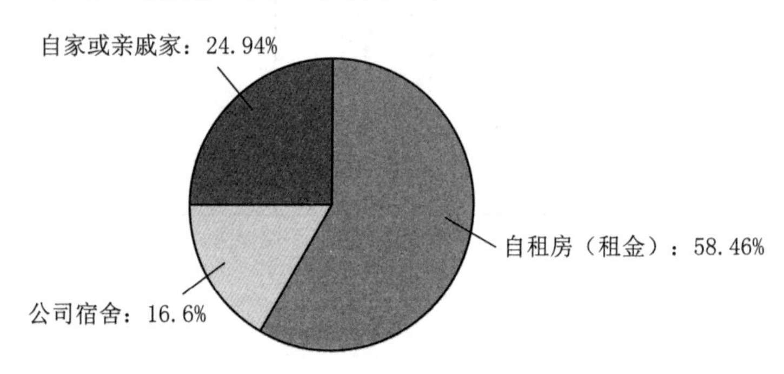

20. 您是否会给父母打钱：［单选题］

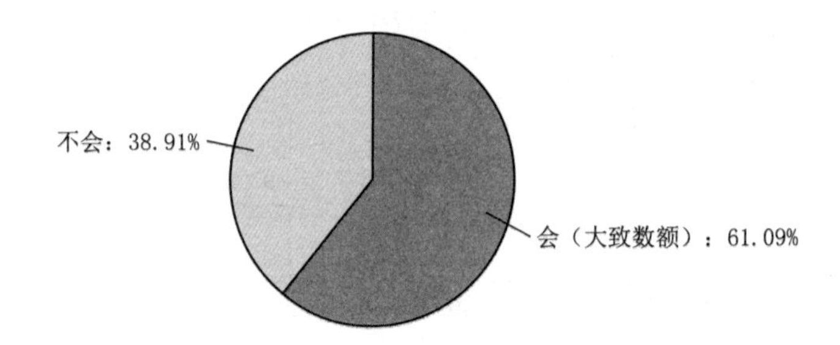

21. 您是否有房贷：［单选题］

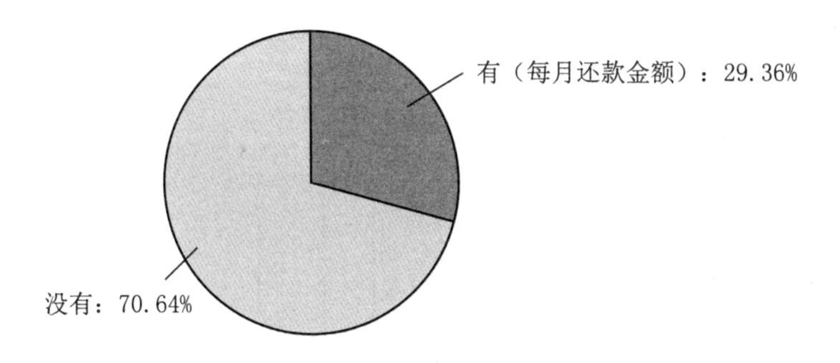

22. 您一般参加什么社交活动：［多选题］

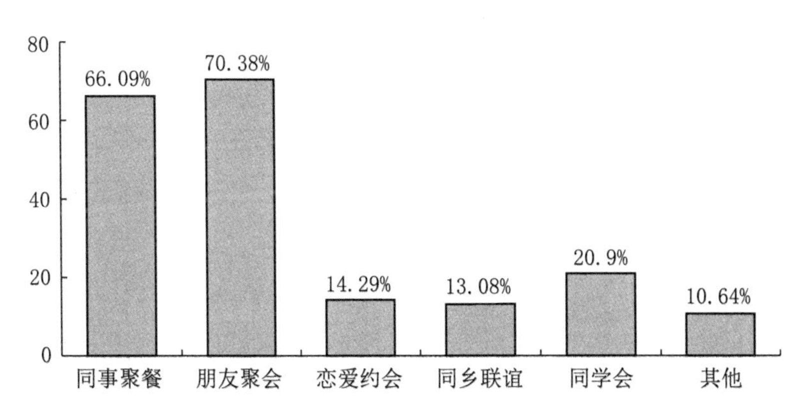

23. 您参加社交活动的频率是：［单选题］

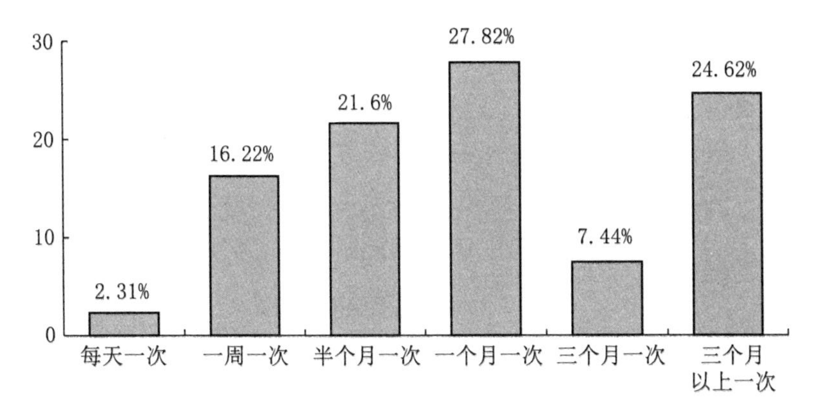

24. 您一般进行什么娱乐活动：［多选题］

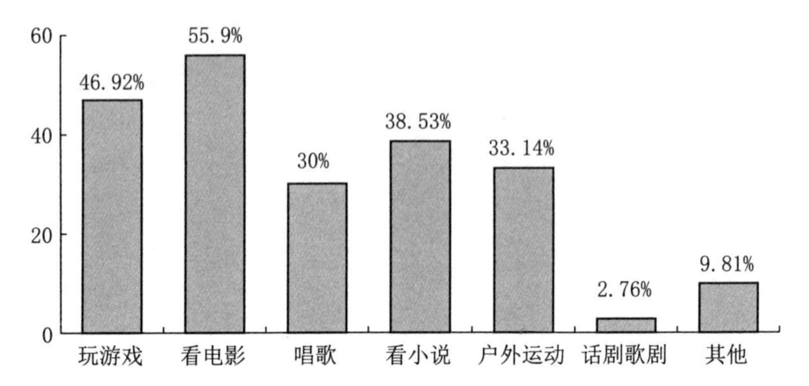

25. 您进行娱乐活动的频率是：［单选题］

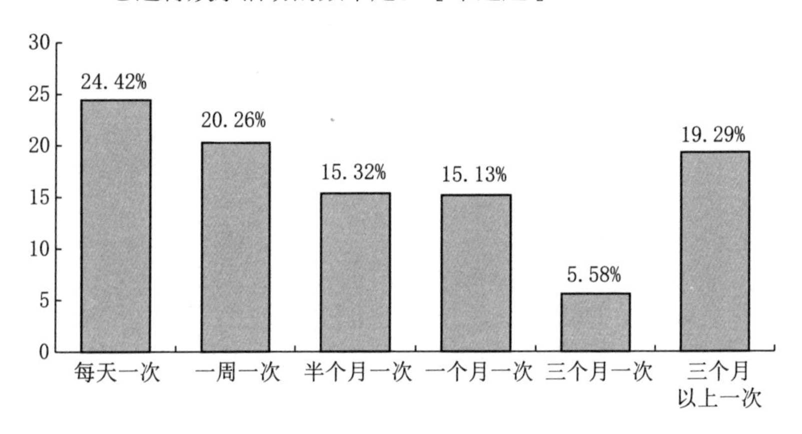

26. 您平时查看新闻的频率是：［单选题］

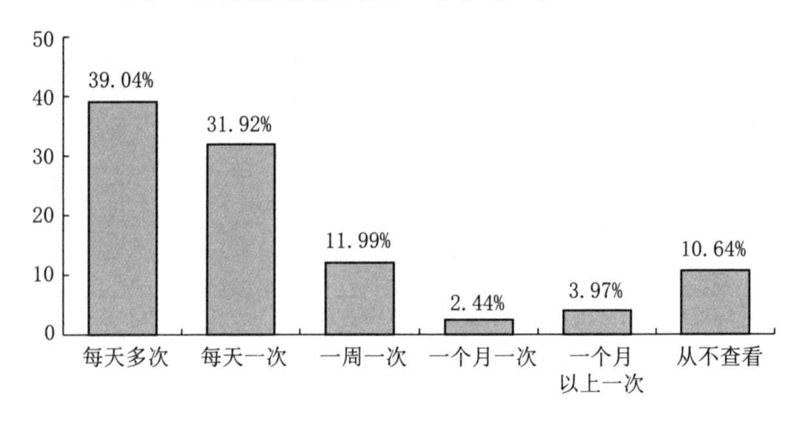

27. 您平时最常看的新闻板块是：［多选题］

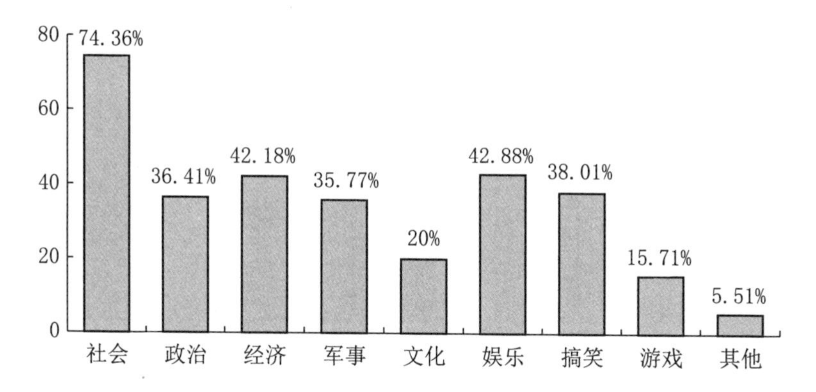

28. 您对社会热点问题的了解程度：［单选题］

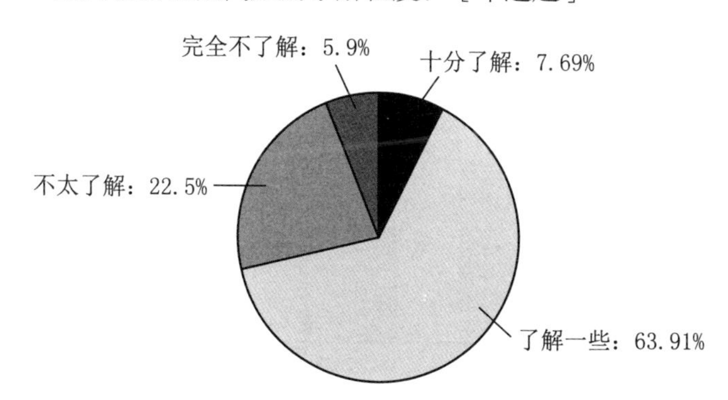

29. 您对党和国家大事的了解程度：［单选题］

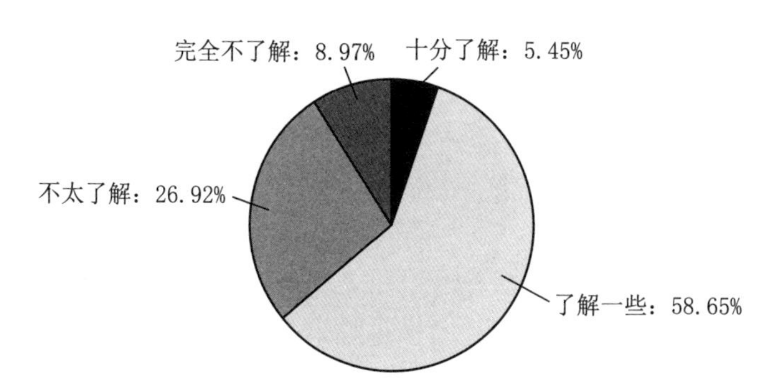

30. 您的每月消费总额大概是：［单选题］

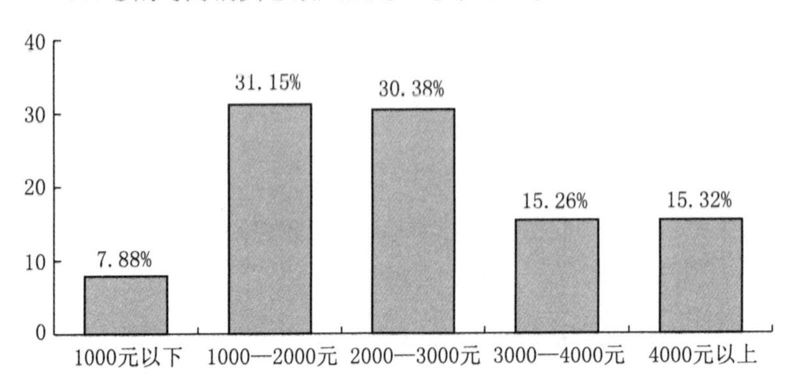

31. 您每月的存款大概是：［单选题］

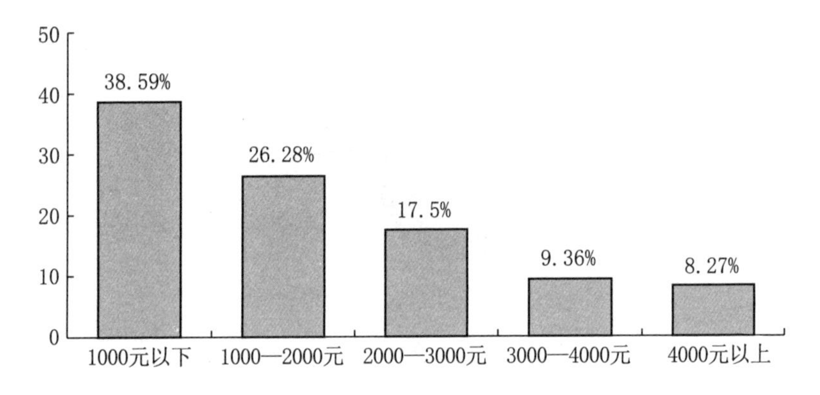

32. 您对当前收入和经济情况的满意程度：［单选题］

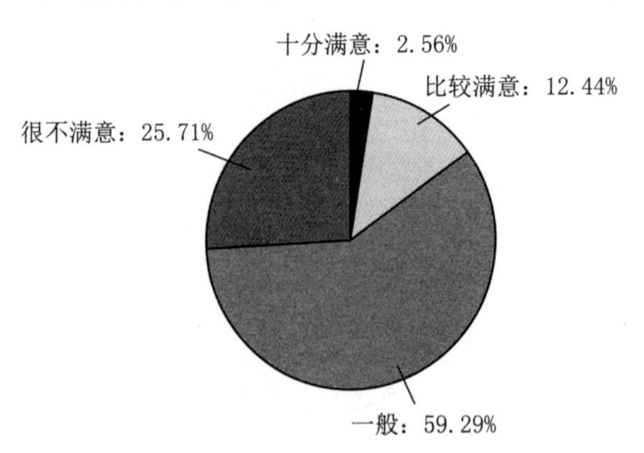

33. 目前您在外卖或配送团队认识的人数：［单选题］

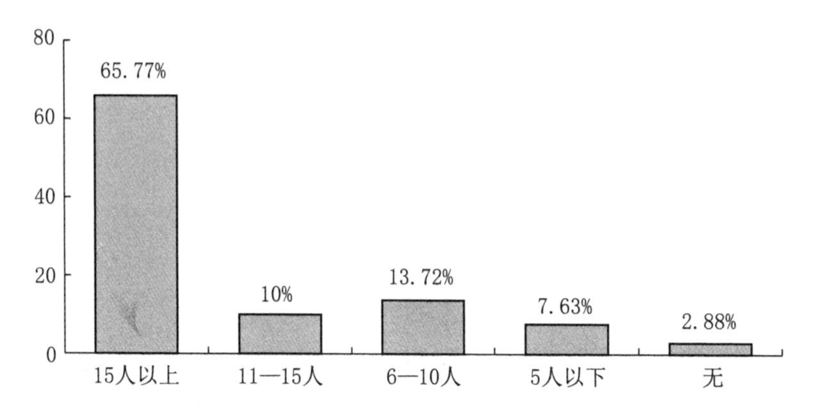

34. 目前值得您信赖的团队人员数：［单选题］

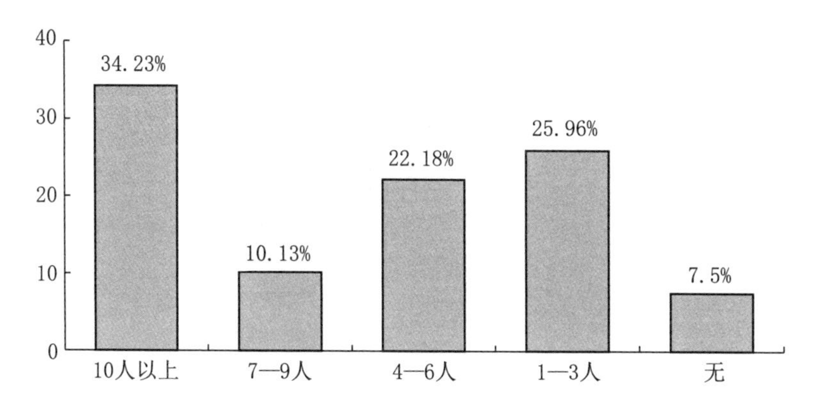

35. 您对工作氛围的满意程度：［单选题］

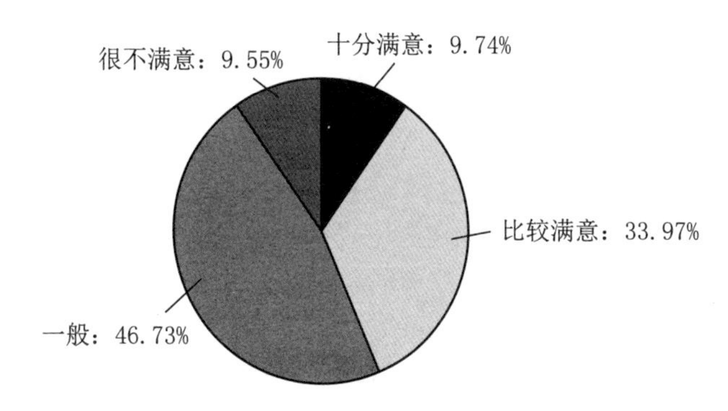

36. 您的下一份工作会选择什么行业（可填无）：［填空题］

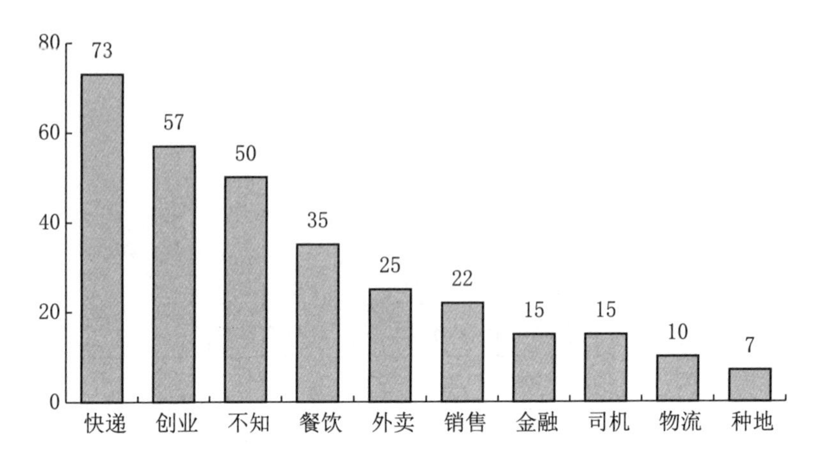

37. 您是否考虑进行技能培训或继续教育：［单选题］

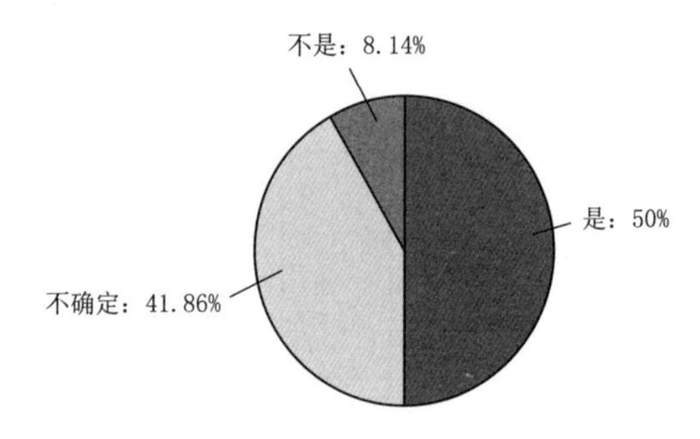

38. 您是否会一直从事外卖或快递行业：［单选题］

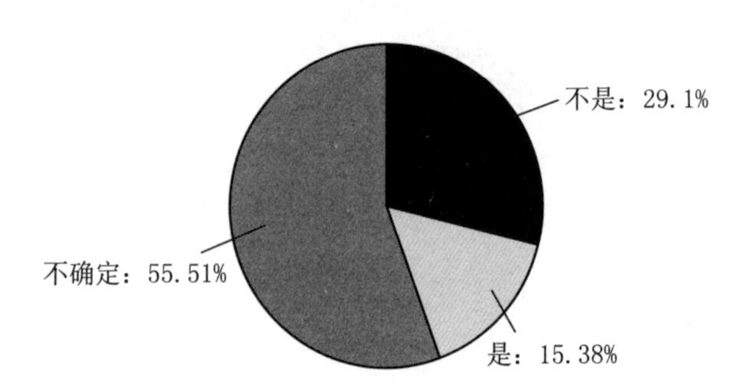

39. 您对当前工作较不满意的原因：［多选题］

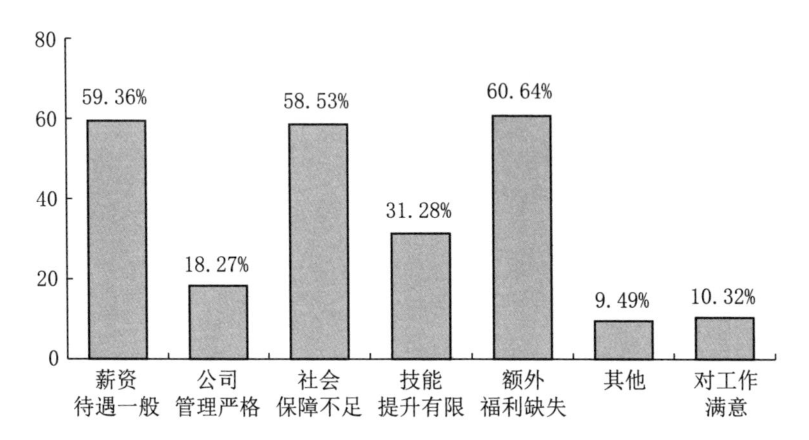

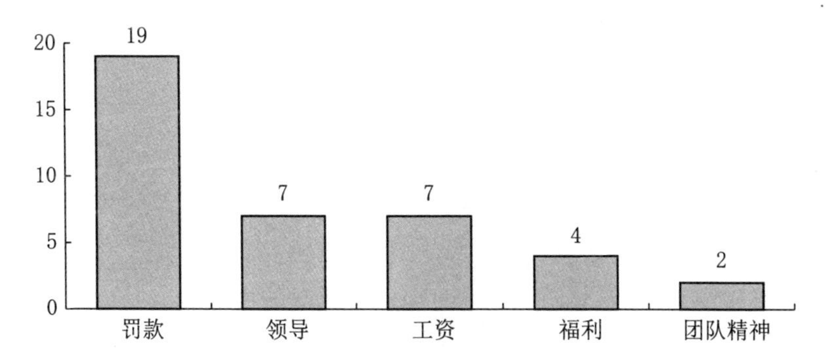

40. 您到达上海工作的时长：［单选题］

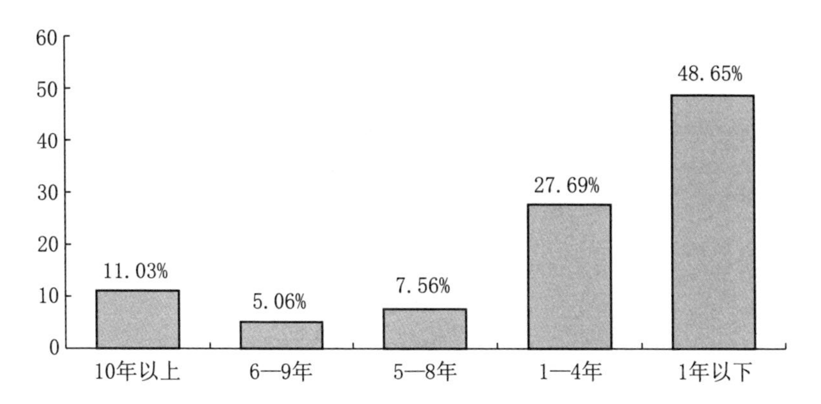

41. 您选择上海作为工作地的原因：［多选题］

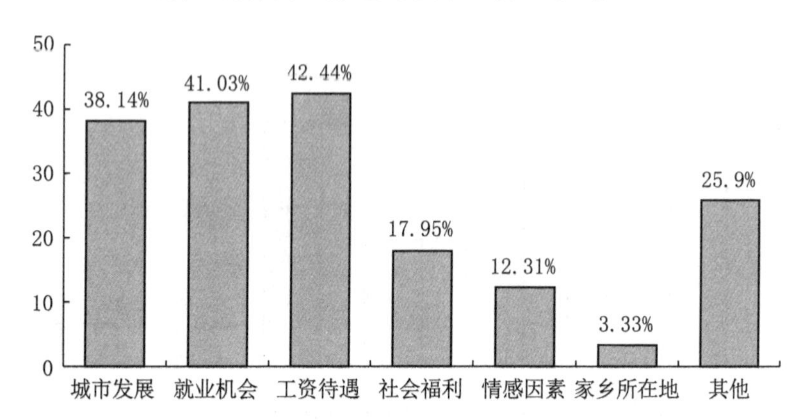

42. 您对上海的融入程度：［单选题］

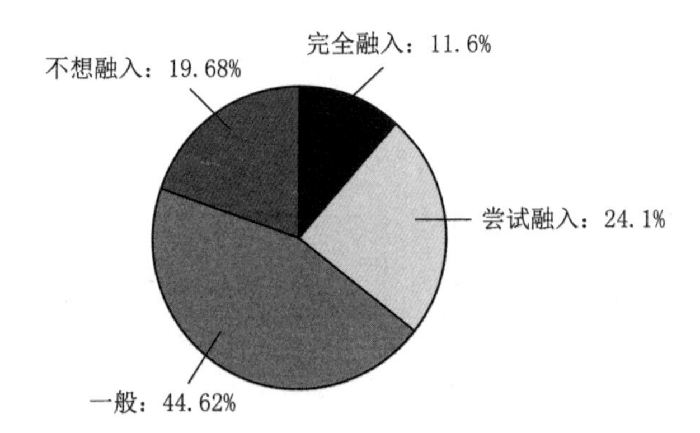

43. 您是否会一直留在上海工作：［单选题］

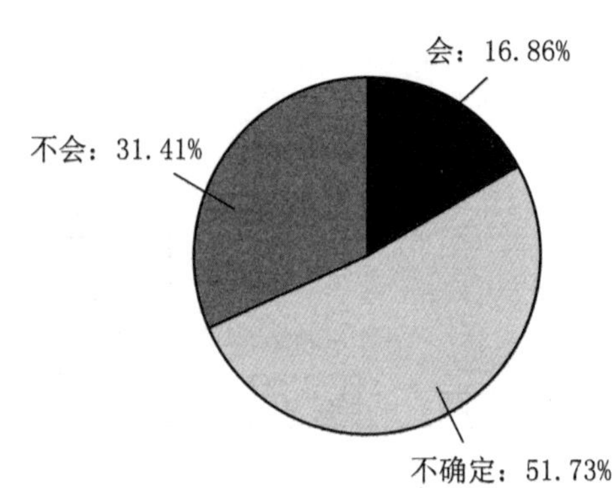

44. 您想落户上海吗：［单选题］

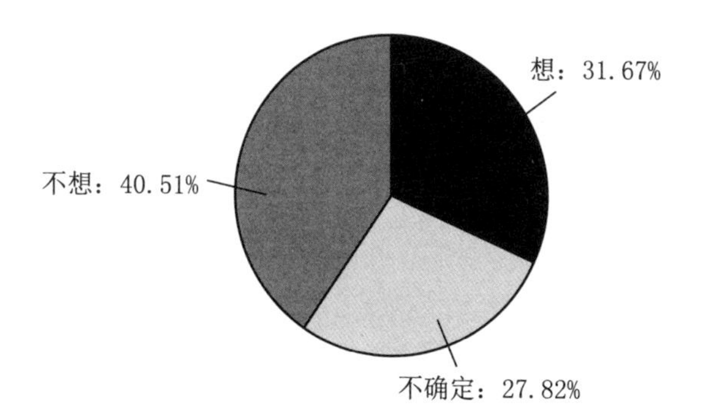

参考文献

（一）中文文献

［1］艾媒咨询：《2017—2018 年中国在线餐饮外卖市场研究报告》，2018 年 1 月 17 日。

［2］波士顿咨询公司（BCG）：《互联网时代的就业重构：互联网对中国社会就业影响的三大趋势》，2015 年 8 月 12 日。

［3］蔡宜旦、陈昕苗：《基于职业期望——收益视角的快递小哥职业认同》，载《青少年研究与实践》2017 年第 2 期。

［4］蔡宜旦、程德兴：《生存理性视角下快递小哥的行为逻辑——基于浙江省快递小哥的人类学调查》，载《青少年研究与实践》2017 年第 2 期。

［5］常凯、郑小静：《雇佣关系还是合作关系？——互联网经济中用工关系性质辨析》，载《中国人民大学学报》2019 年第 2 期。

［6］陈龙：《"数字控制"下的劳动秩序——外卖骑手的劳动控制研究》，载《社会学研究》2020 年第 6 期。

［7］张宛丽：《当代中国社会流动机制探讨》，载《中国党政干部论坛》2004 年第 8 期。

［8］传化公益慈善研究院"中国卡车司机调研课题组"：《中国卡车司机调查报告 No.1~No.3》，社会科学文献出版社 2018 年版。

［9］戴洁：《现代社会分层理论范式探析——兼论转型中中国社会阶层分化的启示》，载《江西社会科学》2009 年第 1 期。

［10］邓志强：《青年的阶层固化："二代们"的社会流动》，载《中国青年研究》2013 年第 6 期。

［11］第一财经商业数据中心（CBNData）联合苏宁易购：《2018 快递员群体洞察报告》，2018 年 8 月 9 日。

［12］董扣艳：《"丧文化"现象与青年社会心态透视》，载《中国青年研究》2017 年第 11 期。

［13］方奕、王静、周占杰：《城市快递行业青年员工工作及生活情境实证调

查》，载《中国青年研究》2017 年第 4 期。

[14] 付桂芳：《论新生代农民工社会心态的形成机制》，载《求索》2013 年第 6 期。

[15] 甘乐：《2011 年中国青年的社会心态》，载《当代青年研究》2012 年第 3 期。

[16] 耿雁冰：《薪酬低、缺保障：新生代外来务工人员就业“短工化”》，载《21 世纪经济报道》2012 年第 2 期。

[17] 胡慧、任焰：《制造梦想：平台经济下众包生产体制与大众知识劳工的弹性化劳动实践——以网络作家为例》，载《开放时代》2018 年第 6 期。

[18] 胡洁：《当代中国青年社会心态的变迁、现状与分析》，载《中国青年研究》2017 年第 12 期。

[19] 李江：《新生代农民工社会流动的问题研究》，载《农村经济与科技》2018 年第 14 期。

[20] 李景治，熊光清：《中国城市中农民工群体的社会排斥问题》，载《江苏行政学院学报》2006 年第 6 期。

[21] 李静君：《中国工人阶级的转型政治》，载孙立平、李友梅、沈原编：《当代中国社会分层：理论与实证》，社会科学文献出版社 2006 年版。

[22] 李路路：《再生产与统治——社会流动机制的再思考》，载《社会学研究》2006 年第 2 期。

[23] 李路路、朱斌：《当代中国的代际流动模式及其变迁》，载《中国社会科学》2005 年第 5 期。

[24] 李强：《户籍分层和农民工的社会地位》，载《中国党政干部论坛》2002 年第 8 期。

[25] 李强：《中国城市农民工劳动力市场研究》，载《学海》2001 年第 1 期。

[26] 李强：《关于城市农民工的情绪倾向及社会冲突问题》，载《社会学研究》1995 年第 4 期。

[27] 李强：《影响中国城乡流动人口的推力与拉力因素分析》，载《中国社会科学》2003 年第 1 期。

[28] 李强、李凌：《农民工的现代化与城市适应——文化适应的视角》，载《南开学报（哲学社会科学版）》2014 年第 3 期。

[29] 李树茁、任义科、费尔德曼、杨绪松：《中国农民工的整体社会网络特征分析》，载《中国人口科学》2006 年第 3 期。

[30] 李煜：《代际社会流动：分析框架与现实》，载《浙江学刊》2019 年第 1 期。

[31] 李煜：《代际流动的模式：理论理想型与中国现实》，载《社会》2009 年第 6 期。

[32] 刘博：《新生代农民工的“差异化生存”与双向社会心态》，载《当代经济管理》2015年第9期。

[33] 刘传江、周玲：《社会资本与农民工的城市融合》，载《人口研究》2004年第5期。

[34] 刘芳：《近年来关于城市农民工问题的研究综述》，载《西北师大学报》2005年1月第1期。

[35] 刘红燕：《农民工社会流动的现实困境与对策分析》，载《河北学刊》2012年第1期。

[36] 刘林平、张春泥：《农民工工资：人力资本、社会资本、企业制度还是社会环境》，载《社会学研究》2007年第6期。

[37] 刘启营：《新生代农民工社会心态及其影响因素》，载《当代青年研究》2012年第10期。

[38] 彭庆恩：《关系资本和地位获得——以北京市建筑行业农民包工头的个案为例》，载《社会学研究》1996年第4期。

[39] 任远、邬民乐：《城市流动人口的社会融合：文献述评》，载《人口研究》2006年第3期。

[40] 邵宜航、张朝阳：《关系社会资本与代际职业流动》，载《经济学动态》2016年第6期。

[41] 沈原、闻翔：《转型社会学视野下的劳工研究：问题、理论与方法》，载郭于华编：《清华社会学评论》，社会科学文献出版社2012年版。

[42] 帅满：《快递员的劳动过程：关系控制与劳动关系张力的化解》，载《社会发展研究》2021年第1期。

[43] 宋薇萍：《全国政协委员、上海市经济信息化委主任张英：以发展人工智能为抓手　推进新型工业化培育新质生产力》，载《上海证券报》2024年3月7日。

[44] 孙立平：《农民工如何融入城市》，载《中国老区建设》2007年第5期。

[45] 孙萍：《〈算法逻辑〉下的数字劳动：一项对平台经济下外卖送餐员的研究》，载《思想战线》2019年第6期。

[46] 田北海、雷华：《人力资本与社会资本孰重孰轻：对农民工职业流动影响因素的再探讨——基于地位结构观与网络结构观的综合视角》，载《中国农村观察》2013年第1期。

[47] 汪建华：《劳动过程理论在中国的运用与反思》，载《社会发展研究》2018年第5卷第4期。

[48] 王春光：《农村流动人口的“半城市化”问题研究》，载《社会学研究》2006年第5期。

[49] 王继祥：《2019年中国物流发展与变革的主要趋势》，载《中国邮政报》

2019 年 2 月 26 日，第 4 版。

[50] 王浦劬:《政治学基础》，北京大学出版社 2005 年版。

[51] 王秋文、邵旻:《快递员社会保障存在的问题及对策研究》，载《劳动保障研究》2018 年第 9 期。

[52] 王全兴、王茜:《我国“网约工”的劳动关系认定及权益保护》，载《法学》2018 年第 4 期。

[53] 王文珍、李文静:《平台经济发展对我国劳动关系的影响》，载《中国劳动》2017 年第 1 期。

[54] 王星:《技能形成的多元议题及其跨学科研究》，载《职业教育研究》2018 年第 5 期。

[55] 王毅杰、童星:《流动农民社会支持网探析》，载《社会学研究》2004 年第 2 期。

[56] 魏统朋:《青岛市农民工社会发展与休闲参与行为的特征及关系研究》，上海体育学院 2019 年博士学位论文。

[57] 闻翔、周潇:《西方劳动过程理论与中国经验：一个批判性的述评》，载《中国社会科学》2007 年第 3 期。

[58] 吴清军、李贞:《分享经济下的劳动控制与工作自主性》，载《社会学研究》2018 年第 5 期。

[59] 肖日葵:《人力资本、社会资本对农民工市民化的影响——以 X 市农民工为个案研究》，载《西北人口》2008 年第 4 期。

[60] 谢桂华:《中国流动人口的人力资本回报与社会融合》，载《中国社会科学》2012 年第 4 期。

[61] 邢海燕、黄爱玲:《上海外卖“骑手”个体化进程的民族志研究》，载《中国青年研究》2017 年第 12 期。

[62] 许传新:《新生代农民工城市生活中的社会心态》，载《思想政治工作研究》2007 年第 10 期。

[63] 徐鹏:《新生代农民工垂直流动问题研究》，四川省社会科学院 2012 年硕士学位论文。

[64] 杨伟国、张成刚、辛茜莉:《数字经济范式与工作关系变革》，载《中国劳动关系学院学报》2018 年第 5 期。

[65] 杨宜音:《个体与宏观社会的心理关系：社会心态概念的界定》，载《社会学研究》2006 年第 2 期。

[66] 悦中山、李树茁、靳小怡、费尔德曼:《“先赋”到“后致”：农民工的社会网络与社会融合》，载《社会》2011 年第 6 期。

[67] 詹斌、谷孜琪、李阳:《“互联网 +”背景下电商物流“最后一公里”配送模式优化研究》，载《物流技术》2016 年第 1 期。

[68] 张利斌、钟复平、涂慧:《众包问题研究综述》，载《科技进步与对策》2012 年第 6 期。

[69] 张延吉、秦波、马天航:《同期群视角下中国社会代际流动的模式与变迁——基于 9 期 CGSS 数据的多层模型分析》，载《公共管理学报》2019 年第 1 期。

[70] 赵立新:《社会资本与农民工市民化》，载《社会主义研究》2006 年第 4 期。

[71] 赵莉、王蜜:《城市新兴职业青年农民工的社会适应——以北京外卖骑手为例》，载《中国青年社会科学》2017 年第 2 期。

[72] 赵延东、王奋宇:《城乡流动人口的经济地位获得及决定因素》，载《中国人口科学》2002 年第 4 期。

[73] 郑广怀、孙慧、万向东:《从“赶工游戏”到“老板游戏”——非正式就业中的劳动控制》，载《社会学研究》2015 年第 3 期。

[74] 中华人民共和国国家统计局:《2017 年农民工监测调查报告》，2018 年 4 月 27 日。

[75] 周明宝:《城市滞留型青年农民工的文化适应与身份认同》，载《社会》2004 年第 5 期。

[76] 朱考金:《城市农民工心理研究》，载《青年研究》2003 年第 6 期。

[77] 朱力:《群体性偏见与歧视——农民工与市民的磨擦性互动》，载《江海学刊》2001 年第 6 期。

[78] [德] 马克思:《资本论》(第 1 卷)，中共中央马克思恩格斯列宁斯大林著作编译局译，人民出版社 2004 年版。

[79] [法] 皮埃尔・布迪厄著:《区分：判断力的社会批判》，刘晖译，商务印书馆 2015 年版。

[80] [美] 彼德・布劳:《社会生活中的交换与权力》，孙非、张黎勤译，华夏出版社 1998 年版。

[81] [美] 西奥多・W. 舒尔茨:《论人力资本投资》，吴珠华译，北京经济学院出版社 1990 年版。

[82] [美] 亚历克斯・罗森布拉特:《优步：算法重新定义工作》，郭丹杰译，中信出版集团 2019 年版。

[83] [美] 约翰・罗尔斯:《正义论》，何怀宏等译，中国社会科学出版社 1988 年版。

[84]《国务院办公厅关于深入实施“互联网 + 流通”行动计划的意见》，国办发〔2016〕24 号，2016 年 4 月 21 日发布。

[85]《人力资源社会保障部办公厅　市场监管总局办公厅　统计局办公室关于发布智能制造工程技术人员等职业信息的通知》，人社厅发〔2020〕17 号，

2020 年 2 月 25 日发布。

［86］《人力资源社会保障部　民政部　财政部　住房和城乡建设部　国家市场监管总局关于加强零工市场建设　完善求职招聘服务的意见》，人社部发〔2022〕38 号，2022 年 6 月 22 日发布。

［87］《政府工作报告——2024 年 3 月 5 日在第十四届全国人民代表大会第二次会议上》，国务院公报 2024 年第 9 号。

［88］中共中央办公厅　国务院办公厅印发《关于提高技术工人待遇的意见》，国务院公报 2018 年第 10 号。

［89］《上海市外来就业人员达 463.3 万人，生活工作的平均年限为 7.8 年》，载中国就业网，http://www.chinajob.gov.cn/c/2018-06-20/28766.shtml，2019 年 2 月 28 日访问。

［90］《外卖经济如何影响你我生活？》，载经济日报网，http://baijiahao.baidu.com/s?id=1586772320476128167&wfr=spider&for=pc，2017 年 12 月 14 日访问。

［91］《国家主席习近平发表二〇一九年新年贺词》，载新华网，http://www.xinhuanet.com/politics/2018-12/31/c_1123931806.html，2019 年 3 月 17 日访问。

［92］《中国共享经济发展年度报告 2022》，载国家信息中心网，http://www.sic.gov.cn/News/568/11277.html。

［93］国家统计局：http://data.stats.gov.cn。

［94］美团官网：https://peisong.meituan.com/。

［95］蜂鸟配送官网：https://fengniao.ele.me/。

（二）外文文献

［1］Alessandro Gandini, *Labour Process Theory and the Gig Economy*, Human Relations, 2018, p.72.

［2］Alejandro Portes, *The Economic Sociology of Immigration*, Russell Sage Foundation, 1995, pp.1—41.

［3］Alfred Hueck, Hans Carl Nipperdey, *Lehrbuch des Arbeitsrechts*, Band 1, Berlin und Frankfurt a.M, Verlag Franz Vahlen Gmb H, 7. Auflage, 1963, S.34.

［4］Awais Piracha, et al., *Racism in the Sharing Economy: Regulatory Challenges in a Neo-liberal Cyber World*, Geoforum, Vol.98, pp.144—152(2019).

［5］Bama Athreya, *Slaves to Technology: Worker Control in the Surveillance Economy*, Anti-Trafficking Review,Vol.15, pp.82—101(2020).

［6］Berry, J. W. *Acculturation: Living Successfully in Two Cultures*, International Journal of Intercultural Relations. 29, 697—712(2005).

[7] Blau, Peter M & Otis Dudley Duncan, *The American Occupational Structure*, New York: Wiley, 1967.

[8] Ching Kwan Lee, *Gender and the South China Miracle: Two Worlds of Factory Women*, Berkeley: University of California Press, 1998.

[9] David Knights & Hugh Willmott, *Power and Subjectivity at Work: From Degradation to Subjugation in Social Relations*, Sociology, Vol.23:4, pp.535—558(1989).

[10] Edward P. Thompson, *The Making of the English Working Class*, Penguin Books, 1980.

[11] Elizabeth B. Marquis, et al, *Impacts of Perceived Behavior Control and Emotional Labor on Gig Workers*, Proceedings of the 21th ACM Conference on Computer Supported Cooperative Work and Social Computing Companion, ACM, 2018.

[12] Gideon Kunda, *Engineering Culture: Control and Commitment in a High-tech Corporation*, Temple University Press, 2006, pp.11—15.

[13] Harry Braverman, *Labor and Monopoly Capital: The Degradation of Work in the Twentieth Century*, Monthly Review Press, 1974.

[14] Jean-Charles Rochet & Jean Tirole, *Platform Competition in Two-sided Markets*, Journal of European Economic Association, Vol.01, pp.990—1029(2003).

[15] Mark Armstrong, *Competition in Two-sided Markets*, Rand Journal of Ecomonics, Vol.37, pp.668—691(2006).

[16] Michael Burawoy, *Manufacturing Consent*, The University of Chicago, 1979.

[17] Michael Burawoy, *The Politics of Production: Factory Regimes under Capitalism and Socialism*, Verso Press, 1985.

致谢

本书的出版有赖于长期深入的调查，这离不开整个调查团队的团结、认真与付出。参与调查的所有同学的辛勤与努力均为本调查研究作出贡献，在此向他们表示感谢。

其中，同济大学校团委为调查的顺利推进给予了巨大支持，时任团委书记陈城、同济大学团委副书记刘扬等老师给予了热心的帮助；同济大学政治与国际关系学院的王佳霖同学、邓佳怡同学先后担任团队组织者，对调查报告的形成起到重要的、持续的推动作用。邓佳怡同学撰写了本报告的初稿，对书稿的相关材料进行了核对，对本书的成稿贡献良多。下面笔者列出所有参与调查同学的名字（排名不分先后），特此致谢：

1. 王佳霖：同济大学政治与国际关系学院2017级外交学专业硕士研究生，现为复旦大学国际关系与公共事务学院国际关系专业博士生。
2. 杨　帅：同济大学政治与国际关系学院2017级政治社会学专业硕士研究生，现为浙江大学社会学系社会学专业博士生。
3. 孙琦玉：同济大学政治与国际关系学院2017级政治学理论专业硕士研究生，现为深圳福田区莲花中学北校区道德与法治老师。
4. 邓文辰：同济大学政治与国际关系学院2017级政治学理论专业硕士研究生，现工作单位为浙江省宁波市江北区洪塘街道。
5. 李璞男：同济大学政治与国际关系学院2017级中外政治制度专业硕士研

究生，现工作单位为上海市闵行区人民检察院。

6. 徐　鑫：同济大学政治与国际关系学院2017级政治学理论专业硕士研究生，现工作单位为上海市杨浦区委党校。

7. 杨　煜：同济大学政治与国际关系学院2017级政治学理论专业硕士研究生，现工作单位为紫光展锐公司。

8. 胡　燕：同济大学政治与国际关系学院2017级政治社会学专业硕士研究生。

9. 于民昊：同济大学政治与国际关系学院2012级政治学与行政学专业本科生。

10. 王亚杰：同济大学政治与国际关系学院2015级政治学与行政学专业本科生。

11. 姚思含：同济大学经济与管理学院金融学专业2015级本科生。

12. 邓佳怡：同济大学政治与国际关系学院2016级政治学与行政学专业，现工作单位为上海浦东发展（集团）有限公司。

13. 吴　璠：同济大学政治与国际关系学院2016级政治学与行政学专业，现工作单位为武汉东湖新技术开发区管委会。

14. 马禾子：同济大学政治与国际关系学院2016级政治学与行政学专业。

15. 寿丹琴：同济大学政治与国际关系学院2017级社会学专业。

16. 潘　婷：同济大学政治与国际关系学院2017级政治学与行政学专业，现为复旦博士在读。

17. 刘金彤：同济大学艺术与传媒学院2016级广播电视编导专业。

18. 龚霖恺：同济大学汽车学院2016级车辆工程专业。

19. 艾孜迪力·哈斯木：同济大学政治与国际关系学院2017级政治学与行政学专业，同济大学政治与国际关系学院2023级中外政治制度研究生在读。

20. 周泽昆：同济大学政治与国际关系学院2017级社会学专业，哥伦比亚大学城市规划系硕士生在读。

21. 魏子佳：同济大学建筑与规划学院2018级城乡规划专业，同济大学城乡规划专业研究生一年级在读。

图书在版编目(CIP)数据

智能革命与骑手未来 ：对上海外卖快递员群体的社会调查 / 葛天任，邓佳怡著. -- 上海 ：上海人民出版社，2024. --(智能社会治理丛书 / 刘淑妍，施骞，陈吉栋主编). -- ISBN 978-7-208-18996-6

Ⅰ. TP18；F632

中国国家版本馆 CIP 数据核字第 2024A39V65 号

责任编辑 冯 静 宋 晔
封面设计 孙 康

智能社会治理丛书
智能革命与骑手未来
——对上海外卖快递员群体的社会调查
葛天任 邓佳怡 著

出　　版 上海人民出版社
（201101 上海市闵行区号景路 159 弄 C 座）
发　　行 上海人民出版社发行中心
印　　刷 苏州工业园区美柯乐制版印务有限责任公司
开　　本 635×965 1/16
印　　张 21
插　　页 2
字　　数 248,000
版　　次 2024 年 7 月第 1 版
印　　次 2024 年 7 月第 1 次印刷
ISBN 978-7-208-18996-6/D·4350
定　　价 95.00 元